智能配电网
自愈控制技术

葛 亮 秦红霞 赵凤青 等 编著

ZHINENG PEIDIANWANG
ZIYU KONGZHI JISHU

中国电力出版社
CHINA ELECTRIC POWER PRESS

内 容 提 要

自愈是智能配电网的重要特征，实现配电网自愈运行是提高供电可靠性、经济性和供电质量的关键。智能配电网自愈控制技术，旨在实现含分布式电源和微电网在内的配电网自愈运行，得到了国内外电力行业的普遍关注，也是我国统一坚强智能电网技术支撑体系研究的重要内容。

本书从智能配电网概述入手，引入了智能配电网自愈控制的概念，回顾了自愈控制技术发展历程，简介了配电网故障自愈控制的常见模式，介绍了智能配电网自愈控制的技术内涵、实施基础和智能配电网自愈控制系统架构，从主站、终端、保护、分布式电源和微电网、通信、测试六个方面详述了智能配电网自愈控制技术内容，并结合实际工程案例，介绍自愈控制的实现过程。

本书可供输配电相关专业的研究人员、规划设计人员和工程人员参考，也可为智能配电网自愈控制相关的产品和系统研发人员提供有益帮助。

图书在版编目（CIP）数据

智能配电网自愈控制技术/葛亮等编著．—北京：中国电力出版社，2016.6（2020.7重印）

ISBN 978－7－5123－8933－5

Ⅰ．①智… Ⅱ．①葛… Ⅲ．①智能控制－配电系统－自动控制 Ⅳ．①TM727

中国版本图书馆CIP数据核字（2016）第033388号

中国电力出版社出版、发行

（北京市东城区北京站西街19号　100005　http：//www.cepp.sgcc.com.cn）

河北华商印刷有限公司印刷

各地新华书店经售

*

2016年6月第一版　2020年7月北京第二次印刷

710毫米×980毫米　16开本　13印张　220千字

印数2001—3000册　定价 **52.00** 元

前言

智能电网是未来电网的发展方向，近几年来国内外智能电网的研究和发展带动了整个电力系统的技术进步。智能配电网作为智能电网的重要组成部分，可以有效支撑分布式能源的接入，为用户提供更加安全、可靠、优质、高效和环保的服务，已成为电力领域一大研究热点。自愈是智能配电网的重要特征，自愈控制技术是实现智能配电网自愈的关键，备受国内外电力行业和研发单位的关注。

本书编者结合长期进行电力系统保护产品及自动化系统的研发和工程经验，分析和总结了智能配电网自愈技术的发展历程，从工程实践角度介绍了智能配电网自愈控制涉及的环节和关键技术。期望为读者全面了解自愈控制的基本概念、系统架构、关键技术和发展方向提供参考，为智能配电网的建设和发展尽绵薄之力。

本书的大部分内容和研究成果来源于实际产品研发或工程项目，包括多个国家级、省部级科研项目和公司内部项目等，尤其是书中有关主站技术的内容，主要借鉴了国家“863”计划课题相关的智能配电网自愈控制示范工程项目成果。配电终端、保护、微电网等方面的内容也多是从实际项目中整理的关键技术和实践要点。本书章节安排如下：

第 1 章概述，主要介绍本书编写的背景；

第 2 章智能配电网自愈控制技术，主要概述配电网自愈控制技术发展历程及各种模式，介绍自愈控制系统的总体架构、关键技术；

第 3～8 章分别从自愈控制涉及的技术环节：主站、终端、保护、分布式电源和微电网控制、通信和测试等几个方面，系统地描述自愈控制关键技术，并针对每个环节中的一些难点，结合编者的实践经验介绍了解决方案。

本书由葛亮、秦红霞、赵凤青等编著，葛亮负责统稿与审核。彭丽媛、谭志海、刘云、孙秋鹏、吉小鹏、许健、翁磊、彭世宽、谢晓冬、康泰峰参与了本书部分内容的编写，王家华、罗海波、金强、李继晟、刘志超、袁海涛等为涛等为本书提供了部分素材。另外，还要感谢董旭柱博士及参与“863”课题智能配电网关键技术研究的其他相关单位和专家对本书编写的大力支持。本书的编写还借鉴参考了一些公开发表的研究成果，以及网络资料，在参考文献中已注明，在此表示感谢！

由于编者水平有限，时间仓促，书中难免有疏漏之处，敬请广大读者批评指正。

编　者

2015 年 12 月

目录

概　　述

1.1 智能电网

进入21世纪以来，人类社会正经历深刻的变革。以互联网为代表的信息革命、以机器人为代表的工业革命，以及以新能源为代表的能源革命将深刻地改变人类社会的生产生活方式。能源是人类赖以生存和发展的基础，而电能作为最清洁、便利的能源形式，是国民经济的命脉。电能占终端能源消费的比重代表电力替代煤炭、石油、天然气等其他能源的程度，是衡量一个国家终端能源消费结构和电气化程度的重要指标。2011年世界大国中，日本电能占终端能源消费的比重最高，达到了25.7%。2012年中国电能占终端能源消费比重达到22.6%，低于日本、韩国、法国、西班牙，高于巴西、俄罗斯、印度。国际能源署（IEA）研究表明，提高电气化水平是全球能源系统发展的驱动力。世界电力增长超过所有其他终端能源品种，在过去的30多年，电能占终端能源消费比重从9%提高到17%，2050年前将提升至25%以上，这意味着电能消费还有很大的提升空间[1,2]。

电力生产的过程就是大规模地将各种类型的一次能源转换为容易输送和方便转换的电能，并输送分配的过程。电网作为电力生产的关键环节，是国家社会生产和人民生活的命脉。智能电网是当今世界电力系统发展变革的最新动向。近年来，世界各国特别是美国和欧洲各国在智能电网方面开展了大量的研究与实践。自智能电网概念传入中国以来，国内电网企业、高校、研究机构等纷纷启动智能电网相关研究，并取得了令人瞩目的成就。但由于各个国家的国情和发展阶段不同，大家对智能电网具体内涵与技术框架的定义不尽相同，侧重点也有所差别。

1.1.1 国外智能电网

以美国来说，美国在本世纪初启动了未来电网研究，目的是解决美国电网由于设施陈旧、基础架构老化等导致的输电阻塞，市场效率低，二次系统与通信信息技术发展脱节等问题。2001 年美国电力研究协会（Electric Power Research Institute，EPRI）启动“IntelliGrid”研究，致力于为未来电网建立一个全面、开放的技术体系，支持电网及其设备间的信息交换。其最主要的研究成果是 IntelliGrid 框架，即通过开放、标准、基于需求的方法实现数据和设备整合，允许不同设备和系统互操作。2003 年美加大停电后，美国决心开展智能电网研究，利用信息技术对陈旧老化的电力设施进行彻底改造[3,4]。

2007 年 12 月美国颁布《能源独立与安全法案》，法案首次明确了智能电网的概念[5,6]：“智能电网是一个通过双向电力流和信息流网络将分布式电源(Distributed Generation DG)、高电压网络、储能装置、智能家具、电动汽车等智能体有机连接在一起的现代电力网络，实现发电、输电、配电和用电的全方位监控、保护和优化运行。”由此确立了美国国家层面的电网现代化政策。

2008 年国际金融危机是美国智能电网研究的一个转机。能源产业是美国拉动内需和科技创新的最佳结合点。创造一个超越互联网革命的新能源产业革命，以此拉动美国和全球经济的转型，成为奥巴马新政的重要选项。为此，奥巴马提出了推动智能电网发展的新能源计划：着重对电网进行升级换代，建立横跨四个时区的统一电网；最大限度发挥电网的价值和效率，逐步实现太阳能、风能、地热能的统一入网管理；全面推进分布式能源管理，创造世界上最高的能源使用效率[7,8]。

而在欧洲，电网建设的驱动因素可以归结为市场、安全与电能质量、环境三方面。欧洲电力企业受到来自开放的电力市场的竞争压力，电力需求趋于饱和，亟须提高用户满意度，争取更多用户[9]。因此提高运营效率、降低电力价格、加强与客户互动就成为了欧洲智能电网建设的重点之一。与美国用户一样，欧洲电力用户也对电力供应和电能质量提出了更高的要求。而对环境保护的极度重视，则造成欧洲智能电网建设比美国更为关注可再生能源的接入。

2005 年欧盟委员会成立了智能电网的技术论坛，通过专家委员会、工作组的活动并组织有关会议讨论，提出欧洲智能电网愿景框架。2006 年欧盟委员会发布《欧洲未来电网的远景和策略》，强调欧洲已经进入一个新能源时代，能源政策最重要的目标是供电的可持续性、竞争性和安全性。作为欧洲 2020 年及后续的电力发展目标，未来欧洲电网应满足灵活性、可接入性、可靠性和经济性的需求。2007年欧盟委员会发布《欧洲未来电网的战略性研究议程》，讨论了智能配电系统、智能运行和负荷管理、智能电网资产管理、欧洲智能互联电网、智能电网技术框架体系5个研究领域及任务，并在欧盟有关正式文件中落实了上述领域的研发投资手段。2008年欧盟委员会发布《欧洲未来电网的战略部署文件》，主要强调部署和实施。该方案在原有远景和框架研究的基础上进一步落实了智能电网建设的战略规划，具体提出了智能电网各研究领域的技术架构、规章制度、标准、风险和机会、成本和收益、环境影响和社会效益[10]。

《欧洲未来电网的远景和策略》中给出了智能电网的定义：能够高效地应对未来欧洲电网出现的新挑战和机遇，给所有用户和利益相关者带来效益的电网；能充分开发利用欧洲范围内的大型集中式发电和小型分布式电源，为所有用户提供高效可靠、灵活、易接入和经济的电能；通过全网范围内的互操作保证电网运行的安全和经济；实现终端用户参与电力市场运作和与电网间的灵活互动[11]。欧洲智能电网的核心目标是实现可持续发展和电力高效传输，主要目标是通过智能电网建设向用户提供高度可靠、经济有效的电能；充分利用大型集中发电和小型分布式电源，提高电网公司运营效率、降低电力价格、加强与客户互动，应对来自市场、安全与电能质量、环境3个方面的压力。欧洲智能电网具有4个典型特征，即灵活、易接入、可靠、经济。实现智能电网优化运行所需技术包括5个方面：①配电网技术；②新型输电技术；③广域通信，保护网络化、在线服务和需求响应；④新型电力电子技术；⑤储能装置[12]。

1.1.2 国内智能电网

在我国，由于国情、发展阶段及资源分布的不同，智能电网和美国、欧洲的智能电网相比在内涵及发展的方向、重点等诸多方面有明显的中国特色。在国际智能电网研究与建设大潮的影响下，以国家电网和南方电网为代表的中国电网企业和相关科研机构基于中国的实际情况开展了大量的技术研究和试点建设，提出了中国版的智能电网架构和技术路线。

2009年5月21日，国家电网公司在“2009特高压输电技术国际会议”上提出了名为“坚强智能电网”的发展规划，随后又完善为“统一坚强智能电网”，即以特高压电网为骨干网架，各级电网协调发展的坚强网架为基础，利用先进的通信、信息和控制技术，构建以信息化、自动化、数字化、互动化为特征的国际领先、自主创新、中国特色的坚强智能电网。其基本特征是技术上体现信息化、数字化、自动化、互动化，管理上体现集团化、集约化、精益化、标准化。信息化是坚强智能电网的基本途径，体现为对实时和非实时信息的高度集成、分析与利用，为智能决策提供支撑；数字化是坚强智能电网的实现基础，清晰表述电网对象、结构、特性及状态，实现各类信息的精确高效采集与传输；自动化是坚强智能电网发展水平的直观体现，依靠高效的信息采集传输和集成应用，实现电网自动运行控制与管理水平提升；互动化是坚强智能电网的内在要求，通过信息的实时沟通及分析，实现电力系统各个环节的良性互动与高效协调，提升用户体验，促进电能的安全、高效、环保应用。坚强可靠、经济高效、清洁环保、透明开放、友好互动是坚强智能电网的基本内涵。坚强可靠是指拥有坚强的网架、强大的电力输送能力和安全可靠的电力供应；经济高效是指提高电网运行和输送效率，降低运营成本，促进能源资源的高效利用；清洁环保是指促进可再生能源发展与利用，减少化石能源消耗，提高清洁电能在终端能源消费中的比重，降低能耗并减少排放；透明开放是指为电力市场化建设提供透明、开放的实施平台，提供高品质的附加增值服务；友好互动是指灵活调整电网运行方式，友好兼容各类电源和用户接入与退出，激励电源和用户主动参与电网调节[13]。

2009年南方电网提出“实事求是研究推进智能电网建设”的总体思路，以提高供电可靠率为总抓手，促进电网规划、建设、运行、服务、技术、管理等各方面的全面协调可持续发展；大力加强各级电网的建设，促进各电压等级电网的协调发展，不断提升电网的技术水平，增强驾驭复杂大电网的能力；坚持“以客户为中心”的理念，持续优化业务流程、提高服务能力和服务水平；积极推动节能减排新技术的开发，做好技术储备，为接入新能源提供良好的条件。

自2009年正式启动智能电网建设以来，我国的智能电网建设发展迅速，取得了丰硕的成果，全面突破从发电到用电各技术领域的核心技术，推动我国电网技术在国际上由“跟随者”向“引领者”的转变。尤其是“十二五”期间，我国智能电网进入全面建设阶段，通过并验收了多个智能电网示范工程项目，比如江西共青城智能电网综合示范工程、上海嘉定安亭充换电站工程、湖南韶山智能电网综合建设工程、重庆新能源汽车充换电站、西藏大规模光伏发电并网智能化工程和全钒液流电池储能应用试点工程等。这些示范工程项目的相关技术整体上达到国内先进水平，其中智能电网相关系统集成及可视化、多能源联合调控、电动汽车双枪快充及自动换电、全钒液流电池检测评价等技术都达到了国内领先水平。2013年，国家主席习近平提出“一带一路”战略构想，作为服务经济社会发展的重要基础，电网建设更是基础设施建设的重中之重。建设坚强智能电网，实现电网高水平互联互通，对于促进能源资源优化配置，实现能源安全发展、清洁发展、绿色发展具有重要意义。

最近，随着能源互联网概念的提出，专家认为未来的智能电网就是能源互联网[14]。能源互联网将代表未来信息与能源—电力技术深度融合的必然趋势，是新一代工业革命大潮的重要标志，也是智能电网的重要组成部分和未来发展前沿。它以互联网思维与理念构建的新型信息—能源融合“广域网”，它以大电网为“主干网”，以微电网、分布式能源等能量自治单元为“局域网”，以开放对等的信息—能源一体化架构真正实现能源的双向按需传输和动态平衡使用，因此可以最大限度的适应新能源的接入。2013 年 12 月国家电网公司在科技日报发文明确指出，未来的智能电网就是“能源互联网”。2014 年 2 月和 6 月国家电网公司于南京和北京召开“智能电网承载第三次工业革命”研讨会，中国电科院于 2014 年 6 月启动了“能源互联网技术架构”方面的基础性、前瞻性项目研究。2014 年 7 月，IEEE 电力与能源协会年会在美国华盛顿特区举行，国家电网公司发表署名文章“构建全球能源互联网，服务人类社会可持续发展”。

目前，随着新一轮电改方案逐步落实，市场进一步打开，再加上国内打造智能微电网的新兴产业竞争激烈，我国智能电网发展空间将在一定程度上得到拓展。为此，2015 年，国家电网公司计划完成 6 类 41 项智能电网创新示范工程建设任务，其中包括支持新能源开发工程、支撑分布式电源应用工程、促进便捷用电工程、推动电动汽车发展工程、服务智慧城市建设工程和提升电网智能化工程等[15]。

此外，有分析指出，未来的 10～20 年将是我国智能电网建设的主要时期，智能电网总投资规模预计接近 4 万亿元[16]。随着智能电网进入全面建设的重要阶段和我国城镇化建设的进一步推进，城乡配电网的智能化建设将全面拉开，智能电网及智能成套设备、智能配电、控制系统三大领域将迎来黄金发展期。

由上述可知，尽管各国智能电网的发展不同，其概念和内涵有所差别，但总体来说，智能电网的概念涵盖了提高电网科技含量，提高能源综合利用效率，提高电网供电可靠性，促进节能减排，促进新能源利用，促进资源优化配置等，最终实现电网效益和社会效益的最大化。从中可以看出，智能电网首先是一种国家发展战略，其次才是一门行业技术，代表着未来电网发展方向。

1.2 智能配电网

智能配电网（smart distribution grid，SDG）是智能电网中配电网部分的内容，它以配电网高级自动化技术为基础，通过应用和融合先进的测量和传感技术、控制技术、计算机和网络技术、信息与通信等技术，利用智能化的开关设备、配电终端设备，在坚强电网架构和双向通信网络的物理支持以及各种集成高级应用功能的可视化软件支持下，允许可再生能源和分布式发电单元的大量接入和微电网运行，鼓励各类不同电力用户积极参与电网互动，以实现配电网在正常运行状态下完善的监测、保护、控制、优化和非正常运行状态下的自愈控制，最终为电力用户提供安全、可靠、优质、经济、环保的电力供应和其他附加服务[17]。

1.2.1 智能配电网的特点

智能配电网与传统配电网相比，具有以下功能特征[18]：

（1）自愈能力。自愈是指 SDG 能够及时检测出已发生或正在发生的故障并进行相应的纠正性操作，使其不影响对用户的正常供电或将其影响降至最小。自愈主要是解决供电不间断问题，是对供电可靠性概念的发展，其内涵要大于供电可靠性。例如目前的供电可靠性管理不计及一些持续时间较短的断电，但这些供电短时中断往往会使一些敏感的高科技设备损坏或长时间停运。

（2）具有更高的安全性。SDG 能够很好地抵御战争攻击、恐怖袭击与自然灾害的破坏，避免出现大面积停电；能够将外部破坏限制在一定范围内，保障重要用户的正常供电。

（3）提供更高的电能质量。SDG 实时监测并控制电能质量，使电压有效值和波形符合用户的要求，既能够保证用户设备的正常运行又不影响其使用寿命。

（4）支持分布式能源（Distributed Energy Resource，DER）的大量接入。这是 SDG 区别于传统配电网的重要特征。在 SDG 里，不再像传统电网那样，被动地硬性限制 DER 接入点与容量，而是从有利于可再生能源足额上网、节省整体投资出发，积极地接入 DER 并发挥其作用。通过保护控制的自适应以及系统接口的标准化，支持 DER 的“即插即用”。通过 DER 的优化调度，实现对各种能源的优化利用。

（5）支持与用户互动。与用户互动也是 SDG 区别于传统配电网的重要特征之一。主要体现在两个方面：一是应用智能电表，实行分时电价、动态实时电价，让用户自行选择用电时段，在节省电费的同时，为降低电网高峰负荷作贡献；二是允许并积极创造条件让拥有 DER（包括电动车）的用户在用电高峰时向电网送电。

（6）对配电网及其设备进行可视化管理。SDG 全面采集配电网及其设备的实时运行数据以及电能质量扰动、故障停电等数据，为运行人员提供高级的图形界面，使其能够全面掌握电网及其设备的运行状态，克服目前配电网因“盲管”造成的反应速度慢、效率低下问题。对电网运行状态进行在线诊断与风险分析，为运行人员进行调度决策提供技术支持。

（7）更高的资产利用率。SDG 实时监测电网设备温度、绝缘水平、安全裕度等，在保证安全的前提下增加传输功率，提高系统容量利用率；通过对潮流分布的优化，减少线损，进一步提高运行效率；在线监测并诊断设计的运行状态，实施状态检修，以延长设备使用寿命。

（8）配电管理与用电管理的信息化。SDG 将配电网实时运行与离线管理数据高度融合、深度集成，实现设备管理、检修管理、停电管理以及用电管理的信息化。

1.2.2 智能配电网现状

智能配电网已经在全世界配电网的实际应用中成为现实。在北美、在欧洲，智能电网的真正重点都在于配电网。

目前，欧洲配电网已经处于较成熟的阶段，负荷增长缓慢，电网发展的最根本出发点是推动欧洲的可持续发展，减少能源消耗及温室气体排放。围绕该出发点，欧洲的智能配电网目标是支撑可再生能源以及分布式能源的灵活接入，以及向用户提供双向互动的信息交流等功能。欧盟计划在 2020 年实现清洁能源及可再生能源占其能源总消费 20%的目标，并完成欧洲电网互通整合等核心变革内容。

英国目前正在加大安装智能电表，准备扩大现有的基础设施和继续推进试点工程建设，为以后大规模的研发提供方案和数据支持。并计划在下一阶段大量发展分布式能源和清洁能源，同时增加智能家居、智能家庭、嵌入式储存和分布发电以及虚拟电池的应用，并通过智能设计和强化电压设计等提高整个电网的自动化、智能化和控制力。

法国以更好地接纳清洁能源为目标，并计划到 2020 年风电达到 20GW，比目前提高 300%，同时，法国配电公司（Electricite Reseau Distribution

France，ERDF）将逐步把居民目前使用的普通电表全部更换成智能电表，推进以智能电表为核心的用户端技术服务。在德国，全境到处都建设了风力发电机组，其太阳能热利用和光伏发电技术也是处于世界领先地位的。

目前德国启动了不少的示范工程，大力发展清洁能源，太阳能发电、风力发电、生物质能发电、地热发电、水力发电五项可再生能源贡献电力的比重不断增加。

意大利特别重视节能应用以及智能电网的相关建设，通过历时5年（自2005年起）的持续建设，意大利已经将智能电表的全国覆盖率提升至85%以上，成为目前全球智能表计覆盖比率最高的国家。意大利在智能配电网方面还积极开展了互动式配电能源网络及自动抄表管理系统的研究与应用工作；放弃核能；重点推进电动汽车和太阳能接入并网的相关工作和用户侧的数据利用工作[19,20]。

在北美，尤其是美国，其驱动力主要与峰荷的提高和基础设施老化的供电安全性有关。例如，在2012年的超级风暴桑迪之后，纽约州和新泽西州州长为基础设施强化和升级制定了数十亿美元的投资计划。新泽西州的电力和天然气公共服务公司提出了能源强化计划，将在10年内投资39亿美元，以提高和强化脆弱的变电站，提高对智能电网技术故障的检测和应对，并加强或埋藏配电线路等。目前，美国电网正经历着巨大的变革，其智能配电网建设在许多方面都有进步，比如高级量测体系（Advanced Metering Infrastructure，AMI），包括智能电表、通信网络和信息管理系统，正在提高公共事业的运作效率，为电力客户提供信息以更有效地控制能源消费。据估计，截止到2015年，美国将安装6500万个智能仪表，超过电力客户的1/3。在美国俄克拉荷马州天然气与电力公司，AMI与家用终端显示技术相结合，大大降低了电站的峰值需求。美国的智能配电网的应用可以实现自动定位、隔离故障。2012年7月5日，美国查特怒加市曾遭受严重风暴袭击，但很快通过使用自动馈电开关恢复了一半居民的供电。通信方面，美国智能配电网技术的应用增加了传统公用事业机构数据通信的挑战。虽然美国也在使用光纤电缆，但基于无线电频率的网状网络已经使AMI和配电自动化部署在北美成为领先技术，许多美国市政公用设施也使用微波或无线网络广域通信的AMI回程和配电应用。为了满足高速、高安全性需求，西部电力协调委员会使用安全的光纤广域网，建成了与国家空中交通管制网络同一水平、发送同步相量测量装置（Phasor Measurement Unit，PMU）数据不到30 ms的电网控制中心。同时，通信的高要求也促进了关键基础设施的更换。另外，日益严重的环境问题和技术价格的降低导致分布式能源被越来越多地采用，包括分布式发电、电动汽车及能量存储。分布式能源在美国发电量的比重非常小，但在未来10年中，其安装规模和速度将有所增加，特别是在政策和可持续性配额制鼓励的地区[21]。

而在中国，由于经济仍然快速增长，其驱动力主要是应对电力需求的增长。早期由于投资严重不足，制约了智能配电网的发展，但目前智能电网发展投资力度加大，智能配电网技术已经得到了较为广泛的应用。配电网自动化建设的有力推进，使得全国约300个城市的配电网智能化水平提高，供电可靠性明显改善[22]。例如，近年，辽宁沈阳供电公司结合沈阳市智慧城市发展规划，完善智能服务系统，推广智能路灯，加快推进智能电网建设。国网北京电力于2014年启动了为期四年的配电网专项建设改造工程[23]，最终目标是实现网架结构、光纤通信和配电自动化水平、装备水平等方面的全面提升，打造国际一流的智能配电网。2015年1月，国家高技术研究发展计划（863计划）“智能电网关键技术研发（一期）”项目——“智能配电网自愈控制技术研究与开发”课题在广东佛山成功验收。项目中的自愈系统是南方电网投运的全国首个智能配电网自愈控制系统[24]，可在0.12s内切除故障，项目成功运转后，示范区内配电网2s内可实现转供电，供电可靠率达99.999%，处于国际领先水平，并有效解决分布式能源大量接入配电网带来的控制保护、运行问题。2015年3月底，河南省成立低碳智能农村电网工程研究中心，大力开发高效利用太阳能资源的农村家用自备光伏发电系统，光伏产业循环经济相关技术研究，为我国分布式光伏智能配电网产业技术进步，最终实现全面赶超国际先进水平提供技术支撑[25]。2015年，西宁市配电网核心区智能化改造工程也进入准备阶段，这项历时3年的优化配电网供电能力工程项目，已全面进入“十二五”电网发展最后收官之际。至此，西宁市智能化配电网将全新“亮相”，西宁城市配电网挤进国际先进水平的配电网的行列[26,27]。

当然，智能配电网的发展是一个长期的过程，目前面临着各种挑战[28,29]：

（1）采用新技术的基础设施大量增加，迫切需要更深地挖掘其功能、风险等，需要运行人员更多的专业知识，需要构建更灵活的网架结构。

（2）标准化的缺乏，比如通信方面，标准和协议的缺乏会阻碍数据的顺利交换，不利于系统优化，降低系统效率；电力系统设备之间互联标准的缺乏，使得系统不能从全局来考虑协调运行。

（3）大数据的管理。我们已经进入大数据时代，智能配电网将会产生大量的数据，但各种层面上的信息垄断与信息孤岛严重阻碍了信息共享，不利于系统更先进更精细化的管理，同时大量的数据也造成了新的数据安全问题。

（4）储能。目前，电网储能还处于开发和配置的初期阶段，很难评价哪一种储能技术对智能电网是最适宜的，但是从可再生能源使用角度看，高效、长寿命、可靠、价格合理、有较长放电持续时间的化学电池的开发是当前最迫切的。

（5）能源效率、需求响应和负荷控制。我国现行电价是扭曲的，低电价很难通过智能电网来刺激居民用户进行需求响应，由于电价低致使投资回收不确定，影响需求响应的获得和分布式电源投资的不确定性。

1.3　智能配电网自愈控制

智能配电网是智能电网的重要组成部分，自愈控制作为智能配电网的“免疫系统”，是保证智能配电网实现智能化运行的重要环节。

“自愈”概念源于医学领域，是指人体和其他生命体在遭遇外来侵害或出现内在变异等危害生命情况下，维持个体存活的一种生命现象，具有自发性、非依赖性和作用持续性等显著特点。之后，“自愈”概念被引入工程领域，如通信领域的双环“自愈”，通过通信网络拓扑结构上的双环热备用保证较高的通信可靠性、使整个通信系统表现出很强的自我修复能力。系统论中定义自愈为“系统察觉自身状态，并在无人干预的情况下，进行适当调整以恢复常态的性质”。“电网自愈”是随智能电网的概念而提出的，“自愈”是智能电网的核心特征。

智能配电网的“自愈”能力是指智能配电网可以准确预测缺陷状态和及时警报已经发生的故障状态，并实施对应的可靠措施，使配电网不会大范围停止正常供电或将其停电范围降到最低程度。自愈控制技术主要是解决一个问题，即“不间断供电”，通过信息系统及辅助设备实时监测电网的运行状态，及时预测设备缺陷情况，快速消除安全隐患和自主排除电网故障[30]。

目前智能配电网自愈控制还没有统一的定义。智能配电网自愈控制可以描述为：在配电网的不同层次和区域内实施充分协调且技术经济优化的控制手段与策略，实现配电网在不同状态下的安全、可靠与经济运行，即在正常情况下预防事故发生，实现运行状态优化；在故障情况下可以快速切除故障，同时实现自动负荷转供；在外部停运情况下，可以实现与外部电网解列，孤岛运行，并进行黑启动。

近年来，中国进行了大规模的城市电网改造，城市配电网的信息化与自动化水平有了较大幅度的提升。但随着各种新能源发电技术的发展，配电网的运行与控制保护面临许多新挑战，如大量DG接入后的配电网电压越限问题。自愈控制是高级配电自动化的核心功能，是对传统配电自动化技术的发展与延伸，能实现更高的供电可靠性与配电资产利用率，能友好地适应未来电网的各种挑战，包括各种分布式发电设备、储能、电动汽车充放电设施的接入，需求侧响应等。发展自愈控制技术是解决我国配电网长期存在的设备利用率低、供电可靠性低、线损率高等问题的核心技术[31]。

参 考 文 献

[1] 舟丹．全球能源投资和技术展望概要．中外能源．2015 (3).

[2] 张东霞，姚良忠，马文媛．中外智能电网发展战略．中国电机工程学报．2013，33 (31)：1-14.

[3] 陈树勇，宋书芳，李兰欣，等．智能电网技术综述．电网技术，2009，33 (8)：1-7.

[4] 余贻鑫，栾文鹏．智能电网的基本理念．天津大学学报．2011，44 (5)：377-384.

[5] 揭密世界各国智能电网发展路线图．中国智能电工网．(2012-09-17)．http：//www. chinaelc. cn/ch _ jxzl/2012091730958. html

[6] M. Godoy SimÕ es，R. Roche，E. Kyriakides，S. Suryanarayanan，Comparison of Smart Grid Technologies and Progress in the USA and Europe. IEEE Transactions on Industry Applications，2012，48 (4)：1154-1162.

[7] U. S Department of Energy. American Recovery and Reinvestment Act of 2009 Smart Grid Investment Grant Program (SGIG) progress report [R/OL]. 2012. http：//www. smartgridnews. com/artman/publish/Projects _ R _ D/Strategic-R-D-Opportunities-for-the-Smart-Grid-5671. html.

[8] Executive Office of the President，National Science and Technology Council. U. S. A policy framework for the 21st century grid ：enabling our secure energy future [R/OL]. 2011. www. whitehouse. gov/... /ostp/nstc-smart-grid-june2011. pdf

[9] EC JRC & U. S DOE. Assessing smart grid benefits and impacts：EU and U. S initiatives [R/OL]. 2012. http：//ses. jrc. ec. europa. eu/assessing-smart-grid-benefits-and-impacts-eu-and-us-initiatives.

[10] Bernd M. Buchholz，Zbigniew Styczynski. Smart Grids - Fundamentalsand Technologiesin

Electricity Networks. Vieweg＋Teubner Verlag. 2014：1-17.

[11] 付建涛．华北智能电网建设差距评估与项目规划研究．北京：华北电力大学．2011.

[12] 鲁宗相．配电网可靠性技术和管理的发展．清华大学．PPT. http：//wenku. baidu. com/link? url = Ogj _ AWz9CPoDmiqj9JdRYSdEQTqbcmTqcAoZ4JztudCBPWmi-tg-MZrYk8BuxOem3T-B8zJcDSRqAs1LpKKOsYbp1GM8AZvrzT7DTKU4MTJm

[13] “坚强智能电网体系研究”技术综合组．坚强智能电网体系研究报告，2009.

[14] 韩董铎，余贻鑫．未来的智能电网就是能源互联网．中国战略新兴产业，2014（22）：44-45.

[15] 张婷．国家电网：推进智能电网推广项目建设．国家电网报．2015. http：//www. chinasmartgrid. com. cn/news/20150508/604814. html

[16] 路郑．中国智能电网迎来发展新机遇．中国能源报．（2015-05-11）．http：//paper. people. com. cn/zgnyb/html/2015-05/11/content _ 1564231. html

[17] 李鹏波，徐建政，吕昂．智能配电网技术研究综述．机电一体化，2013，10：4-9.

[18] 徐丙垠，李天友，薛永端，等. 智能配电网讲座．供用电，2009，26（3）：81-84.

[19] 范明天，曹其鹏，张祖平，等．欧洲配电网智能化发展的驱动力和需求分析．供用电，2015（1）：51-55.

[20] 国家电网公司智能电网专栏编辑组汇总整理．国外智能电网最新发展情况综述系列——欧洲地区．国家电网公司智能电网专栏．2011. http：//www. sgcc. com. cn/ztzl/newzndw/zndwzx/gwzndwzx/2011/07/251768. shtml

[21] 美国怎么建设智能电网系统．中国电子报．2015. http：//www. chinasmartgrid. com. cn/news/20150714/606995. shtml

[22] 白跃红陈龙．智能用电让城市更美好．国家电网报．2015. http：//210. 77. 180. 158/html/2015-07/14/content _ 383968. htm

[23] 赵云，杜敏．建设国际一流配网服务和谐宜居首都．国家电网报．2015. http：//www. indaa. com. cn/dwxw2011/dwjs/201507/t20150709 _ 1610059. html

[24] 南方电网投运全国首个智能配网自愈控制系统．中国电力新闻网．2014. http：//www. cpnn. com. cn/zdzg/201409/t20140918 _ 713727. html

[25] 葛晓宁．河南省成立低碳智能农村电网工程研究中心．国网河南电力．2015. http：//hn. ifeng. com/hnzhuanti/henandianli/yaowen/detail _ 2015 _ 03/30/3722290 _ 0. shtml

[26] 黄艳莉．西宁市“三双”智能配电网将在 2015 年全新亮相. 青海新闻网．2015. http：//www. qhnews. com/index/system/2015/02/10/011634827. shtml

[27] 侃娃草，黄艳莉．西宁将投资 79 亿建“三双”智能电网. 人民网．2013. http：//www. chinasmartgrid. com. cn/news/20130830/456586. shtml

[28] 余贻鑫，智能配电网的挑战与机遇．供用电，2015（1）：1.

[29] 余贻鑫，刘艳丽．智能电网的挑战性问题．电力系统自动化，2015（2）．
[30] 赵璇. 智能配电网自愈控制策略研究．沈阳：沈阳理工大学. 2011.
[31] 董旭柱. 智能配电网自愈控制技术．电力系统自动化，2012，36（18）．

智能配电网自愈控制技术

智能配电网自愈控制技术是传统继电保护和配电自动化技术的继承与发展。它不仅包含传统配电自动化强调的对故障的快速处理，还强调对配电网故障前的预防和预警，以及故障处理后对非故障区域的供电恢复；不仅仅依靠自动化装置，还注重其与保护装置的配合，实现更全面的自愈运行；不仅适用于辐射状配电网，而且能够适应和支持分布式电源、微电网在配电网的大量接入。智能配电网自愈控制系统是实现自愈控制技术集成应用的支撑手段和载体，不仅具备传统配电自动化功能，同时基于智能配电网特点和未来发展要求，开发出更多新的高级应用功能，它可实现配电网的全面自动控制与自愈，有效提高配电网供电可靠性、运行经济性，并可充分利用分布式清洁能源，保障关键负荷，促进节能减排。

2.1 配电网自愈控制技术发展历程

2.1.1 国外配电网自愈控制技术

配电网自愈控制技术最早可以追溯到20世纪70年代开始的配电自动化技术[1]，配电网继电保护设备一般配置在变电站中压线路出口断路器上，馈线上发生故障后断路器自动跳闸，把故障线路从整个配电网中隔离出来避免更大范围可能的停电损失，但会造成整条线路上所有用户停电，只能等现场故障清除后再给线路送电，用户停电范围较大和停电时间较长。20世纪70年代开始，美国等发达国家研制出了可以配置延时参数，按照一定逻辑合/分闸操作的重合器和分段器，通过改造馈线开关设备实现故障自动处理，即馈线自动化(Feeder Automation FA)，减少线路故障对非故障馈线区段的供电影响。

20世纪90年代，随着计算机和通信技术的发展，以及电力调度自动化和能量管理系统（Energy Management System，EMS）的成功应用，美国等发达国家研发了基于计算机通信技术的配电自动化系统（Distribution Automation System，DAS）。1994年，美国长岛电力公司配电自动化系统采用850台馈线终端单元（Feeder Terminal Unit，FTU）和无线数字电台实现了配电网运行监控、故障快速隔离和负荷转移，在4年内避免了59万个用户的停电故障。整个系统的形成大致经历了3个阶段：第一步使线路运行达到能自动分段，第二步建立通信实现监控与数据采集（Supervisory Control And Data Acquisition，SCADA）功能，第三步实施非故障段的自动恢复供电。随着微机技术的兴起和发展，到20世纪90年代，美国的配电网自动化技术已达到相当高的水平。

21世纪初，随着智能配电网技术的发展，美国出现了高级配电自动化（Advanced Distribution Automation，ADA）的概念，美国电力研究协会在其“智能电网体系”（Intelli Grid Architecture）研究报告中将ADA定义[2]为“配电网革命性的管理与控制方法，它实现配电网的全面控制与自动化，并对分布式电源（DER）进行集成，使系统的性能得到优化。”与传统配电自动化（Distribution Automation，DA）相比，ADA更强调：分布式电源的大量接入配电网后的协调控制，系统开放性与可扩展性，采用标准的信息交换模型与通信规约，支持各种自动化系统之间实现“无缝”集成、信息高度共享、功能深度融合等，为配电网自愈控制可以提供较好的支持。

日本由于地域小，配网自动化实施方案与美、英等国不同，它经历了三个主要阶段：最初引进配电线故障区间检出装置、配电线分段开关的远程终端；第二阶段是使用控制计算机作为进行自动调度系统的实验设备，并完成了配电线调度自动化系统的开发和推广；第三阶段采用工作站取代控制用计算机，开发实现成本低、体积小、高性能的配电线自动控制系统，提供配电线路的图形显示功能，以及提高配电网作业、数据维护等的处理速度。日本是配电自动化发展比较快的国家，在20世纪50年代日本送配电损耗约为25%，到80年代已降到5%。到1997年底，日本全国已基本实现了配电网自动化[3]。

从以上可以看出，国外配电自动化的实现，大致是先实现馈线自动化即部分故障自愈控制功能，然后建立通信信道和配电自动化主站系统，再完善各项功能。

2.1.2 国内配电网自愈控制技术

我国自愈控制技术研究起步于20世纪90年代。90年代后期陆续在一些省会城市开展局部范围配电自动化试点建设，进行过一些馈线自动化或配电自动化试点项目。由于国内配电网管理水平较低，计划停电所占比重较高，采用就地控制模式的馈线自动化只能实现部分故障自愈功能，从实施效果来看，对提高供电可靠性作用不够明显[4]；另外，由于配电网一次网架基础薄弱、终端和通信设备可靠性低、通信网络建设困难、多数试点不够成功。2007年后，南方电网和国家电网总结了第一轮配电自动化系统建设的经验教训，结合智能电网的发展，开展了新一轮配电自动化试点和建设，强调首先解决配电网“盲调”问题，对配电终端不再追求全部实现“遥测、遥信、遥控”（简称“三遥”），而是根据不同供电区域的可靠性要求、结合一次设备情况合理配置“一遥、两遥或三遥”配网终端，从而使少部分线路可以实现故障情况下的自愈处理，大部分线路可以实现故障的检测和快速定位处理；在配电网运行正常状态情况下，除了运行监控功能之外，主要有基于网络拓扑的停电和转供分析功能，个别项目实现了合环潮流分析功能，配电自动化系统的实用性得到较大提高，从而也得到了较快的发展。近年来，国家电网和南方电网均对智能配电网非常重视，在大力建设配电自动化系统的同时，积极开展智能配电网自愈控制方面的技术研究和示范项目实施。国内大多数配电自动化系统实现了基于配电自动化主站的集中式自愈控制，部分配电自动化厂家研发了基于相邻智能馈线终端单元间的通信就地实现配电网分布式故障自愈的功能，实现不依赖于主站就地隔离故障与恢复健全区段供电的电网快速自愈功能[5]，并在西安、青岛、扬州等地试用。但从国内配电自动化系统实际情况看，仍然侧重配电网监控和故障发生后的快速处理，即“事中”环节的处理，对“事前”和“事后”环节支持不够，也未充分考虑分布式电源接入的影响。

立足我国配电网现状及智能化发展需求，依据“十二五”国家配电网规划，各企事业单位及高校较全面深入地开展了智能配电网自愈控制技术研究，北京四方继保自动化股份有限公司作为其中高新企业代表也参与了诸多项目的实施，与合作者共同研发了完整的配电网自愈控制系统和相关的终端和保护装备。本书作者作为项目主要参与和负责人员，根据多年的项目经验，总结了智能配电网自愈控制研发的关键技术及实践要点，为研发和工程人员提供参考。

2.2 配电网故障自愈控制的主要模式

配电网故障自愈控制指的是不需要或仅需少量的人工干预，利用先进的保护、控制手段，出现故障后能够快速隔离故障、恢复供电，不影响非故障用户的正常供电或将其影响降至最小。故障自愈控制涉及的是对故障的处理，它是自愈控制的重要组成部分，对于提高供电可靠性、增强供电能力具有重要意义。

国内外当前常用的故障自愈控制方式主要有：传统的分段器和重合器方式，目前常用的集中控制和分布式智能控制，如表 2-1 所示。

表 2-1　　常见故障自愈控制方式

故障隔离方式		技术原理
就地控制	重合器方式	无需建立通信通道，通过重合器、分段器顺序重合隔离故障
	分布式智能控制	通过智能终端对等通信网络或者通过区域控制等，实现快速故障定位、隔离
集中控制		主站集中遥控

2.2.1 传统的分段器和重合器方式

传统的分段器和重合器方式[6]采用无信道就地控制，即在故障处理时只利用自身检测的故障信息来做出判断和动作，因此也称为基于点保护的分布处理。配电系统发生故障后，该模式通过安装在馈线上的重合器/分段器与变电站出线断路器（具有重合闸功能）的动作配合实现故障的判断、隔离与非故障区段的供电恢复，整个故障处理过程无需通信以及子站/主站系统的参与。根据故障判断原理的不同，可以分为电压时间型和电流计数型两种。这种无信道的就地控制故障处理模式，是馈线自动化和故障自愈控制的初级方式，但也可以作为集中控制或分布式智能控制模式在通信中断时的后备。

2.2.1.1 电压型故障处理

该模式的工作原理：变电站出线处安装断路器（带重合闸功能）或重合器，馈线以电压—时间型分段器（通常是带控制器的负荷开关）分段。当线路出现故障时，出线断路器/重合器分闸，分段器完全失压后跳闸，断路器/重合器延时重合，分段器依次按时间顺序延时 X 时间自动合闸，若再次合闸到故障区段，断路器/重合器分闸，最靠近故障区段的电源侧分段器因为在合闸后

Y时间又检测到失压而跳闸并闭锁，实现故障隔离；因故障隔离，断路器/重合器第2次重合成功，恢复电源侧非故障区段的供电；联络开关（正常时处于常开状态）在检测到一侧失压后可以延时合闸，恢复非故障区段的负荷供电[7]。

电压型分段器可以通过失压保护与上下级配合，自动判断且隔离故障区段。电压型分段器可以随意增加多个节点，适合长距离、多分段线路，既可以用于放射性线路，也可以用于环网式供电线路。

2.2.1.2　电流型故障处理

重合器/断路器可以与电流型分段器配合，无需通信即可自动分段故障线路，最大限度缩小停电范围。电流型分段器可以记录通过的故障电流的次数，达到设定的计数次数后，在重合器跳闸时分段器分闸，隔离故障线路段。因分段器在重合器跳闸后分闸，自动隔离故障线路段，无需开断负荷电流，大大延长了寿命，且不会对系统造成任何冲击。

也可以重合器与重合器配合，这种模式下出线开关和线路中的分段开关全部选用带有重合功能的断路器，具有开断短路电流的能力。故障发生后，根据预先设定的电流和时间限值延时分闸，通过前后级重合器的电流和延时限值的配合，完成故障的隔离。这种模式的故障处理过程也无需通信，减少了故障后停电范围和出线开关动作次数（只需一次重合）。存在的不足是全部使用断路器导致投资较大，馈线长分段时，保护级差配合困难，并且使出线开关速断保护延时增大，对配电系统的影响增大。该模式适用于分段较少的农网或市郊配电网。

2.2.2　集中型故障自愈控制模式

集中型故障自愈控制模式主要依靠具有高级分析计算功能的系统主站来完成，如图2-1所示。

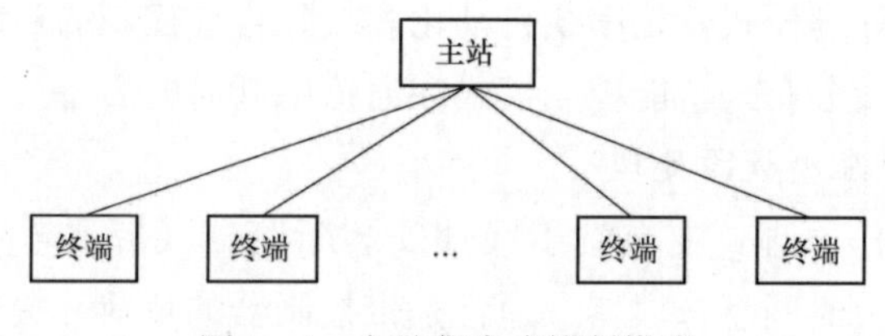

图2-1　主站集中式控制模式

某馈线故障发生后，馈线出口断路器跳闸，经过短暂间隔后，第一次重合闸，若为瞬时性故障，重合成功；若为永久性故障，再次分闸。配网调度子站/主站采集配电终端检测到的故障信息、馈线分段开关变位信息，以及通过调度自动化或变电站自动化系统获取的出口断路器跳闸和重合闸信息、相关保护信息，配电子站/主站根据收到的相关信息和故障时配电网运行状态，进行故障诊断定位，判断故障发生区段，形成故障隔离和故障恢复方案，通过遥控执行故障隔离和故障恢复方案，从而实现故障的自动隔离和非故障区段的恢复供电。该模式建立在各配电终端与子站/主站之间的主从通信的基础上，故障定位的主要方法包括统一矩阵法、搜索法和人工智能算法等。

文献［8］中，当线路发生故障时，主站根据现场远程终端单元（Remote Terminal Unit，RTU）送上来的故障信息以及网络拓扑结构确定出故障的位置，再自动或者通过调度员遥控进行开关合分操作隔离故障区段恢复非故障区段供电，故障处理时间在1～2min之内。文献［9］针对主站如何及时准确地根据FTU上报信息判断并隔离故障区域问题，提出一种基于配电网的变结构耗散网络模型的方法，以配电网的联络开关为核心进行网络重构，实现全局负荷均衡化，且具有迭代次数少和不需要量测馈线配电变压器参数等优点。文献［10］在设计主站故障区段定位软件时，考虑了通用分组无线服务（General Packet Radio Service，GPRS）通信延时的随机性、馈线联络开关状态及通信通道异常等工程实际情况，采用提出的基于动态拓扑分析的改进故障区段定位矩阵算法。当故障发生时，FTU将检测故障信息通过GPRS网络主动发送到主站，主站软件采用提出的改进算法，及时准确地确定故障区段，并通过远方控制开关实现故障区段的隔离及非故障区段的供电恢复。文献［11］针对非健全故障信息的条件下的故障处理问题进行研究，提出故障后，终端采集故障电流，等遥信量上传完毕后，上传遥测量，主站利用遥信量各相故障报警信号之间、遥测量三相故障电流之间以及三相故障电流与各相故障报警信号之间的相关性，实现故障报警信号的校正；而且提出主站将配电网拓扑分解，仅使用馈线区域端点的故障信息实现故障区段定位。

以上这些基于主站的集中型故障自愈控制方法优点在于故障处理速度较快，适合存在最优恢复供电方案的多电源、接线复杂的配网系统；缺点是当配电网规模变大时，主站和终端之间数据通信量大、且仅由主站分析决策，所耗费的时间过长，难以满足故障切除的快速性要求。

2.2.3 分布式故障自愈控制模式

分布式故障自愈控制模式是一种有信道就地控制方式，即基于网络式保护的就地控制方式。这种模式有几种常见的实现形式。一种是基于终端对等通信的就地控制，一种是基于区域的智能分布式，还有一种是微电网控制系统。

(1) 通过智能终端相互通信的就地控制，能在现场实现更快速的故障隔离、重构转供，不需要配电自动化主站、子站的参与，如图 2-2 所示。该自愈控制模式适用于架空线路和电缆线路，适用于线路中配置断路器、负荷开关或断路器和负荷开关混合配置的情况。

图 2-2 基于终端对等通信的智能分布式控制技术

这种基于终端对等通信的分布式自愈控制的实现原理为：永久性故障发生时，馈线上配电终端与相邻配电终端通信，交换故障检测相关信息，配电终端根据自身和相邻终端的故障检测信息、采集的线路电压、电流等信息综合进行故障判断和定位处理。故障定位后，由配电终端根据故障区段边界开关为断路器或负荷开关进行区分处理，通过与变电站出口断路器的保护配合，尽可能避免上游非故障区段用户停电，通过遥控操作实现故障隔离，联络开关上安装的配电终端监测到单侧失压持续一段时间后自动合闸恢复下游非故障停电区段供电。

文献 [12] 针对有源配电网的特点，考虑智能分布式 FA 对通信可靠性要求较高的不足，提出了基于有向节点配置和高速通信处理机制的智能分布式 FA 实现方法及通道失效的后备处理机制，将功率方向保护元件与智能分布式对等（peer to peer）通信特点相互配合，既满足了有源配电网 FA 的需求，又实现了故障处理对终端之间通信信息的依赖最小化。而高速通信机制和通道失效的后备处理机制不仅加快了故障处理速度，也提高了通信的可靠性。

(2) 分布式故障自愈控制还有一种实现模式是区域控制，即在配电网中，以一个或多个环网作为一个区域单独考虑，配置区域自愈控制器（也可称"区域保护控制装置"），该控制器与区域内的每个终端进行通信，接收终端上报的信息进行故障的处理，如图 2-3 所示。

文献 [13] 为了快速切除故障并避免越级跳闸，提出一种基于面向通用对象的变电站事件（Generic Object Oriented Substation Event，GOOSE）的分布智能馈线自动化系统，建立了配电网的分区模型，根据相邻电子设备间的通信和区域上报的故障信息，判断并隔离故障发生的区域。由于采用了基于 GOOSE 的光纤自愈环网，因此，通信速度很快。但文中没有分析分布式电源

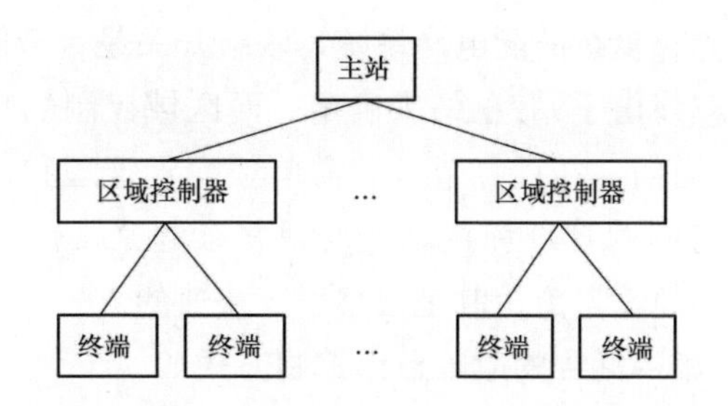

图 2-3　基于区域控制器的分布式自愈控制技术

接入对智能分布式控制的影响。

(3) 在分布式电源以微电网形式接入配电网后，微电网控制系统也可以实现区域自愈控制。微电网是一个自我控制、保护和管理的自治系统，既可以与外部电网并网运行，也可以独立运行。如图 2-4 所示。

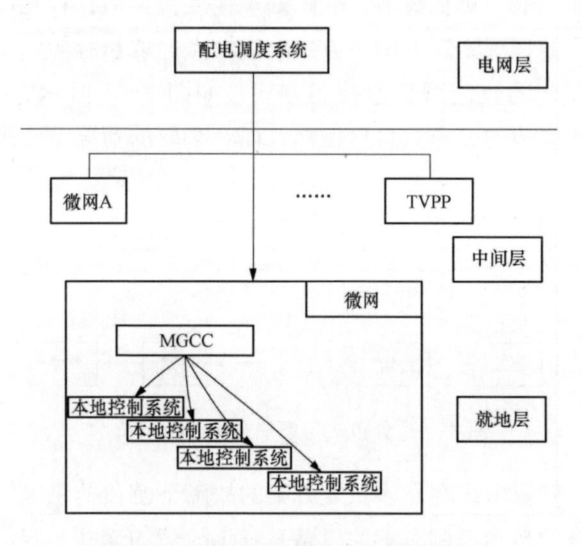

图 2-4　微电网区域自愈控制示意图

建立在各配电终端对等（peer to peer）通信基础上的智能分布式自愈控制模式，故障处理和通信信息相对较少，故障处理速度快，可靠性高。该模式故障处理过程中无需配电子站/主站的参与，配电终端与子站/主站的通信主要用于实现线路运行状态监视和正常情况下的遥控操作，因此对主从通信方式（终端与子站/主站之间的通信，如轮询方式）的速度、可靠性等要求相对较低。尤其适合于双电源供电的手拉手环网或不存在最优恢复供电的多电源配网系统。该模式的不足是对终端之间对等通信的速度和可靠性要求高；对于存在最优恢复供电的多电源、复杂的配电网系统，联络开关是否合闸以及故障下游区域的供电恢复策略应该由子站/主站来确定。而区域控制的缺点与集中控制类似，需要依赖主/从通信，并且每个区域需单独配置管理和控制，随着区域数量的增加，主站对它们的管理和控制也变得复杂起来，但对于区域内电网来说，这种方式实现的故障自愈控制是很精确、快速的。

2.2.4 分布和集中配合的故障自愈控制方式

由上述故障自愈控制方式可知，主站集中型自愈控制方式利用控制主站和配电终端双向通信实现信息的集中采集和控制，在面对配电网结构复杂、拓扑变化自适应上具有优势，但随着配电网规模的扩大，对硬件结构、数据处理能力和通信可靠性等方面的要求也将越来越高。分布式自愈控制方式只依赖于分散布置的配电终端，尤其是基于对等通信的方式下，仅仅依靠相邻设备信息交换实现故障处理功能，更加灵活，故障处理速度快，但存在难以适应复杂配网结构、拓扑变化的情况。综合两种方式的优缺点，取长补短，文献［15］提出了分布和集中配合的改进型自愈控制方式，如图 2－5 所示。在故障发生后，优先采用处理速度快的分布式自愈控制，而在必要的情况下，采用集中型主站控制。

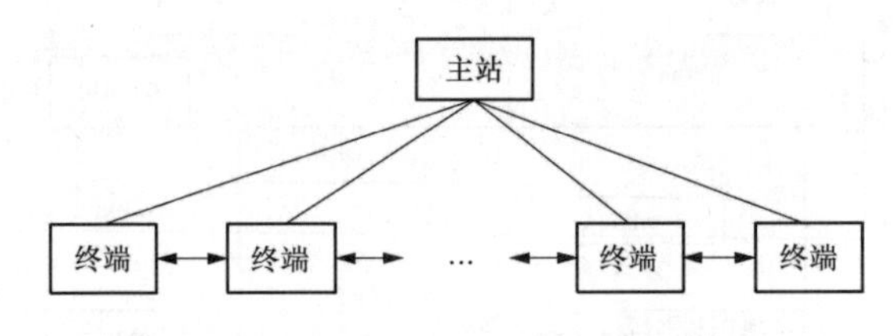

图 2－5　分布式与集中式协调控制技术

文献［14］侧重解决存在多恢复方案的故障下游负荷供电转供问题，提出分布和集中配合的自愈控制方案的思路是：①故障的诊断、定位、隔离和上游负荷的恢复采用分布式故障自愈控制的逻辑流程；②对故障下游负荷供电恢复，采用集中型故障处理的方式，对故障下游负荷的供电恢复采用执行故障处理预案的方式，即提前制定好故障处理预案，通过 IEC 61850 下发到相应的配网终端。

文献［15］则侧重发挥集中型控制在故障精细定位上的优势，提出集中智能和分布智能协调控制策略：当故障发生后首先发挥分布智能方式故障处理速度快且可靠性高的优点，迅速切除故障并自动将故障粗略隔离在一定范围；当配电自动化主站系统将故障信息收集齐全后，再发挥集中智能处理方式精细优化、容错性和自适应性强的优点，由配电自动化主站系统进行故障精细定位和优化控制，将故障进一步隔离在更小范围、恢复更多负荷供电。文中给出了各种故障处理方式的配置原则，指出集中智能和分布智能协调配合能够相互取长补短，从而提高故障处理的性能。

分布与集中配合的自愈控制模式融合了两者的优点，同时避免了各自的缺点，工程实用性大大提高。有关分布式故障自愈控制方式及其与集中型配合方式的实现过程将在后文第 4 章基于终端的自愈控制技术中详细介绍。

实现智能配电网故障自愈控制的另一个良好的途径是区域/广域保护控制方式，也可以看作是一种基于区域的网络化保护的就地控制方式。文献［16］在配电网中设置区域保护控制装置，每个配电网线路供电区域构成一个配电网终端层子网，就地化的分布式智能配电终端将保护信息［如采样值（Sample Value，SV）信息、保护元件动作信息等］上送给区域保护控制装置，区域保护控制装置根据实时接收的开关及线路状态信息、故障处理信息，通过系列策略实现配电网故障隔离后的“快速”“自主”网络重构，并将处理过程的关键信息上送配电网主站；并同时与终端层的分布式智能配电终端协同，实现配电网故障情况下的快速“主动”自愈；配电网区域保护控制装置同时接收主站的控制信息，实现各功能的投退，策略的切换等。当配电网发生故障时，通过区域层的区域保护控制装置的远方备用电源自动投入装置（下文将简称备自投）和终端层分布式智能配电终端的配电网纵联保护，保证配电网供电在“$N-1$”条件下的全范围不停电，迅速完成故障区域的定位、隔离并恢复供电。

相较于传统的基于“点”“线”的保护，这种基于电网多点电气信息的“面”保护具有天然的原理优势。它通常将紧密关联的若干变电站作为一个区域，区域内的各保护装置通过光纤互联，通过信息共享，根据网络拓扑结构，快速定位故障点，智能的对区域电网进行保护与控制，如图 2-6 所示。

其中，最底层是各个变电站内核站外馈线设备的数据采集及控制装置，采集所需电气量和开关量，打上时间标记，向变电站中间层传送；第二层是变电站中间层站域保护，安装在本区域内各相关变电站内，执行变电站范围内的主保护及后备保护功能，并负责将这些中间测量结果向上层区域保护单元传送，接受并执行区域保护的决策结果；上层是区域电网保护层，主要对变电站之间的联络线进行保护和控制，对信息进行综合分析做出相应的决策。在这个区域/广域保护控制系统中，继电保护和自动控制装置不再是两套独立的系统，而应相互配合，协调动作。

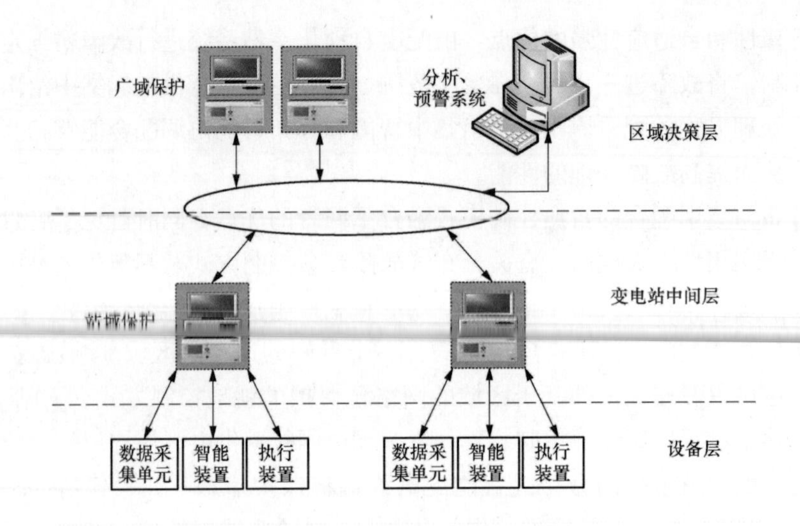

图 2-6　区域/广域智能保护方式

随着未来智能配电网的不断发展，配电网规模越来越大，结构越来越复杂，尤其是分布式电源的大量接入，可以预见未来智能配电网自愈控制系统将会是一个多层次的分区的分布式智能控制模式，如图 2-7 所示。

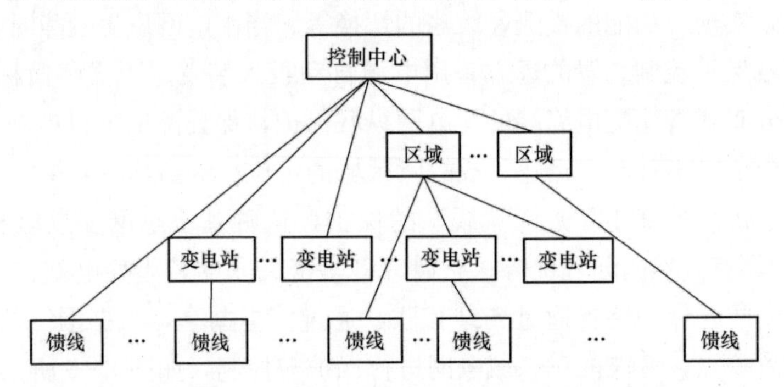

图 2-7　分层分区的智能配电网自愈控制系统结构图

在这种金字塔式的模式下，各分层区域间既可以相互独立，又可以根据需要进行通信和协调，并且跟随配电网的拓扑结构而变化。以馈线层和变电站层为低层，实现基本的就地保护和自愈控制。上面是区域配网层，每个区域都是按一定原则和规律划分的，包括微电网区域。每个区域自愈控制系统作为一个独立的智能体，相互之间是一种松耦合的关系。每个区域子系统采用国际标准统一建模，互相之间可以传递数据，保证多个子系统之间的协同配合，也可以通过最上层的配网控制中心实现协调。同时最上层的控制中心负责全网的状态监控、分析和决策支持。显然，这种分层分区的分布式智能控制模式也必须依靠强大的通信网络。

根据智能配电网的特点，本书将主要研究充分利用智能配电网通信网络的智能控制模式，包括集中式、分布式以及两者结合的控制模式，并以一次网架和设备为基础，根据实际的供电目标，制定具体的自愈控制方案，通过自愈控制系统实现。

2.3 智能配电网自愈控制系统

智能配电网自愈控制系统是适应智能配电网发展趋势，符合国内实际需求的高级配电自动化系统，是配电网革命性的管理与控制方法，它可实现配电网的全面自动控制与自愈、并对分布式电源进行集成，有效提高配电网供电可靠性、运行经济性，并可充分利用分布式清洁能源保障关键负荷促进节能减排。智能配电网自愈控制以一次网架和设备为基础，以自愈控制系统为核心，综合利用多种通信方式，并通过信息交互总线与其他相关系统互联，对配电网进行监测和控制，为配电网提供“事前预防、事中处理、事后恢复”的功能。

本书研究的智能配电网自愈控制系统将以强大的通信网络为基础，建立主站和终端的配合控制机制，支持大量分布式电源的接入，综合集成各种信息，实现配电网的全面自愈运行。该自愈控制系统具备常规配网自动化功能，同时基于智能配电网特点和未来发展要求，为智能配电网运行提供全面的监控、分析、评估和决策等功能。整个系统总体的层次架构如图 2-8 所示。

从图中可以看出，智能配电网自愈控制系统主要由自愈控制主站层、分布式终端自愈控制层和配电通信网络构成，主站层通过基于面向服务的架构（Service Oriented Architecture，SOA）符合 IEC 61968 标准的信息交换总线与现有相关系统的集成，实现配电网上下游设备模型和运行信息的共享。

（1）主站是整个系统的核心，它根据智能终端采集数据和从其他系统共享的信息实现对智能配电网的全局监控、分析和决策支持，并为自愈控制策略的执行提供人机交互界面。主站通过信息交互总线实现与调度自动化、电网地理信息系统、生产管理系统、电能自动抄表等其他各系统互联集成，为自愈控制提供支持。信息交互总线按照 IEC 61968 标准的总线机制进行设计，采用面向服务的架构（SOA）和粗粒度的消息机制，实现各系统之间的松耦合集成。

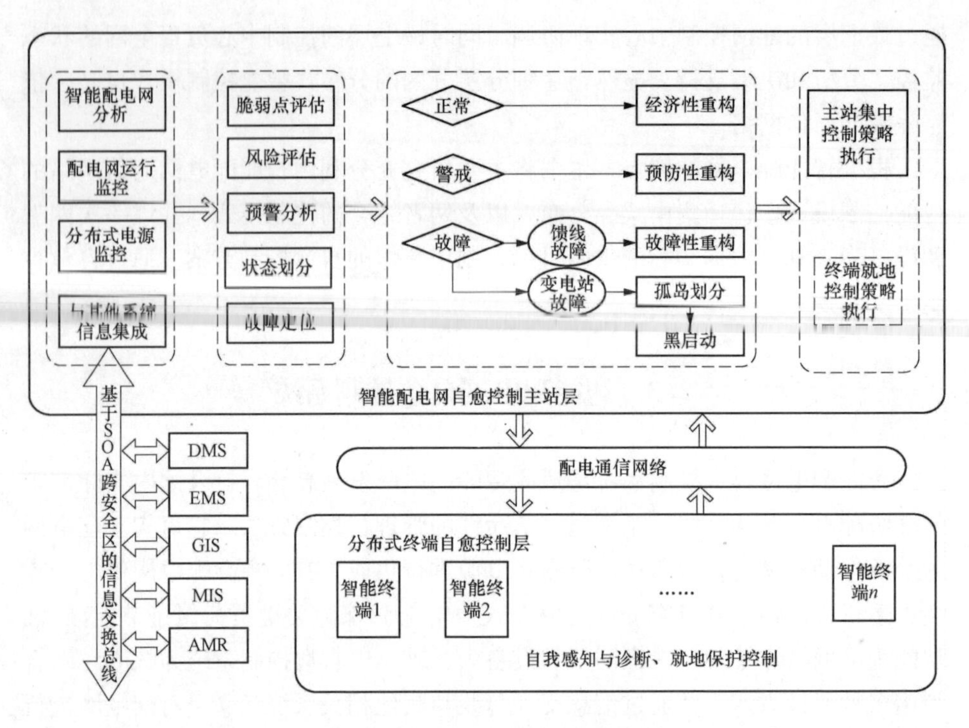

图 2-8　自愈控制系统总体架构图

(2) 分布自愈控制层主要由智能终端组成，包括馈线终端设备（FTU）、开闭所终端设备（Distribution Terminal Unit，DTU）、分布式电源并网控制终端（Distribution Generation Terminal Unit，DGTU）或微电网控制系统（Micro Grid Management System，MGMS）等，监测和控制的对象主要有：柱上开关、环网柜、电缆分支箱、分布式电源/微电网并网开关等。智能终端主要负责智能配网和配电设备的信息采集和控制，提供自愈控制所需的数据，实现开关监控、故障检测与识别、电能质量测量、断路器在线监视、自诊断与自恢复等基本功能。同时，智能终端可以通过与变电站出口断路器保护配合，基于相互间通信实现某区域内馈线故障的快速定位、隔离和非故障区段转供恢复。

(3) 先进的通信网络是智能配电网自愈控制系统的“神经”。自愈控制系统的通信要具有很强的双向通信处理及组网能力，还要能支持多种通信方式，兼顾经济性、开放性、安全性、可扩展性等特点。通信网络层应可根据自愈控制模式的需要，为主站层和智能终端之间提供较好的通信支持，还应可为智能终端之间相互通信提供可靠支持，以实现分布式自愈控制与集中控制的协调配合。

从图中还可以看出，智能配电网自愈控制系统所实现的自愈不仅包括故障情况下的快速处理，还包括对配电网运行风险或隐患的识别及消除处理。智能配电网自愈控制系统涵盖的技术涉及配电网一次设备及其自动控制、数据采集与通信、配电网分析评估与决策等各个方面，因此，需要在整个智能配电网技术的背景下综合研究。

2.4　智能配电网自愈控制实践的关键技术

配电网自愈控制的实施应基于供电区客户的实际需求及其电网设施基础，因地制宜、循序渐进地进行规划、建设，以供电可靠率指标为建设目标和评价标准，同时兼顾配电网建设、运行的经济性；对于不同等级类型的供电区域及负荷，根据设定的供电可靠率指标，可以相应采用辐射型、单环网、n供一备、双环网、多分段n联络等不同结构的配电网接线方式。然后在此基础上，选择合适的自愈控制技术方案，比如主站集中控制方式、智能终端分布式控制方式、主站和终端协调控制方式等。最终通过建立自愈控制系统来实现。自愈控制技术实施过程如图2-9所示。

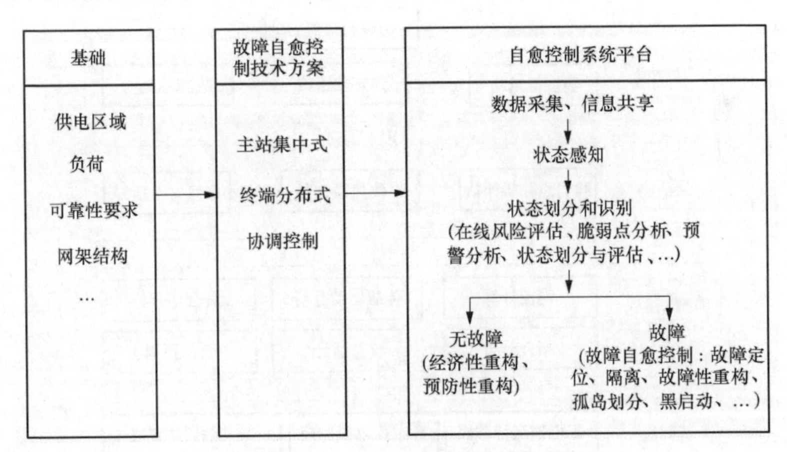

图2-9　自愈控制实施过程

由此可见，智能配电网自愈控制需要以配电网一次网架为基本条件和控制对象，以自愈控制系统为主要技术手段，其包括的技术环节和内容较多，一般以主站为核心，终端为底层手段，通信网络为“神经”，并充分考虑分布式电源和微电网的控制问题。同时，智能配电网自愈控制的实现不仅仅是底层终端的就地实现或主站的集中处理，还需要综合考虑与配电网保护的配合，以实现更广泛更快速更合理的自愈控制。自愈控制原理的正确性以及自愈控制系统的功能和性能指标，还需要先进的测试技术来验证，以保证工程应用的可行性。本书作者根据多年的工程实践经验，总结了智能配电网自愈控制的关键技术，主要包括以下几个方面。

2.4.1 主站技术

智能配电网自愈控制主站的软件实现应采用分层的架构体系，从下到上可以分为基础层、分析层、评估层和决策层四个层次，如图 2-10 所示。基础层是由分布式支撑平台和在其之上的配电网运行监控、分布式电源监控、与其他系统标准化集成接口等功能组成；分析层由网络拓扑分析、状态估计、潮流计算、负荷转供分析、负荷预测等常用的配电网分析功能组成；评估层主要是在基础层和分析层提供数据和基本功能调用的基础上，对配电网的运行风险进行评估和预警，对配电网的运行状态进行划分，实现对配电网故障的预防功能；决策层在配电网运行状态划分的基础上，根据不同的运行状态进行相应的网络重构，包括对故障的快速处理和非故障区的供电恢复。

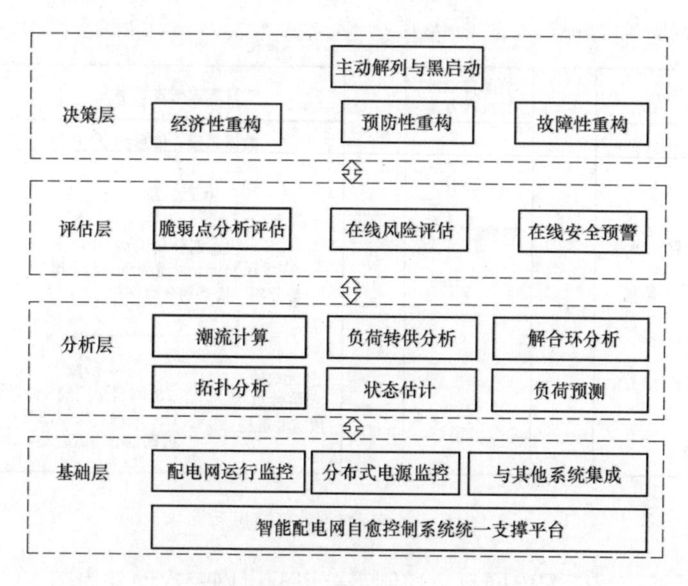

图 2-10　智能配电网自愈控制主站系统软件架构图

主站系统所涵盖的关键技术有：

(1) 系统支撑平台技术。包括分布式通信管理、安全管理、进程管理、责任区和权限管理、日志管理、公式管理、事件和报警管理、多态应用相关模型管理、实时库管理、图模一体化建模工具、图形和插件扩展服务、系统维护工具、历史数据和报表管理，以及系统相关的备份和恢复功能等分布式支撑平台实现技术。

（2）智能配电网建模、信息集成交互技术以及大数据的应用。在基于IEC 61970 CIM扩展的智能配电网建模过程中，引入馈线区段（Circuit）—馈线（Feeder）—馈线组（Feedergroup）的层次模型，更好地实现配电网设备层次关系的管理，为快速进行网络分析，灵活进行自愈控制提供数据结构支持。

通过基于SOA和IEC 61968标准设计的电力信息交换总线，实现与其他系统的互联集成，以获取相关信息，为智能配电网运行控制、分析评估和自愈控制提供支持。

在信息集成技术基础上，智能配电网自愈控制系统能够获得从高压到低压配电网设备的全面信息集成，经过系统长期的在线运行，可以积累海量的智能配电网设备运行数据，利用大数据技术，可以深入挖掘分析与配电网自愈相关的各种指标信息，开发智能配电网大数据应用，为智能配电网自愈评估、运行计划和发展规划提供决策支持。

（3）智能配电网运行仿真技术。通过智能配电网运行模拟与仿真可实现自愈控制系统的功能测试和自愈控制策略的仿真试验，尤其是智能配电网图模准确性验证和故障自愈功能测试验证。智能配电网运行模拟与仿真软件，主要应由四个部分组成：操作仿真、故障仿真、智能配电网潮流计算引擎以及数据仿真。

（4）配电网分析技术。包括网络拓扑分析、状态估计、潮流计算、合环分析、负荷转供分析等。其中，作为基础的网络拓扑分析，在目前的大中型配电自动化系统中存在实时性不高，计算母线数量大，配电网和输电网的计算母线区分困难等问题。为解决这些问题，本书作者采用一种快速的配电网络拓扑分析方法，引入了馈线区段的概念，将馈线区段作为节点参与全网拓扑母线—拓扑岛分析，简化配电网络的物理模型，进而提高拓扑分析速度和效率。

状态估计分为静态负荷估计和动态负荷估计两个过程。静态负荷估计基于馈线和其连接节点的静态从属关系，而动态负荷估计主要是利用自愈控制系统采集的实时量测修正静态负荷估计的结果，使负荷估计结果更精确。

潮流计算是配电网分析的基础模块，为自愈控制决策层应用提供潮流数据支持。它根据配电网络指定运行状态下的拓扑结构、变电站母线电压（即馈线出口电压）、负荷类设备的运行功率等数据，计算节点电压，以及支路电流、功率分布，为网络重构、电压无功优化等应用提供支撑。

合环分析主要是指主站系统对指定方式下的合环操作进行计算分析，计算出合环电流、判断其是否超过保护动作电流，从而为负荷带电转供操作提供决策依据。

负荷转供分析把检修、停电或越限设备设置为转供目标设备，根据目标设备分析可转供负荷，提出包括转供路径、转供容量在内的负荷转供操作方案。常用的负荷转供点搜索算法，包括局部拓扑搜索方法和基于反射原理的有向图方法。

负荷预测是在对系统历史负荷数据、气象因素、节假日，以及特殊事件等信息分析的基础上，挖掘配电网负荷变化规律，建立预测模型，选择适合策略预测未来系统负荷变化，对短期负荷（1～7 天）、超短期负荷（每小时、每 15min，用户自定义）的负荷预测。

（5）配电网评估技术。包括配电网在线风险评估、脆弱性评估、状态划分和在线安全预警技术等。

配电网在线风险评估考虑多种因素，利用多种信息数据，以健康值与重要性的二维组合反映设备风险，采用分层的风险评估技术，从设备、馈线、馈线联络组以及整个配电网四个层次进行风险评估。

脆弱点评估从配电网自愈能力的角度出发，评估馈线线段故障后系统的转供恢复能力，通过预想脆弱点扫描和脆弱点实时评估两个步骤实现配电网当前运行方式下的脆弱点评估。

智能配电网自愈控制系统以馈线联络组为单元将配电网划分为正常状态、警告状态和故障状态。配电网运行状态的划分和判断是自愈控制的前提和基础，根据配电网的不同状态，自愈控制系统实施不同的控制策略和方案，以达到智能配电网安全、可靠、经济运行的目的。

（6）网络重构技术。在配电网运行状态划分的基础上，根据不同的运行状态进行相应的网络重构。包括经济性重构、预防性重构和故障性重构。

正常运行方式下以经济运行为目标给出网络重构方案，即经济性重构。这种重构是基于节点负荷短期预测值，以网络损耗最小为目标函数，以满足配电网安全可靠运行为约束条件，搜索未来 24 小时的最优网络拓扑结构，最终给出联络开关与分段开关的投切方案或者给出提示性方案和效益分析数据。

预防性重构以消除线路过载、消除电压越限，优先保障关键负荷供电为目标，利用在线预警模块所提供的线路及设备的越限信息，采用启发式搜索算法，简化电网模型拓扑关系，最终实现网络重构方案。

故障性重构在终端或主站实现故障隔离前提下，以最大程度保障关键负荷、快速恢复非故障区段供电为目标，通过切换联络开关、分段开关以及环网柜负荷出线开关的状态，尽快尽量的恢复非故障区域供电。

2.4.2 终端技术

馈线终端设备（FTU）、开闭所终端设备（DTU）、智能综合配变终端设备（Transformer Terminal Unit，TTU）等智能终端设备用于环网柜、开闭所、开关站、柱上开关、配电室等场所的配网设备的检测、控制与故障检测功能。在配电网中的典型应用如图 2-11 所示：

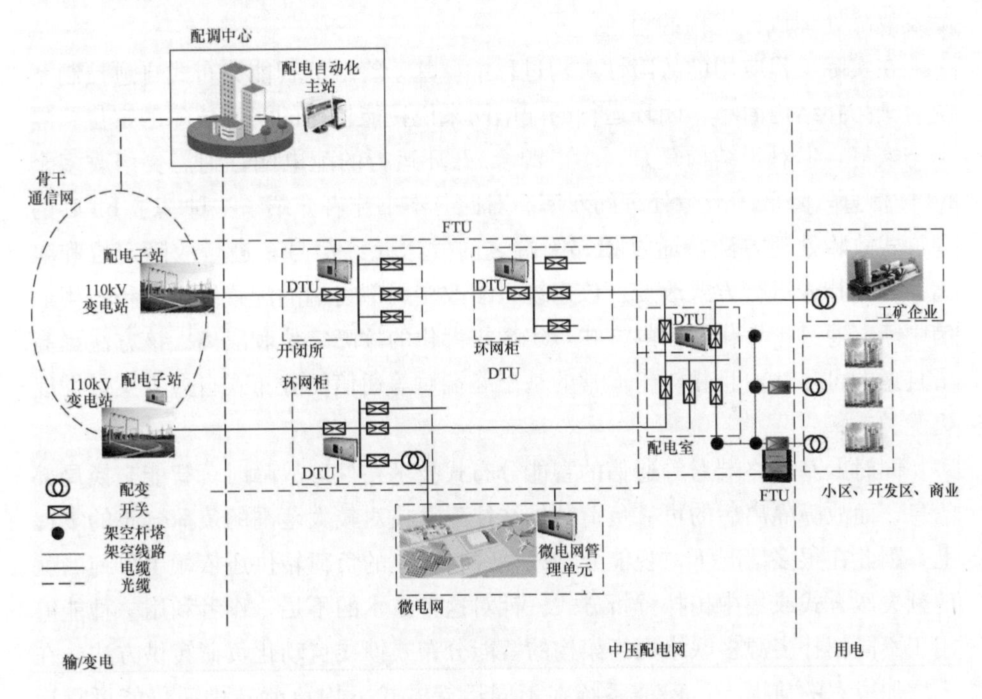

图 2-11 终端在配电网中的典型应用

在智能配电网自愈控制系统中，馈线终端设备主要有以下几个方面的功能：

（1）实现配电网设备的数据采集、状态检测，并上送相关信息到主站系统，执行主站下达的日常调度控制命令，对具备遥控条件的开关进行遥控操作；

(2) 配合主站系统，在经济性重构、预防性重构的自愈控制过程中，执行主站的控制命令，充当执行机构的角色，通过控制开关完成负荷的网络重构；

(3) 在故障性重构过程中，馈线终端 FTU/DTU 实时采样电流和电压，判断出故障发生的性质和类型，并进行故障数据的录波、故障信息的上报等，信息发送给相邻终端，实现终端对等通信、根据相邻终端的故障信息及自身的信息，进行快速的故障隔离和重构转供；

(4) 在故障性重构过程中，馈线终端 FTU/DTU 实时采样电流和电压，判断出故障发生的性质和类型，并进行故障数据的录波、故障信息的上报等，信息上送给区域控制器或配电网主站，由区域控制器或配电网主站进行故障信息的综合判断后，执行故障处理控制命令，馈线终端在故障处理中充当检测故障及故障处理执行机构的角色。

在实际工程应用的故障性重构过程中，基于终端的智能分布式自愈控制系统对于拓扑结构简单、闭环运行的配电网来说，能快速的实现故障的定位、隔离与恢复，但对于结构复杂、多电源合/开环运行的配电网，则需要修改多个 FTU 信息，降低了故障处理的效率。对此，本书作者介绍了一种基于 FTU 的允许式故障处理方法，通过相邻终端之间发送允许信号，进行故障定位和隔离。当拓扑或运行方式改变，该系统只需改变局部终端的配置继续运行。当通信中断，通过扩大化通信的方式，实现扩大化的故障定位和隔离。该方法提高了自愈的可靠性，且相对于通常的基于终端对等通信的分布式自愈方案，性能更优。

同时，基于终端对等通信的智能分布式技术在处理故障时，智能交换局部信息，而故障隔离后的可靠负荷转供往往建立在对较大范围的负荷分布的掌握上，因此在很多情况下，智能分布式馈线自动化的负荷转供还依赖于单纯的就地判失压方式或集中拓扑分析方式。针对这种技术的不足，作者利用一种能够用于不同拓扑多源多联络网络架构的智能分布式馈线自动化负荷转供方法，在不增加成本的前提下，保证系统在不同运行方式下均负荷转供后仍能可靠运行。该方法基于相邻开关的智能分布式终端之间对等通信实现信息交换，由隔离开关的智能分布式终端指定最优的联络开关，实现故障隔离后非故障区域的负荷转供。

为了实现上述功能应用，以及适应配电系统复杂的网络架构和恶劣的运行环境，馈线终端设备需要具备如下一些关键技术：

(1) 强大的通信处理能力：如支持光纤以太网、电以太网接口，RD -

485/RS-232 串口，无线 GPRS/CDMA 通信接口，以及支持各类通信规约，包括持 IEC60870-5-101、IEC-60870-5-104、IEC60870-5-103、MODBUS、DNP3.0 以及 IEC 61850 规约等；

（2）良好的电磁兼容能力及灵活的硬件扩展能力：如防振、防潮、防雷，长期运行工作稳定，具有灵活的扩展能力，如 DTU 能支持多回支路的全量，具备交流、直流（蓄电池）双电源供电及无缝自动切换能力等；

（3）灵活的软件配置能力：除了实现对现场应用环境接口的灵活配置外，特别在智能配电网自愈控制系统在故障处理过程中，作为关键的、基层的判断和执行机构，软件中要有灵活的拓扑识别和故障识别能力，可以能够根据主站或相邻终端的信息，以及自身采集到的故障检测信息，进行快速的故障判断和定位，并有选择性的地故障隔离和恢复停电。

本书作者在介绍智能配电终端技术时，在智能配电终端相关章节中除了对智能配电终端的硬件平台和软件实现进行了简要介绍外，侧重于对几种基于终端的分布/集中式自愈控制实现技术进行了阐述，并结合实践经验提出了优化方案。

随着配电网分布式电源的大量接入，以及配电网网络架构的复杂化，对快速故障检测和隔离也带来了更大的难度，目前馈线智能终端具备的故障判断，主要包括过流保护、过负荷检测、接地故障判断等，但由于条件所限，都是原理比较简单的故障状态判断功能，在一些要求供电可靠性更高的重要负荷区域，随着通信技术的发展，也应用了一些更为可靠的故障判断原理，包括配电网保护一些新技术的发展等内容，将在配电网自愈保护技术相关章节进行阐述。

2.4.3 保护技术

首先以图 2-12 所示的典型系统馈线终端配置方案来举例说明一下，在故障发生时，各馈线终端一般配置过流保护功能对故障进行检测，但传统的过流保护，都是反应于电流升高而动作的故障判别方式，由于配电网运行方式变化多，例如 F1 点故障时，各点所配置的馈线终端（终端 2-Q102 支路、终端 3-Q202 支路）对故障电流的感受特征差异不会很大，导致不能满足灵敏系数或保护范围的要求，单靠馈线终端本身的信息量无法准确判断故障点是否在所辖范围内，从而失去选择性，可能导致扩大停电范围，为了实现快速隔离故障点，恢复非故障区域的供电，因此需要多点信息进行综合判断，特别是需要和配置在变电站出线的馈线终端保护相配合。

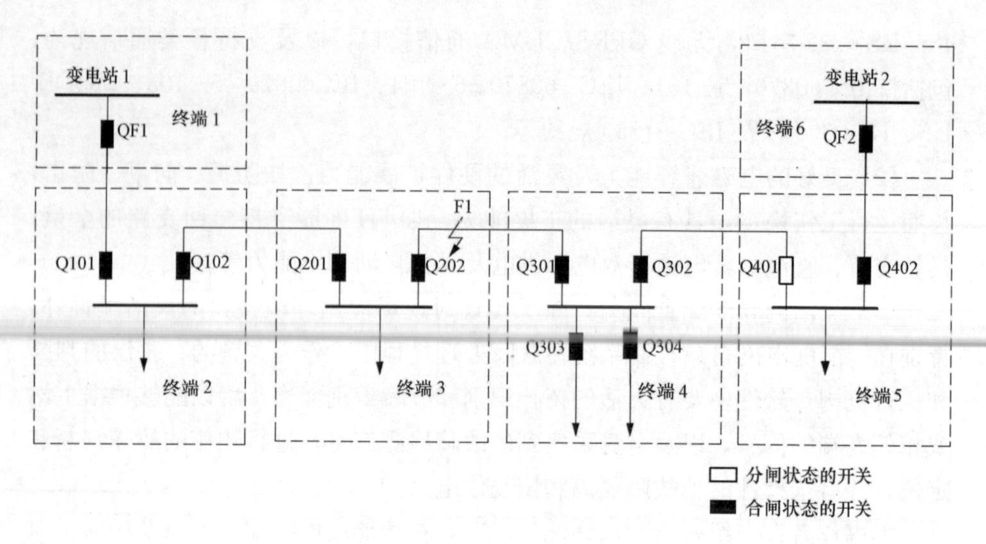

图 2-12　典型系统馈线图

而且国内目前大多城市配电网系统只在变电站出线处装设了断路器，配电网线路中间环网柜多配置为带 DTU 的负荷开关，其只能切断负荷电流，对故障电流无能为力，因此 DTU/FTU 也不能自行快速切断故障点，而必须和变电站出线端的馈线终端保护（终端 1）相配合，待系统无压再执行相关控制功能。因而，变电站出线端所配置的设备的故障检测能力就要求更为精准和快速，以提升整个区域配电系统的故障隔离和快速恢复能力。

作者以北京四方继保自动化股份有限公司（下面简称四方公司）研制的配电网馈线保护（配置在变电站内的出线，含电流差动原理，可选功能）为例，介绍目前先进的配电网继电保护配置功能，如传统的过电流保护原理增加故障方向判别，如应用现在在高压线路保护上广为应用的电流差动保护原理，并根据配电网网络架构特点的不同进行适用性改进，原理简单，使用电气量少，保护范围明确且无需逐级整定配合，动作速度快，可靠性高，能够适应多端电源线路的故障精确定位，相比较传统的继电保护配置，性能上有很大的提升，提高了智能配电网的供电可靠性。

而作为近几年国内外新兴的研究课题——区域/广域保护控制系统，在 110kV 及 220kV 已有一些典型应用，该系统能够综合各种完善的保护原理及基于区域各点的故障信息，快速识别故障，并与过载联切、频率电压控制、备用电源自投功能等无缝融合，对故障隔离、快速恢复供电，避免故障后由于上下级保护之间的配合不当，保护与控制功能的配合不当，导致故障范围扩大，并通过自动恢复供电的有效及快速控制，能够将传统的负荷恢复供电时间由分钟级、甚至小时级，缩短到200 ms以内，如四方公司在贵州地区的系统典型应用，就给用户带来了很明显的经济效益和社会效益。

区域/广域保护控制的研究在配电网中的应用也越来越引起重视，与之前所介绍的分布/集中式自愈控制模式有所不同的是，该研究融合了在输电网中的一些可靠性更高的保护与控制原理，针对目前配电网随着分布式能源的接入和配网建设的大力发展，配电网网络架构发展和变化迅速，在重要负荷供电区域，应用区域/广域保护控制技术，将变电站内的保护与下一级配电网终端信息融合，能够对配电网自愈控制起到很好的支撑作用。

本书以四方公司研制的“配网区域控制保护系统”为例，介绍了系统的整体架构，功能配置及判别原理，以及实际应用案例，并介绍了两种数据处理和分享技术。该系统将线路差动保护、广域备用电源自投等技术移植应用于配电网智能保护控制系统，以有线/无线通信组网为信息传输通道，提升配电网保护的选择性、快速性、可靠性和灵敏性，增强故障定位精准度，加快故障后供电恢复时间。

随着风电、光伏发电、燃料电池，以及电动汽车动力电池、超级电容器等直流电源越来越广泛的应用，利用直流配电网提升供电可靠性成研究的一个热点。直流配电网中的保护控制系统承担了复杂的控制协调以及故障快速隔离、快速恢复供电的重要作用。目前对于直流配电网控制保护的研究主要是集中在理论研究层面，各方向的研究均处于起步阶段，缺乏相应的标准、执行准则和实际操作的经验，有待深入研究。

2.4.4 分布式电源与微电网控制技术

随着能源问题越来越受关注，利用分布式能源发电成为热点。将分布式电源以微电网形式接入到电网中并网运行，与电网互为支撑，是发挥分布式电源效能的最有效方式之一。分布式电源的大量接入，给智能配电网自愈控制提供了新的途径，同时也带来了一系列的挑战。

分布式电源的接入成本高、协调控制复杂是需要不断改善解决的问题之一，尤其是当分布式电源以微电网接入时，微电网的并离切换控制一直是专家学者们关注的问题。本书作者根据多年的工程实践经验，介绍了一种基于共直流母线的电池储能与光伏在并网和独立运行方式下的协调控制和优化方法，该方法支持不同类型储能电池与光伏电池板的灵活接入，各支路完全独立控制优化管理，支持并网和独立运行方式，各储能电池与光伏电池板经各自的DC/

DC 支路将直流能量汇集到直流母线，接着通过后级的 DC/AC 换流器与交流电网并网或独立带载运行。为解决现有储能变流器并网运行转离网运行、离网运行转并网运行时需短时封脉冲的问题，本书采用一种基于储能变流器的微电网运行方式主动无缝切换方法，实现微电网的无缝切换，保证微电网状态切换时，对微电网内负荷的不间断供电。

在分布式电源接入电网后，孤岛运行是配电网一种新的运行方式。在这种运行方式下，由分布式电源独立向系统的部分负荷供电。在系统发生故障时，各分布式电源按照划分好的孤岛继续向负荷供电直至故障排除，然后进行孤岛并网操作，系统恢复正常运行状态。为了解决现有技术中存在分布式电源孤岛状态检测的技术问题，本书利用分布式电源 DG 并网状态与孤网状态下系统等效负序阻抗将出现极大变化的特点，介绍了一种基于等效负序阻抗的分布式电源孤岛保护方法。

2.4.5 通信技术

智能配电网发展离不开通信技术的进步，自愈控制的实现离不开强大的通信网络。随着智能配电网规模的扩大，快速增长的数据量成为一大挑战。智能配电网中的保护、测控等二次设备数量规模庞大、携带有海量的数据，因此只有将智能配电网调度系统、继电保护系统、测控装置、通信网络等二次设备有序组织、形成一个有机的整体，实现数据及时实时共享，各部分协调工作，才能实现配电网的自愈功能。这其中数据的传输和共享技术成为实现智能配电网自愈功能的关键。自愈控制系统的通信要具有很强的双向通信处理及组网能力，还要能支持多种通信方式，兼顾经济性、开放性、安全性、可扩展性等特点。

目前，智能配电网通信面临的主要挑战之一是缺乏统一的通信模型和通信规范，这种情况影响了智能电力设备、智能电表和可再生能源的融合以及它们间的相互操作。此外，智能配电网需要与变电站自动化系统、控制中心等智能电网其他组成部分相互协作，互相配合。在数据模型的统一描述、信息交换、通信技术等支持方面需要有统一标准的规范，解决各个异构设备、系统和网络等之间的通信问题。本书作者结合工程案例，以配电网中的终端设备以及分布式电源为例，说明 IEC 61850 在智能配电网中的通信建模过程，为智能配电网开放式通信体系的建立提供一定的参考。

（1）基于 IEC 61850 的配电网通信建模。目前 IEC 61850 对于配电网中的分布式电源、智能用电、储能、充换电设施等相关二次设备模型的建模规定并不完善，本书中以配电网中的终端设备以及分布式电源为例说明 IEC 61850 在智能配电网中的通信建模过程。建模时，采用一个终端设备或者一个分布式电源控制器建模成一个 IED 的原则，各个不同设备或控制器的差异主要体现在逻辑设备（Logical Device，LD）和其相关逻辑节点（Logical Node，LN）的组织。

（2）基于 IEC 61850 的信息交换模型。信息交换服务模型包括客户/服务器模型、通用变电站事件（GSE）模型、采样值传输模型。子站和终端之间的通信采用客户/服务器模型；数据发送采用 IEC 61850 的报告（Reporting）模型，这样既可以保证正常数据的传输，又可以将异常数据快速发布；终端和终端层之间使用客户/服务器模型和通用 GSE 模型。

（3）基于 IEC 61850 的服务映射。IEC 61850 作为自动化通信的主要规范，不但定义了通信实体的信息模型、抽象服务通信接口（ASCI）并且对通信的映射也做出了相应的定义说明，如：对于故障处理预案的定义、下发和控制等相关通信通常会映射到 MMS、IEC60870 - 5 - 101/104 和 Web Services 等通信协议上，而且对于相应时效性有更高要求的设备间的互操作等相关通信映射到 GOOSE 上。

（4）基于 GOOSE 的自愈控制通信映射应用。书中以一个自愈控制方案的通信映射实现机制为例介绍基于 GOOSE 的自愈控制通信映射应用，其中终端间的通信采用了 GOOSE 映射的方式，保持了高时效性，终端与主站间的通信则采用对符合语义信息，更成熟和应用更广泛的 MMS 映射。通过不同映射方式的结合使用，不仅完全满足了开放式通信体系对信息模型和信息传递的要求，同时也保证了智能配电网的运行效率。

2.4.6 测试技术

自愈控制系统的测试是其应用在实际工程现场中的前提和基本要求，关系到自愈控制系统能否满足工程目标要求，能否适用于实际情况。根据测试环境和测试目的不同，其相关功能测试方法主要包括主站仿真模拟环境测试、主站与终端联合仿真测试和基于实时数字仿真（Real Time Digital Simulator，RTDS）的动模仿真测试。

（1）主站功能仿真测试。主站功能仿真测试主要是通过配电网仿真模拟软件，来模拟电网正常运行情况和故障运行情况下上送给主站的相关数据和信号，以及可以接收主站进行的相关遥控、遥调等控制操作，模拟仿真电网对操作控制后的相关响应，测试主站系统的功能。

北京四方继保自动化股份有限公司配电网仿真模拟软件可以对配电网进行各种场景仿真，驱动主站系统的操作使用，实现在没有现场终端的情况下，仍能进行日常操作仿真。

(2) 主站与终端联合仿真测试。主站和终端联合仿真测试一般是通过把开关模拟器、继电保护测试仪、时间同步校验仪、配电网终端、主站连接在一起，组成仿真测试环境，进行主站和终端相关功能联合测试，其具有在线、动态、同步、真实等特征，可进行终端网络保护功能、故障后主站网络重构功能、故障后终端就地与主站配合处理功能等方面测试。

(3) 基于 RTDS 动模仿真测试。RTDS 仿真系统能够模拟不同电压等级、不同接线模式、不同负荷特性、不同接地方式与不同故障类型、不同分布式发电接入位置、不同保护原理及通信方式的配电网，可以根据测试的需求形成各类信号源，通过 RTDS 与物理装置互联，可以实现物理在环的仿真，能够承担智能终端、分布式智能控制保护设备、自愈控制系统主站等智能配电网二次设备的功能或性能的测试。

RTDS 与主站组成的混合仿真环境既能实现实际应用网络规模的仿真测试，又能实现主站和终端的综合测试，充分发挥 RTDS 仿真和配网仿真软件各自的优势。同时，大量分布式发电系统接入配电网后，使用 RTDS 进行动态仿真，需要对光伏发电系统、燃料电池发电系统、风力发电系统、蓄电池储能系统建立仿真实时模型，搭建仿真测试环境，进行相关功能的测试验证。本书作者将以某配电网区域保护系统测试和微电网并离网切换试验为例，介绍基于 RTDS 的仿真测试过程，包括其与配电网仿真软件的结合使用，分布式电源在其环境下的建模以及各系统功能的测试等。

2.5 智能配电网新技术对自愈控制的影响

自愈控制技术是实现智能配电网的重要手段，其所涉及的环节和内容众多，尤其是作为核心的智能配电网自愈控制系统需要众多技术的高度集成。随着电力电子、信息和通信技术的快速发展，自愈控制技术必然会不断发展。下面简单介绍几种新技术对自愈控制的影响。

(1) 基于智能软开关 SNOP 的智能配电网运行控制技术。当前无论采用什么模式的自愈控制方式，配电网的自愈控制最终都是依靠网络重构实现的，在正常运行状态下提供优化运行的控制策略，在故障情况下提供快速自愈控制策略。但随着分布式电源的大量接入改变了传统配电网的运行特性，风、光等分布式电源具有随机性、间歇性和突变性的特点，会导致配电网的运行情况变得十分复杂，通过网络重构进行配电网优化运行和故障处理会更加困难。另外，网络重构在实际应用中还涉及倒闸操作、合环电流冲击、开关频繁动作会影响其寿命等问题，给配电网运行调整带来安全性和可靠性的隐患。将来SNOP用于配电网线路中可以减少自愈控制对网络重构的依赖。

SNOP是一种电力电子装置，主要安装在传统的联络开关处，可以对两条联络的馈线间传输的有功功率进行控制，并能够提供一定的电压无功支持。SNOP在配电中使用，能够缓解光伏、风电等分布式电源出力的波动，能够改善配网电压水平和分布式电源消纳的能力，可以降低网络电能损耗、改善电压水平、应对分布式电源出力的突变等，能够优化配电网的运行。SNOP代替联络开关后，配电网的运行方式结合了放射状和环网供电方式的特点，能够实现配电网运行的平滑调节和控制，避免了联络开关动作会涉及影响开关寿命、引起合环电流冲击等问题，在实际运行中可以做到实时控制调节和优化，在故障发生时不会造成短时停电，保障了负荷的不间断供电，进而提高了供电质量和供电可靠性。

（2）微电网和主动配电网运行控制技术。随着大量分布式电源接入配电系统，配电网从单辐射的无源网络变为有源网络，配电系统变为一个主动配电系统，配电网成为一个主动配电网。为保证配电网的正常运行，需要对各种分布式电源以及分布式电源组成的微电网进行协调控制。微电网是由光伏、风能、小型燃气轮机等分布式发电、储能、电动汽车和相应负荷组成，可以与主网并网运行，也可离网运行，一般有微电网控制系统负责运行控制和模式切换。微电网优先保障内部的负荷供电，多余电能可上网给其他负荷供电。微电网是配电网消纳绿色分布式电源、实现无电区用户供电、提高重要用户供电可靠性的重要方式。

主动配电网运行控制技术主要包括微电网孤岛运行控制技术、各种分布式电源和微电网的协调控制技术。根据用户用电负荷的特性，考虑其用电行为的不确定性，建立负荷模型实现较准确的负荷预测，结合需求侧管理，对负荷进行时间和空间上的调配管理。即采用技术和经济手段，调动用户的主动参与，对配电网电压、无功进行协调控制，使用灵活的网络拓扑结构等管理电网潮流，进行网源协调的综合运行控制。

（3）能源互联网技术。能源互联网的概念是以互联网理念构建的新型信息能源融合的“广域网”。它以大电网为电力主干网，以智能配电网、微电网为局域网，在开放对等的信息能源一体化架构上，真正实现能源的双向按需传输和动态平衡使用，以最大限度地适应新能源的接入。能源互联网相关技术包括：能量IP寻址技术、能源互联通信协议、能源互联组网标准、能量路由技术、能量缓冲技术以及能量管理技术。能源互联网是由智能社区微电网、工业园区微电网、商业微电网等各种类型的微电网，传统发电厂、新能源发电系统，风电厂，光伏电站，电力主干网，交流配网，直流配网，能量路由器等组成，通过能源互联网运行控制技术进行运行控制的信息能源融合的广域网络。

借鉴互联网的理念出现的能源互联网技术，使得在更大的范围内实现了电网中能源协调和运行控制协调，是一种广义的电网自愈运行控制技术，保证了电网的安全稳定，能够实现大量分布式电源的接入，实现各种电源、电网和负荷的协调控制，实现电网的绿色安全可靠运行。

智能配电网的未来发展目标是，支持分布式可再生能源高渗透率接入，全面实现配电系统智能化运行和一体化信息管理，使配电系统成为集成各种电源的能量流、信息流、业务流融合的能源互联网，为用户提供实时交易和自由选择，实现能源供需模式的科学平衡。

构建区域乃至全球能源互联网，在能源开发上需要推动以清洁能源替代化石能源，实现目前化石能源为主、清洁能源为辅的状态向清洁能源为主、化石能源为辅的状态转变；在能源消费上实现以电代煤、以电代油、以电代气的转变，提高电能在终端能源消费的比重，以减少环境污染和温室气体的排放，这将极大推动全球能源结构的调整，改善人类生存环境，促进人类和谐可持续发展。

（4）大数据处理技术。未来智能配电网的业务将会越来越精细化，客户要求越来越高，粒度更细的数据也会越来越多，不管是配电网运行、设备监测，还是电力企业营销、管理部门都会产生海量的异构、多态数据，即大数据。对这些数据的收集、处理和挖掘将会成为一大挑战。积极开展大数据在智能配电网中的研究也显得尤为重要。

对于智能配电网自愈控制系统，数据是基础，面对汹涌而至的大数据，这既是机遇也是挑战。一方面，大数据为自愈控制提供了更为精细准确的分析计算基础。不同部门不同系统的数据融合，使自愈控制系统可以获得更全面的信息，有利于给出更加准确的决策方案。另一方面，大数据的传输、存储、处理、挖掘等都存在一定的技术难度，需要考虑通信、安全、标准、专业算法等多个方面，需要建立一个安全的、标准统一的、能快速访问的大数据平台。同时，需要利用大数据深入挖掘分析相关的各种指标信息，为智能配电网自愈控制提供决策支持。

参 考 文 献

[1] 董旭柱．智能配电网自愈控制技术的内涵及其应用．南方电网技术，2013，7（3）．

[2] 董旭柱．智能配电网自愈控制技术．电力系统自动化，2012，36（18）：17-21.

[3] 沈兵兵，吴琳，王鹏．配电自动化试点工程技术特点及应用成效分析．电力系统自动化，2012，36（18）：27-32.

[4] AMINM. Energy Infrastructure Defense Systems. Proceedings of the IEEE，2005，93（5）：861-875.

[5] 徐丙垠，李天友，薛永端. 智能配电网与配电自动化．电力系统自动化，2009，33（17）：38-41.

[6] 王世果，杨红伟，王宁宁．浅谈配电网常用的馈线自动化模式．农村电工，2009（9）．

[7] 李剑峰．宋丹．我国农村馈线自动化模式的探讨．东北电力技术，2010，31（3）．

[8] 徐丙垠，薛永端，赵建民．配电网馈线自动化系统远方终端的故障检测．供用电. 1999，16（3）．

[9] 刘健，程红丽，董海鹏，等．配电网故障判断与负荷均衡化．电力系统自动化，2002，26（22）：34-38.

[10] 郭谋发，杨耿杰，黄建业，等．配电网馈线故障区段定位系统．电力系统及其自动化学报，2011，23（2）：18-23.

[11] 郑涛，潘玉美，王英男，等．配电网具有容错性的快速故障定位方法研究．电力系统保护与控制，2014，42（6）：63-68.

[12] 唐成虹，杨志宏，宋斌，等．有源配电网的智能分布式馈线自动化实现方法．电力系统自动化，2015，39（9）：101-106.

[13] 刘健，贠保记，崔琪，等．一种快速自愈的分布智能馈线自动化系统．电力系统自动化，2010，34（10）：62-66.

[14] 葛亮，谭志海，赵凤青，等．一种改进型自愈控制方案的实现．电力系统保护与控制，2013（18）．

[15] 刘健，张小庆，陈星莺，等．集中智能与分布智能协调配合的配电网故障处理模式．电网技术，2013（9）．

[16] 张琪．智能配电网层次化保护控制系统．广东电力，2015，28（1）：100-104.

自愈控制主站

自愈控制主站是智能配电网自愈控制系统的核心部分，为智能配电网自愈运行提供全面的数据采集及信息集成、分析评估、决策支持，为自愈控制操作提供人机交互支持和结果展现。自愈控制主站系统的设计需要充分考虑其在智能配电网运行管理过程所处的位置以及不同岗位的需求，再在整体框架下考虑四个层次（基础层、分析层、评估层和决策层）的关键技术实现，并在软件实现过程充分利用最新的IT技术。本章将在介绍自愈控制主站系统总体设计要求和原则的基础上，依据第2章的软件层次架构，以作者参与国家863计划课题实现的智能配电网自愈控制系统为参考，详细介绍自愈控制主站的关键技术和功能实现，并以某配电网自愈控制主站设计为例，介绍主站技术实现过程。

3.1 自愈控制主站系统总体设计

设计自愈控制主站系统，首先应确定其系统定位，分析其核心业务需求，充分考虑智能配电网运行管理过程中不同岗位的要求，遵循的基本原则等。

3.1.1 系统定位和性能要求

智能配电网自愈控制系统从技术性质上来讲属于电力自动化范畴，其主要控制和管理的对象为中压配电网，是配电自动化系统未来的替代者[1]，在整个电力系统中所处的位置如图3-1所示。而主站作为自愈控制系统的核心，担负着整个系统的监控、分析、决策支持的作用，其地位尤为重要。

自愈控制主站系统的目标是在智能配电终端、通信和智能配电网一次设备的配合下，实现智能配电网的安全、可靠、自愈运行。整个自愈控制主站系统的设计对可靠性、安全性、可扩性、灵活性、实用性、先进性、开放性有

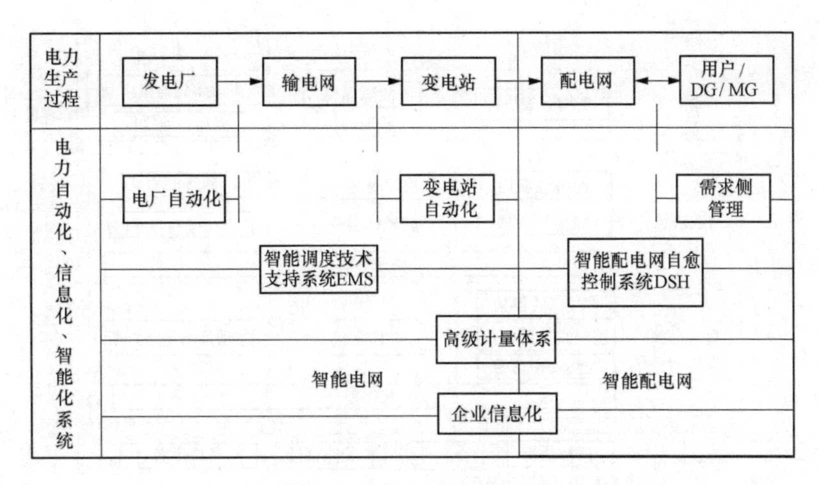

图 3-1　智能配电网自愈控制系统的业务定位

非常高的要求，如图 3-2 所示。安全、可靠是基本前提，要求做到系统与外部网络的安全隔离，并确保信息、数据、程序的安全可靠传输和运行。可扩性和灵活性使得系统能适应电网建设的发展，满足系统升级的需求，适应不同规模、不同需求的应用场合。实用性要求系统方便易用，面向业务需求设计，保证各种应用功能的实用性。先进性要求系统的设计应符合智能配电网发展方向，具有前瞻性。开放性要求系统遵循一定的标准，软硬件标准化，提供开放式环境，保证能与其他系统互联和集成，或者方便地实现与其他系统间的接口。

3.1.2　系统的核心业务需求

智能配电网自愈控制主站系统核心目标是实现智能配电网的自我感知、自我诊断、自我决策和自我恢复功能，实现配电网“事前能预防、事中快处理、事后多措施”的全面自愈运行，其主要业务需求模块如图 3-3 所示。

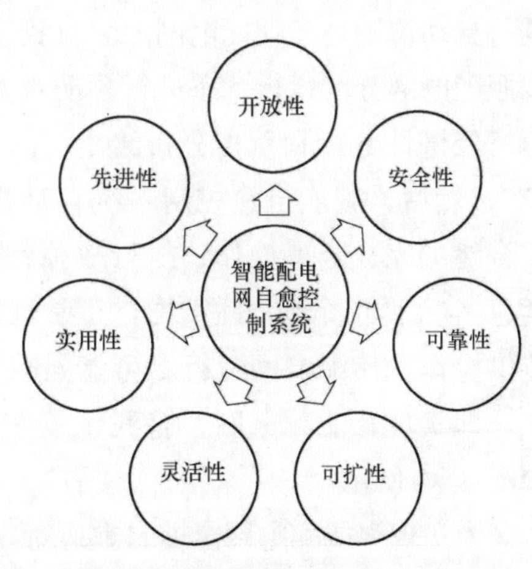

图 3-2　智能配电网自愈控制主站系统的性能要求

智能配电网自愈控制主站系统要实现“四个自我”的运行要求，首先必须通过智能终端设备对配电设备和分布式电源运行状态的实时采集、与现有调度自动化系统的信息交互，实现整个智能

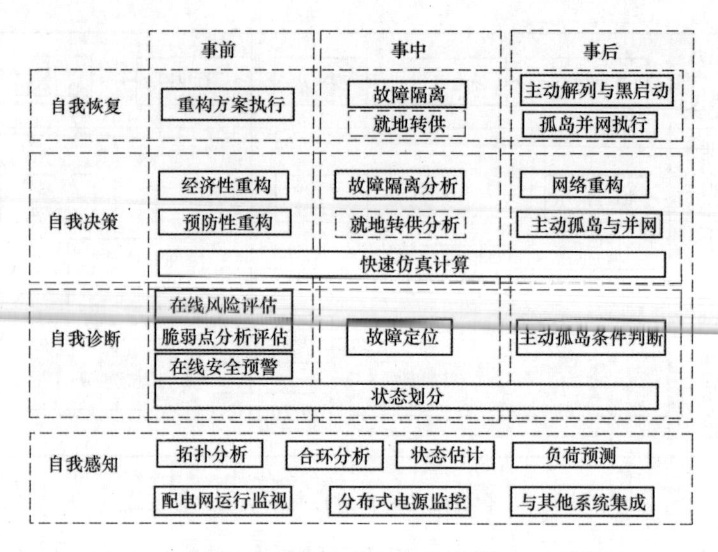

图 3-3　智能配电网自愈控制主站系统核心功能模块

配电网运行状态的可感知，对配电网异常运行如线路负荷越限、母线电压越限、变电站出口断路器跳闸或保护动作给以判断和报警，即实现智能配电网“自我感知”，使配电网运行的实时状态以多种图形、列表画面、声音报警呈现给调度运行人员；其次，在配电网发生故障时，系统应能够利用“自我感知”获得的全方位信息实现故障的判断和定位，通过在线风险评估、脆弱点分析、预警分析状态划分与评估等高级应用功能，对智能配电网运行风险和薄弱环节进行自动识别，实现配电网的“自我诊断”。根据配电网“自我诊断”的结果、按照配电网分区运行状态进行预防性重构分析、故障处理方案分析、配电网运行经济性分析和重构分析给出不同的自愈控制策略，实现配电网“自我决策”；然后，智能自愈控制系统自动执行相应的自愈控制策略，故障情况下配合终端完成隔离操作、执行故障性网络重构为非故障区段快速恢复供电，紧急情况下进行预防性重构，正常情况下根据经济性重构分析结果进行负荷转供操作，使配电网运行尽可能向减少停电、消除风险、运行经济的状态转换，即实现智能配电网“自我恢复”。智能配电网四个“自我”的功能需求如图 3-4 所示。

为实现智能配电网全面自愈运行，自愈控制系统主站应能为配电网停电或故障管理提供全过程支持，达到“事前能预防、事中快处理、事后多措施”，如图 3-5 所示。①通过在线风险评估和脆弱点评估，实时监测电网的运行风

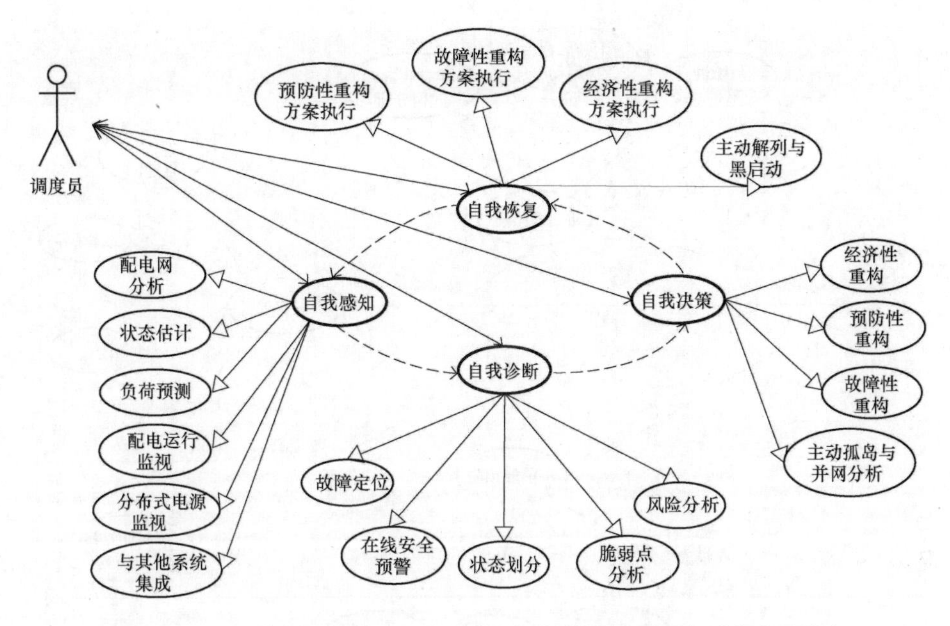

图 3-4　自愈控制主站核心业务需求——智能配电网四个“自我”需求

险，为配电网状态检修提供决策依据，减少可能的停电风险；当线路过载或站所母线电压越限时通过预防性重构消除设备越限，使配电网自我恢复到正常运行状态，做到“事前能预防”。②在线路发生故障时，配合配电终端实现故障的快速诊断、定位、隔离和非故障停电区域自动转供。③在线路发生故障、配电终端未能完整实现故障隔离或恢复处理的情况下，通过故障网络重构进一步处理；在配电网大面积停电情况下，利用分布式电源进行主动孤岛划分和黑启动、通过分布式电源保障关键负荷快速恢复供电；从而为配电网可靠供电提供多道安全防线；在配电网恢复到正常状态时，还可以通过运行方式优化分析实现经济性重构，保证电网安全运行的前提下，达到负荷均衡、扩大配电网供电能力或实现经济运行，从而达到“事后多措施”。

3.1.3　系统应用场景的功能需求

在我国，智能配电网建设仍处于快速发展阶段，线路改造、扩建、计划检修等相关工作需要调度员的指挥和操作。智能配电网的“自愈”运行，可以极大地减少电网调度运行和现场抢修的工作量。自愈控制系统应具备常规的配电自动化系统功能，满足上述核心业务需求，并为配电网日常运行管理提供技术支持。

智能配电网自愈控制系统所服务的业务部门主要是供电企业的配电网调度

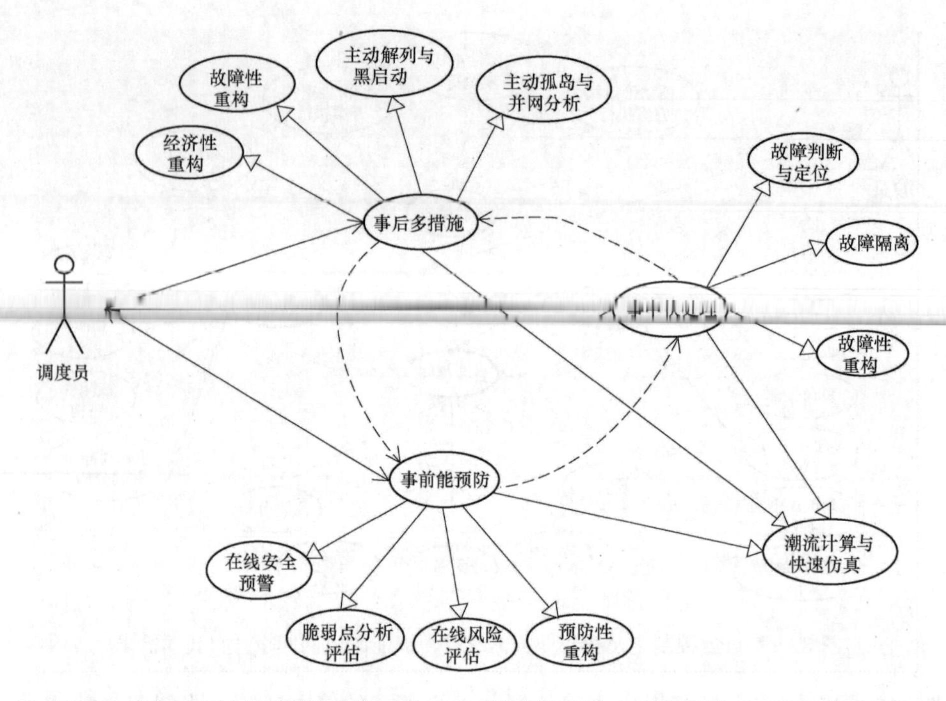

图 3-5　自愈控制主站核心业务需求——“事前能预防，事中快处理，事后多措施”

和运行维护部门，其使用者主要为配电网调度员、自动化系统维护人员、方式计划人员三种岗位。三种岗位人员的工作职责不同，对自愈控制系统的业务需求和应用场景也不同。

（1）配电网调度业务应用场景。配电网调度运行人员使用自愈控制系统主要有：智能配电网运行监视、智能配电网分析与评估、配电网操作与自愈控制三个应用场景。

智能配电网运行监视：除常规的配电网运行监视功能外，主要是对智能配电网“自我感知”和“自我诊断”的结果进行监视，如对风险评估和脆弱点评估的结果进行掌控，对智能配电网“自我决策”生成的自愈控制策略进行查询、对“自我恢复”引起的配电网状态变化进行监视以判别系统自愈控制的正确性。

智能配电网分析与评估：调度员可根据运行计划对智能配电网进行网络分析与仿真模拟，如供电范围分析、设备供电电源追踪分析、负荷转供分析、合环操作分析、负荷预测分析、计划停电分析、潮流计算分析等；还可以对系统“自我决策”给出的控制策略进行模拟预演。

配电网操作和自愈控制：调度员可以应用本系统进行日常的运行操作，如为计划检修管理进行的挂牌、转供分析和遥控操作，线路检修完成或故障清除后停电区段恢复供电所需要的遥控操作，对分布式电源的并离网控制操作等。在配电网发生故障、终端未能成功实现自愈控制时，可以根据主站端的网络重构方案进行交互操作或现场操作指挥，对预防性和经济性网络重构方案进行确认和执行等。

（2）自愈控制系统维护人员应用场景。自愈控制系统维护人员主要有两个应用场景：自愈控制系统运行监视、系统维护管理。

系统运行监视：自动化维护人员主要承担整个自愈控制系统本身运行状态的监视和维护工作，对自愈控制系统设备和核心服务运行状态进行监控管理，包括主要服务器、工作站、网络设备、终端设备、主站与终端通信状态、进程运行状态等。

系统维护管理：进行智能终端设备的主站接入调试和三遥试验，自愈控制系统与其他相关系统的信息集成和网络通信维护；通过状态估计结果了解不良测点，为排除现场终端问题提供帮助；进行智能配电网图模维护，用户与责任区权限配置管理，自愈控制高级应用的专用模型维护、应用服务配置等。

（3）配电网运行方式人员应用场景。运行方式人员主要负责配电网运行计划的制订，使用智能配电网“自我决策”功能进行配电网运行模拟分析和评估，如自愈控制系统的配电网脆弱点评估和风险分析评估，合环分析、计划停电操作前的负荷转供分析、经济性重构分析等以优化停电计划和保电预案；也可以使用其他部分调度业务应用场景。

3.1.4 系统设计原则

智能配电网自愈控制系统是配电网实现智能化的重要支撑，是面向未来的高级配电自动化系统，是实现智能配电网“自我感知、自我诊断、自我决策、自我恢复”的主要载体，整个系统应具备较高的开放性、安全性、可靠性、可扩性、灵活性、实用性、先进性。为此，整个智能配电网自愈控制系统需要建立在强大开放的分布式支撑平台基础上，采用模块化的分层架构设计，各种应用的设计应充分考虑智能配电网特点和运行管理业务要求[2,3]，具体来讲有以下几点原则：

（1）支撑平台应可靠、安全、开放。智能配电网自愈控制的支撑平台应综合考虑系统的可靠性、实时性、安全性、开放性、可扩展性的要求，为系统各种应用提供统一的网络通信、事件和消息机制、进程管理、$1\times M$ 冗余管理、实时库管理、静态参数和历史数据管理、图形建模与导入工具、责任区权限管理等支撑，为配电网运行管理和自愈控制各种业务功能的开发和扩展提供方便的二次接口，提供图形插件和脚本扩展方法。

(2) 应用服务松耦合、易集成性。系统应充分考虑到智能配电网自愈运行的要求，不应简单地按照 SCADA、DA、DAS 子系统进行应用划分，而应该把配电网运行监控、拓扑分析、状态评估、网络重构等功能按照 SOA（面向服务的架构）思路进行设计和整合，按照四个“自我”核心需求和“事前、事中、事后”不同应用场景给以相应的服务支持，直接为智能配电网自愈运行和控制操作提供自动手段和技术支撑。

(3) 功能配置角色化、人机交互个性化。系统应面向智能配电网运行管理中的各种岗位，定义不同的角色、权限和责任区；面向不同的用户角色，提供不同的功能模块；并充分考虑人机交互的方便性、安全性、简洁性，主界面菜单和工具条的配置按照登录人员的角色进行动态配置；对同一功能模块、不同的使用人员，可以定义不同的人机交互风格。

(4) 信息交互标准化、维护工作最小化。系统应按照 IEC 61970/ 61968 标准，采用 SOA 和 ESB 中间件，为智能配电网自愈控制系统与供电企业现有各种自动化及信息系统间的数据交换和互操作，提供方便的总线式信息集成服务；系统应当部署在安全Ⅰ区，充分考虑与安全Ⅱ/Ⅲ/Ⅳ区各种系统进行信息交互的安全性要求和限制，且能够适应不同系统对实时性要求；应采用 IEC 619670/61968 及 SVG 等相关规范，充分共享、集成和使用调度自动化系统/生产管理系统/地理信息系统等建立的图形模型和相关设备参数，做好配电网模型合并与共享利用，保证智能配电网自愈控制系统图形模型参数源头唯一性维护；提供智能化图模库一体化建模工具，支持动态生成图形、基于模板快速生成图形等功能，可以自动生成通道状态图、系统配置图、厂站列表图等相关图形，以减少图模维护工作量。

(5) 自愈控制功能应具备灵活性和可扩展性。系统的自愈控制功能应支持各种配电网架构：架空线路、电缆线路及架空电缆混合线路；支持分布式电源及微电网接入，支持配电网合环运行模式，并可与配电终端的就地保护和分布式自愈控制功能的灵活配合及协调；自愈控制功能应可以按照馈线组为单元来配置运行方式，以方便配电网线路改造和终端设备的不断扩展。

3.2 自愈控制主站关键技术及实现

自愈控制主站应按照智能配电网“自愈”要求，从“事前、事中、事后”全环节出发，进行智能配电网自愈控制系统架构设计和软件实现，为含分布式电源、储能、微电网的配电网运行提供自动化、信息化、智能化支撑手段[4,5]。

智能配电网自愈控制主站系统功能从下到上可以分为基础层、分析层、评估层和决策层四个层次，总体层次架构在图 2-10 已经给出。其中，基础层是整个系统运行的基础；分析层与基础层配合主要实现智能配电网“自我感知”功能，由一些常用的配电网分析功能组成；评估层主要是实现“自我诊断”，对配电网的运行状态进行划分；决策层实现的是智能配电网的“自我决策”和“自我恢复”，根据其他层的分析结果，对配电网进行相应的网络重构。

3.2.1 基础层关键技术与实现

基础层应包括分布式支撑平台和在其之上的配电网运行监控、分布式电源监控、与其他系统标准化集成接口等组成。支撑平台是整个自愈控制主站系统的基础，承担着满足整个系统可靠性、安全性、开放性、可扩展性的服务支持作用，通过提供统一的实时库、关系库和时序数据库管理功能；为与其他系统的标准化集成提供基于 SOA 和 IEC 61968 的信息交换总线支持；为从智能配电终端采集的实时数据以及从其他系统获取的配电网图模和运行数据，实现统一的访问和存储管理机制。因此，自愈控制系统支撑平台的设计非常关键，其所涉及的技术内容较多。另外，基础层的配电网运行监控功能虽然与常规配电自动化系统基本一致，但是智能配电网含有分布式电源和微电网，需要扩展建模，为了方便智能配电网分析评估和自愈控制的灵活部署与实施，系统需要灵活建立智能配电网模型，建模方式非常重要。下面主要介绍支撑平台、智能配电网建模、信息集成与交互、智能配电网大数据应用、智能配电网运行仿真等方面涉及的关键技术及实现。

3.2.1.1 系统支撑平台

为保证智能配电网自愈控制系统可以选择不同的硬件平台和数据库管理系统，支撑平台需要屏蔽各种操作系统和商用数据库的差异，封装操作系统功能调用和网络服务接口、商用数据库访问接口，为上层应用开发提供统一的操作系统接口、网络通信中间件、分布式实时数据库服务、通用商用数据库接口等，为系统各种应用提供通用的、基于服务组件的分布式管理能力和多代理服务。从而使智能配电网自愈控制系统各种应用，可实现为不同的服务组件模块，配置在不同的硬件节点上运行，通过支撑平台提供的标准接口进行协作，可实现“即插即用”的灵活集成。同时支撑平台应提供基于 CIM 的图形建模和导入、导出工具，方便了智能配电网自愈控制系统对供电企业现有图模的转换利用和共享服务，提供基于 SOA 和 IEC 61968 的信息交换总线，方便了系统与其他系统的互联集成，如图 3-6 所示。

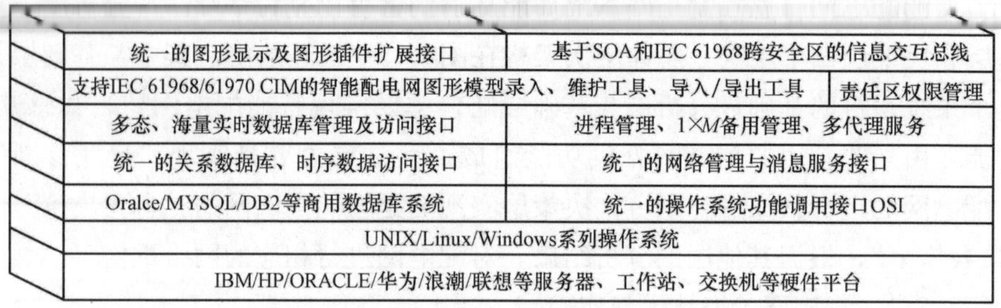

统一的图形显示及图形插件扩展接口	基于SOA和IEC 61968跨安全区的信息交互总线
支持IEC 61968/61970 CIM的智能配电网图形模型录入、维护工具、导入/导出工具	责任区权限管理
多态、海量实时数据库管理及访问接口	进程管理、1×*M*备用管理、多代理服务
统一的关系数据库、时序数据访问接口	统一的网络管理与消息服务接口
Oralce/MYSQL/DB2等商用数据库系统	统一的操作系统功能调用接口OSI
UNIX/Linux/Windows系列操作系统	
IBM/HP/ORACLE/华为/浪潮/联想等服务器、工作站、交换机等硬件平台	

图 3-6　自愈控制系统支撑平台的分层组件化架构示意图

支撑平台包含的关键技术主要有：

(1) 面向 SOA 基于服务/代理的分布式组件模型设计。为实现自愈控制系统的分布式组件能够在支撑平台上实现“即插即用”，方便系统各种功能的扩张和第三方开发，分布式组件定义模式采用了服务/代理模型。

服务/代理模型区别于常规的组件模型，它是具有主动性质的智能体组件，自身是一个独立的、带有通信接口的、具有明显边界的自治域模型。它拥有独立的处理线程或任务，可根据情况配置是否使用，通过调整线程/任务优先级来实现服务/代理之间的运行优先顺序。通过自带的分布式软总线通信接口，实现了系统中服务/代理实例之间的异步或同步消息传输。

接口实际上包括两个类，服务类提供具体的实现功能，代理类作为对应服务实现功能的访问接口，通过代理类可以实现服务提供功能的透明访问，而不用关心服务实例运行在什么地方。

服务/代理实例和通信适配器之间为动态关联，服务/代理不关心接收到的信息从哪个通信适配器过来，通信适配器也不关心通过的数据是到哪个服务/代理实例的。它们之间的关联可以实现在线配置和更改，提高了系统扩展的灵活性和效率。

如图 3-7 所示，利用支撑平台提供的上述分布式组件模型，自愈控制系统的各种具体功能应用可以实现为一个或多个完成一定业务应用或管理功能的服务组件（如报警服务、状态估计、预警分析等），这些服务组件可运行在系统网络中任意节点之上，所有服务组件的协同工作构成了完整、可靠的自愈控制系统。

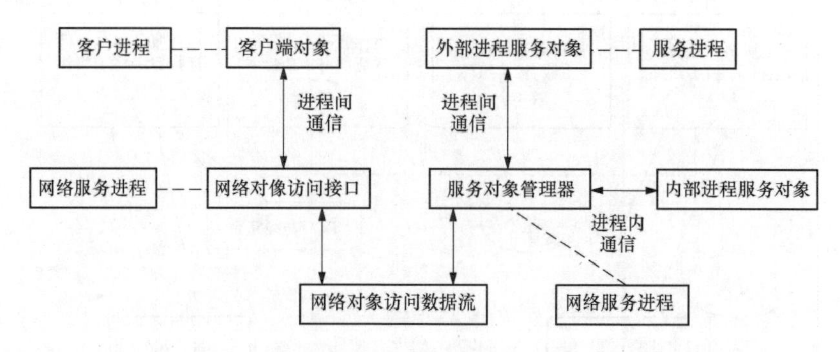

图 3-7　自愈控制系统基于服务/代理的分布式组件模型示意图

自愈控制系统支撑平台在运行时，将会包括图 3-7 所示的多个服务/代理对。在这里，服务运行在逻辑应用服务器（进程）上，负责处理业务数据并对外提供相应服务，每个服务启动成功后，将在系统中进行注册并公示，自愈控制系统可以同时运行多个相同的服务实例，同一类型的服务将通过竞争策略选出主服务，同一时刻只有主服务能够对外提供访问服务；代理作为该服务对外提供的公开功能接口，可以被任何客户进程引用，通过代理提供的接口，可以透明访问服务，使用它所提供的功能；也可以自动得到该服务所发布的消息。而不用关心服务运行在什么地方。

自愈控制支撑平台提供了部分公共核心服务包括：数据采集服务、实时数据处理服务、实时库服务、Trigger 服务、告警服务、挂牌服务、遥控服务、进程管理服务、节点管理服务、注册服务等。某一种服务的多个服务实例可同时运行于系统中，同一服务多个运行实例的运行关系可以是独立运行、并列运行、主备运行。

（2）基于分布式组件的细粒度冗余管理技术。为智能配电网自愈控制系统和应用的可靠性、稳定性和高效性，自愈控制支撑平台应采用细粒度的 $1\times M$ 冗余管理技术，对于关键设备、关键节点、关键应用组件均可实现“一主多备”冗余配置，且各节点在正常状态下不再是空闲等待，而是通过关键应用组件的分布式配置使各个服务节点并行处理任务实现负载分担和数据分流。当“主”服务组件或“主”服务组件所在节点出现故障时，在各备用服务组件中按预定策略选举产生新的“主”服务组件。不同类型的关键服务组件的“主”

服务可以分别配置在不同的主机节点上，如组件 A 的“主”服务配置在 1 号主机，组件 B 的“主”服务配置在 2 号主机，等等，如图 3-8 所示。

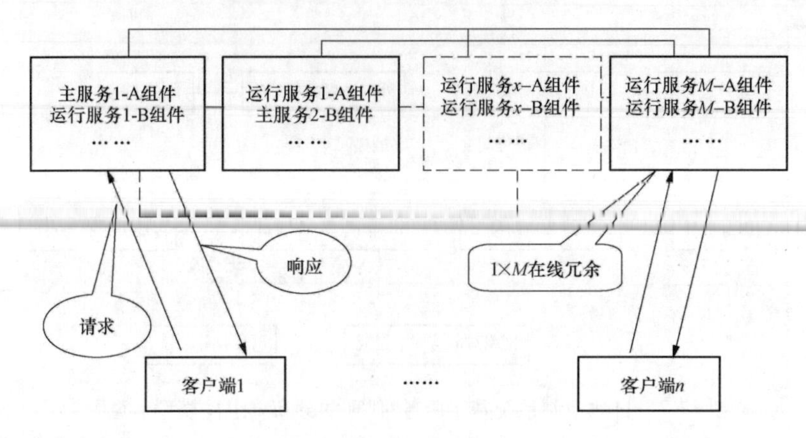

图3-8 智能配电网自愈控制支撑平台基于服务组件的 $1\times M$ 在线冗余方式示意图

采用细粒度的 $1\times M$ 冗余技术降低了自愈控制系统了对服务节点的硬件性能要求，并有效地提高了系统的数据处理能力和整体可靠性，同时实现了负载均衡，充分利用了硬件资源，而且使系统更容易扩展。与传统的一主一备方式相比，$1\times M$ 方式在负载分担、冗余备份等方面更为完备、可靠性更高，并可以通过优化配置降低系统硬件成本。

(3) 海量实时数据库管理技术。配电网设备点多面广，将来分布式电源的大量接入，会进一步加大自愈控制系统管理和接入的实时数据容量，为保证自愈控制系统的实时性，对实时库管理提出了更高的要求。智能配电网自愈控制实时数据库应建立在高效内存管理及索引机制之上，综合考虑自愈控制各种应用对实时库的要求，支持面向对象的分布式访问，支持大容量、高性能的存取，并提供开放标准的外部访问接口。为此，自愈控制系统实时数据管理系统采用定时器、触发器、内存池、共享内存等多种技术保证数据库的实时响应能力，通过采用改进的 Hash 算法，保证数据库的快速查询能力，满足系统实时性、一致性及大吞吐量要求。

实时数据库完全向应用层开放，库模式、库个数、库大小、表个数、表结构的定义全部支持用户化配置，支持一对多、多对一关联数据建模及关联数据的快速查询。为了适应电力系统故障数据管理、动态相量数据管理的需要，实时数据库管理子系统还支持二维数据域的配置及使用。实时数据库应可向外提供快速的、基于结构的静态数据绑定 API 查询、及灵活的动态数据后期绑定 API 查询；向外提供基于 ISO/IEC 9075：1999 子集的标准 SQL 语言查询；向外提供基于查询/回答的问答方式、及基于订阅/发布的流方式数据查询服务。

为提高海量实时数据访问性能，保证智能配电网自愈控制系统实时性能，支撑平台应提供实时数据订阅和触发器机制。自愈控制系统运行后，每个应用服务节点可以根据所运行的应用需要的数据集，向主实时库服务器发出数据订阅请求。在主实时库服务器中，维护所有子节点所订阅的目标数据信息，只有当子节点所订阅的数据发生变化以后，主实时库服务器才将变化数据同步到订阅子节点。通过实时数据订阅机制，可有效地降低网络数据流量、降低主实时库服务器的 CPU 负载，提高系统的处理容量。同时，实时库应支持客户端应用程序直接以触发器方式查询实时数据，以保证客户端应用的实时性和响应速度。客户端应用通过触发器注册机制，向实时库服务器注册其所关心的实时库表、域，注册成功后，实时库服务器自动将所注册对象的变化信息发布到客户端应用程序。触发器机制避免了客户应用不必要的重复查询。实时库应支持表级触发器、域级触发器。

另外，为保证系统的处理容量、响应速度，实时库还应提供并行的、多实时库服务器支持能力，并支持在多个服务器之间实现整体热备用。

(4) 面向对象的智能配电网全息数据整合管理技术。智能配电网自愈控制系统需要与其他系统，如 EMS、GIS、AMR 等系统通过网络连接实现信息共享，通过智能终端或分布式电源监控系统采集配电网实时数据，但供电企业一直存在着不同系统间数据无法方便共享的“自动化孤岛”现象，需要将众多自动化系统整合实现信息共享。这些数据中既有稳态的图模信息和数据、也有动态的智能配电网实时数据，甚至还可能有部分暂态相量数据，如部分馈线终端采集的联络开关两侧的电压相位差，也有大量的时间序列数据，如部分智能终端可能实现的故障录波数据、AMR 周期采集的配电变压器量测或电量数据等。这些来自不同系统的数据内容和格式可能不同，但其来自的设备对象可能一致，都是从某个方面反映智能配电网设备网的运行状态。为了方便实现使这些数据能够为智能配电网自愈控制服务，支撑平台以 IEC 61970/61968 和 IEC 61850标准为基础，将多系统的采集数据有效的集成起来，以监测设备为基本对象，通过多态量测建立起不同系统数据与设备对象间的联系，从而实现多态数据之间的智能联动，并通过支撑平台提供的实时库、关系库、时间序列库统一进行多态数据的存储管理，如图 3-9 所示。

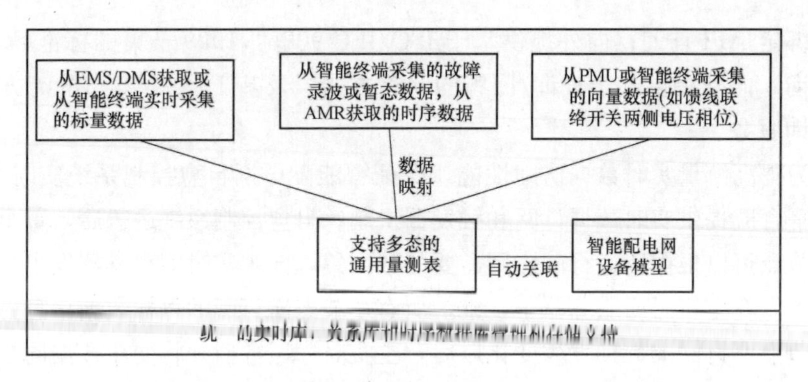

图 3-9　智能配电网全息数据整合管理示意图

(5) 基于多智能体的广域分布式集成总线技术。大型城市配电网规模庞大，既需要统一规划建设与调度运行、又需要分区监控与操作，同时为方便通信网络建设，可能需要在配电网调控总中心和分中心部署多套自愈控制系统，如图 3-10 所示。为了实现多套系统间的数据共享和协同操作，减少重复维护工作，并保证各系统具有独立运行的能力，实现系统间某种情况下的互备能力，支撑平台提供了基于多智能体的广域分布式数据集成总线。通过基于多智能体的广域分布式集成总线，可以实现多备一配电网控制中心之间、区域之间的一体化建模和通信；同时实现数据的异地冗余存放以及自愈控制系统的异地运行。

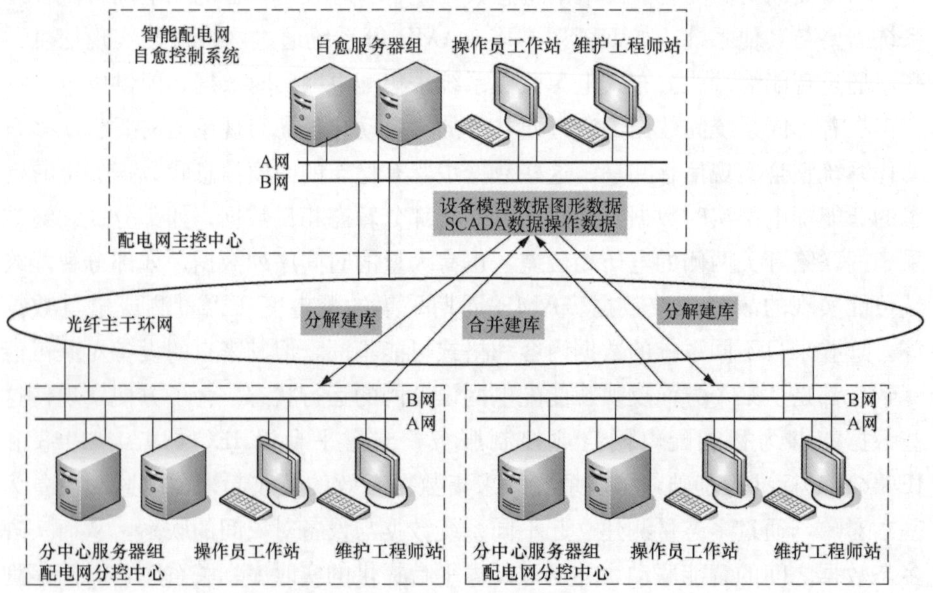

图 3-10　智能配电网自愈控制支撑平台基于服务组件的 1×M 在线冗余方式示意图

基于多智能体的分布式数据集成总线是在支撑平台分布式组件服务的基础之上实现的，采用“松散耦合”设计和多智能体技术，“松散耦合”设计强调了分中心和控制中心之间的自治性和自愈性；多智能体技术，就是各控制中心自愈控制系统分别作为独立的智能体，采用国际标准模型统一建模，实现各个智能体之间的模型数据和实时数据的双向传递，保证多系统之间的协同配合。分中心和主控制中心自愈控制系统作为分布式数据集成总线的“粗颗粒”的智能体子系统，可以实现智能体之间“即插即通”和“即插即用”功能。

基于多智能体的分布式数据集成总线特点是：建模自动化程度高，采用一次建库、分散布置的方式，提高了建模标准性、减少建模工作量；模型数据与自愈控制各种功能分散到各智能体子系统中，降低了对主控制中心自愈控制系统硬件的要求；数据冗余存放，可以达到异地容灾效果、提高了数据安全性；提供了多系统间通信机制，方便配电网自愈控制操作可能涉及的协同配合，如分区间联络线发生故障时可能需要的协同处理等。

基于多智能体的分布式数据集成总线提供了广域范围内各智能体之间的通信，该适配器运行在相应的系统接口节点上，内部保存着与其他智能体接口节点的动态子网映射。广域系统内运行着的网关通信适配器实例公用同一个端口(Port)。智能体系统内部的节点只有通过它才能与其他系统进行数据交换，任何外界只有通过它才能访问智能体内部的节点。同时在对外接口的计算机节点上，提供了广域通信服务器进程。

(6) 图形界面和插件扩展技术。自愈控制主站系统需要为配电网运行操作或控制提供友好的人机交互界面和一种可从多角度满足不同应用差异性需求的实现方法。支撑平台充分考虑自愈控制各种应用功能的扩展需要，提供图形界面的扩展服务功能，包括图形建模工具、操作员界面、表格式编辑器以及图形公用插件扩展机制等。

图形建模工具的扩展机制包括菜单和工具栏的扩展、操作扩展、模型树的定制、参数模板和名字规则；操作员界面的扩展机制包括菜单和工具栏扩展、操作扩展、以对话框查看和修改实时库、以表格查看和修改实时库、报警处理、开图回调；表格式编辑器的扩展机制包括典型部分的动态形成、编辑界面部分的替换、功能扩展的支持、虚拟列支持；图形界面公用插件扩展机制包括动态图元扩展、基于窗体控件的动态图元扩展、对象属性查看/编辑、基于数据字典的窗体、参数模板和名字规则、图形脚本等。图形插件、支持标准脚本语言，为应用的二次开发和用户级扩展提供方便易用的机制。

自愈控制主站系统人机交互界面应采用配电网设备、负荷和分布式电源多维协调的智能配电网综合展示技术，实现智能配电网运行状态的分层多维度展示，实现地理沿布图与馈线单线图、区域联络图的联动，采用“所见即所得”以及简洁易用的人机交互方式，保证系统的易用性。

3.2.1.2 智能配电网建模

任何软件系统的实现都与数据结构和算法密切相关，自愈控制主站的功能实现需要有完整，标准又不失灵活性的智能配电网模型。在成熟的EMS应用领域，IEC 61970 CIM已经得到了电力行业和相关厂家的充分认可。在配电自动化及管理系统DMS领域，IEC 61968标准仍处于逐步完善过程，各种分布式电源的CIM建模也处于探讨之中。参考IEC 61970 CIM，结合智能配电网特点和自愈控制的需求，基于CIM扩展实现智能配电网建模，是自愈控制系统实现的重要基础。

IEC 61970 CIM定义了电力系统的公用数据模型CIM，为各个应用系统之间公用数据的存取和访问提供了统一的国际标准，为各种电力应用奠定了基于国际标准的公共数据模型定义、数据访问及互操作实现的基础。智能配电网自愈控制系统对电网基本模型的定义应遵循IEC 61970 CIM标准，输电网常用的设备对象包括公司、负荷区域、变电站、电压等级、间隔、交流线路、母线、负荷、开关、电容器、电抗器等，其相互间层次关系如图3-11所示。

对比输电网模型，配电网有以下特点：

(1) 一般均采用闭环设计、开环运行，仅在转供情况下允许短时间环网运行。放射状供电关系层次分明：从馈线出线开关到联络开关、分段开关、负荷开关到配电变压器，形成供电关系树。分布式电源一般容量较小不会改变供电关系树。

(2) 架空线路分支比较多，尽管正在逐步电缆化，电缆分支也是较多。相对分支线路，分段开关与馈线段的所占比例较小。

(3) 输电网通常为通过各电压等级线路和变压器连接起来规模较大的网络，而配电网可以根据馈线间是否存在转供关系天然分割成互不影响的供电区域，每个区域可以相对独立地进行网络分析计算。

根据以上特点，智能配电网扩展建模过程中，引入馈线区段—馈线—馈线组模型，以更好地管理配电网设备层次关系，为快速进行网络分析，灵活进行自愈控制提供数据结构支持，如图3-12所示。

馈线区段：由馈线上相邻的开关之间的设备组成，是物理节点通过馈线段连接形成的集合。其他单端设备如负荷、母线，都通过物理节点与电路关联。

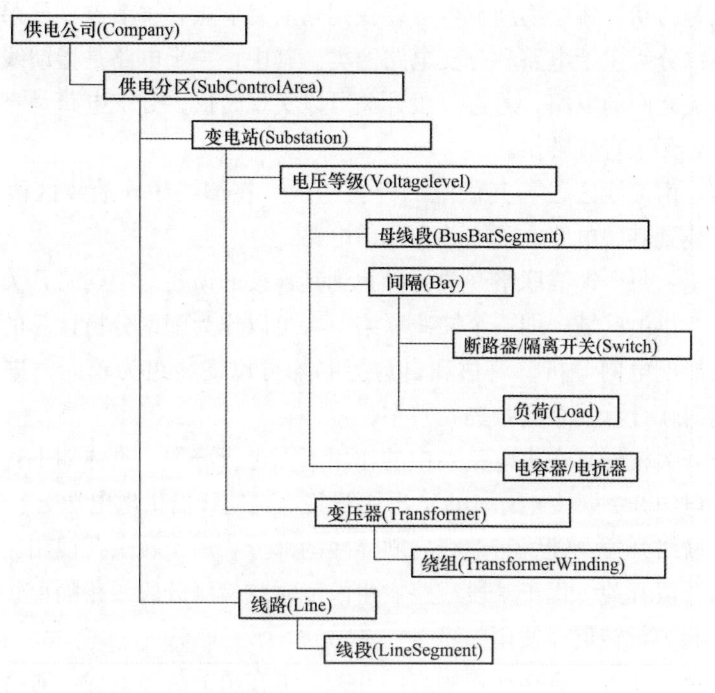

图 3-11　电网基本 CIM 模型间的层次关系示意图

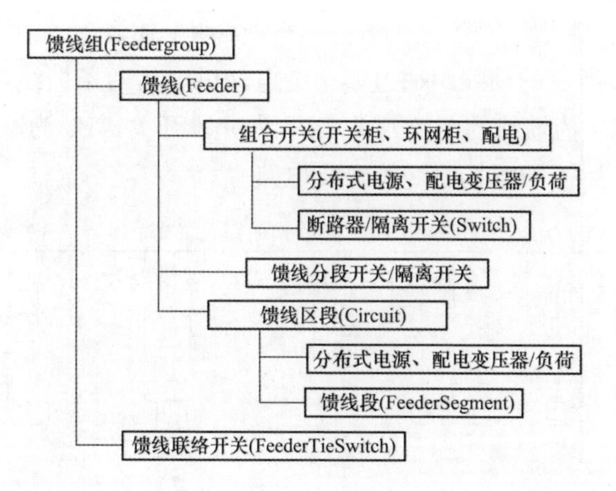

图 3-12　配电网扩展 CIM 模型层次关系示意图

开关站内与母线连接的开关之间也形成一个馈线区段；负荷开关下面连接负荷，负荷开关与负荷之间也形成一个馈线区段。每一个馈线区段有唯一的一个开关与其对应，作为其正常运行方式下的供电开关。每个开关对应一个唯一的馈线区段（被其供电）。馈线区段由物理节点和馈线段组成。馈线区段内的物理节点也是树状，每个物理节点可以找到它的父节点、子节点、兄弟节点。馈线区段可以分为主干电路和分支电路两类。其中，主干电路是指馈线出线开关与联络开关之间的电路，通过分段开关可以实现转供；分支电路是直接面向用户的电路，无法直接转供。

馈线：由馈线区段与其供电的开关组成，在馈线中，馈线区段是层次关系，可以找到其父电路、子电路和兄弟电路。

馈线组，每个馈线联络开关可以找到其连接的馈线，由联络开关将馈线连接形成一个供电区域，即一个馈线联络组，可以作为配网分析计算的天然最小区域。智能配电网分析、评估和自愈控制均可以馈线组为单元，进行解耦分析，从而简化计算复杂度，提高效率。

馈线开关根据其在供电关系中的作用不同进行分类，具体如下：

（1）电源开关：变电站 10kV 出线开关，是馈线的供电电源。

（2）联络开关：馈线与馈线之间连接的部分，用于转负荷使用。

（3）分段开关：用于某段线路发生故障时或检修分段线路隔离设备，与联络开关一起进行转负荷使用。

（4）负荷开关：直接连接用户的开关，可在负荷故障或检修时将负荷从电网中隔离。

下面用一个馈线组（两条馈线）例子来说明上述概念。

如图 3-13 所示的馈线组通过两个变电站供电的两条馈线通过联络开关连接而成，图中 B1 为馈线的电源开关，B2 为分段开关，B3 为联络开关，B4 为负荷开关；C1 为主干电路，C2 为分支电路。

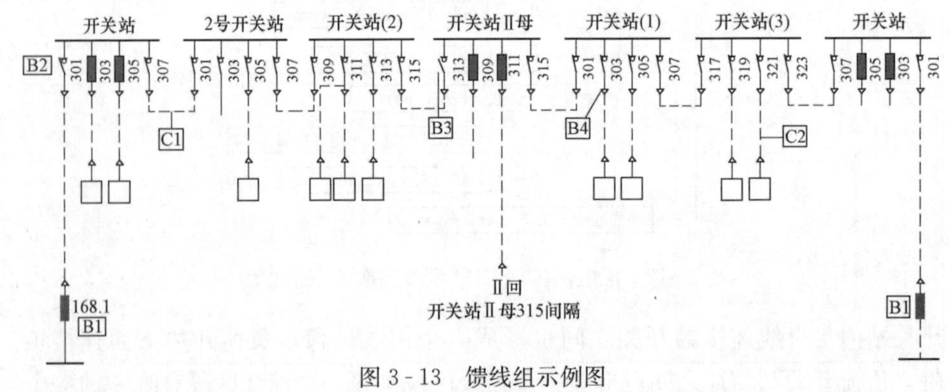

图 3-13　馈线组示例图

结合电网基本拓扑关系模型和上述馈线设备模型的扩展，配电网扩展模型包括的设备对象类和相互间关系，如图 3-14 所示。

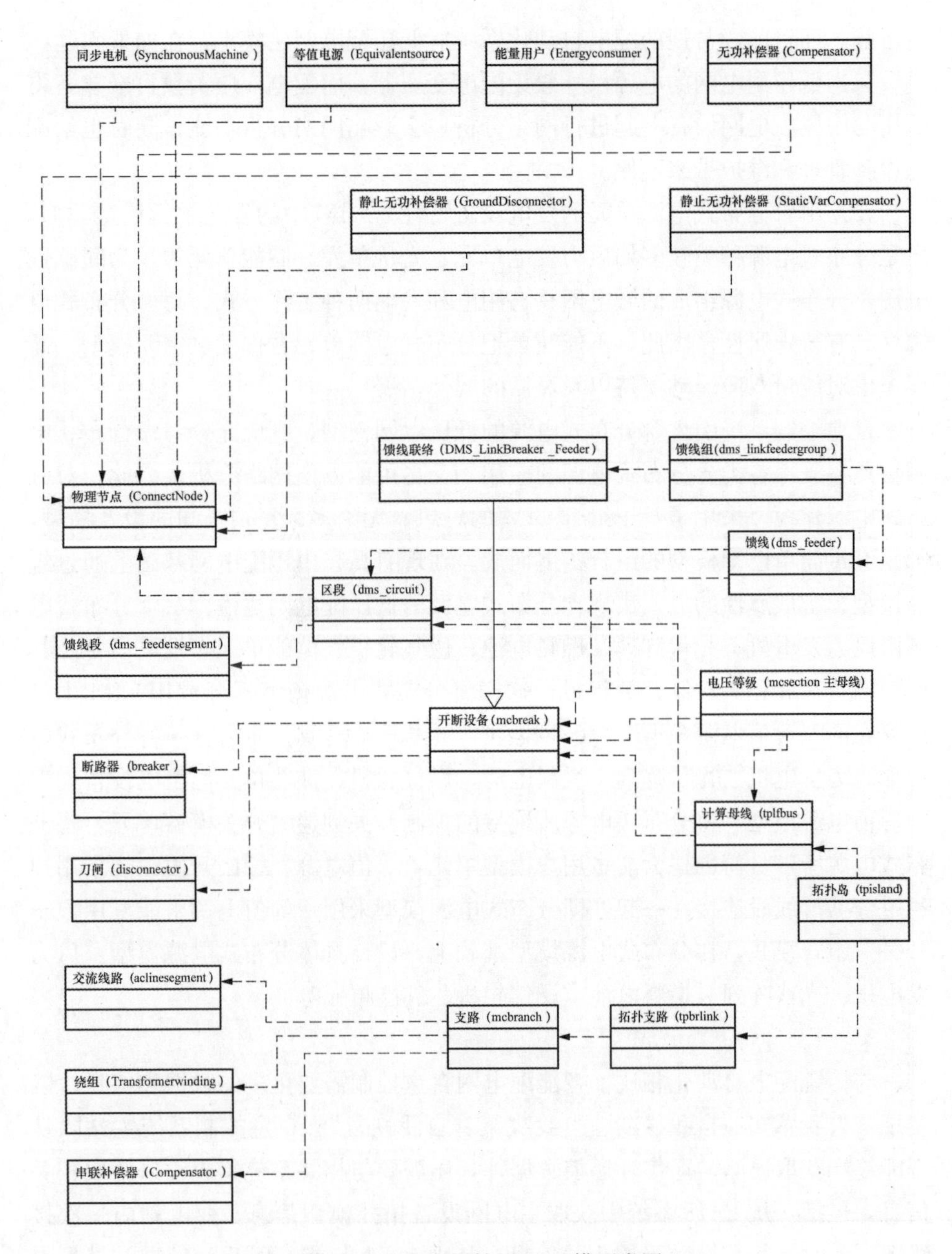

图 3-14　配电网扩展 CIM 模型类图

另外，智能配电网可能会有大量分布式电源通过低压线路接入，也需要进行相应的建模扩展，低压配电网的模型引入应尽可能减少对中高压配电网模型的影响。而目前，常规的配电自动化系统对低压配电网建模尚存在如下问题：

（1）低压配电网的电源点一般为配电变压器，而配电变压器数目众多，将低压与中压配电网设备一起进行网络分析，会影响网络分析功能，同时也给配电设备管理和维护带来不便。

（2）尽管分布式电源单元的发电设备特性与CIM中的发电单元模型类似，但是分布式电源种类较多如风力发电单元、光伏单元、储能单元等，为间歇性电源，分布式电源组成的微电网具有用电和发电两种工作方式，每类分布式电源又具有特殊属性。因此，不能简单把分布式电源单元看作发电单元模型，需要考虑对能量双向流动支持以及灵活的属性扩展。

自愈控制系统引入含分布式电源的低压电网模型，既应充分考虑分布式电源特点、支撑各类含分布式电源的应用，又尽可能方便网络分析。为此，对分布式电源建模，采用了基于组合CIM的思想，无论多么复杂未知的设备模型，都是经过简单已知模型的组合扩展而成。在现有高、中压配电网基础上通过组合模型、扩展属性的方式实现含分布式电源的低压配电网建模。一个分布式电源由风力发电机、光伏阵列、燃料电池、燃气轮机、储能单元等发电设备及其所带的负荷和相关控制开关组成；这样将分布式电源模型拆分成用CIM中已经存在的“等值电源模型”“负荷模型”和“开关模型”的组合。将分布式电源如风力发电机、光伏阵列、燃料电池、燃气轮机、储能单元等发电设备创建为等值电源模型，将分布式电源所连接的控制开关创建为开关模型单元，将分布式电源所带负荷创建为能量用户模型单元，等值电源、控制开关、能量用户通过公共母线段连接在一起，即分布式电源模型采用“等值电源＋能量用户＋开关”组合模式，在分布式电源模型基础上，设计具体分布式电源模型：风力发电机、光伏阵列、燃料电池、燃气轮机、储能单元等。

3.2.1.3 信息集成与交互

与传统配电自动化相比，智能配电网自愈控制需要更多的数据和信息，以实现“自我感知、自我诊断、自我决策、自我恢复”。自愈控制系统主站除从智能终端获取遥测、遥信、遥控数据外，还需要与相关系统集成，以获取相关信息，包括：从EMS系统中获取主电网设备拓扑模型信息、变电站内一次接线图、实时运行数据和遥控相关信息；从现有DMS或GIS系统获取站外配电网设备拓扑模型、单线图、区域网络图、地理图等；从计量自动化系统中获取用户信息和负荷数据；从生产管理系统中获取设备缺陷信息、气象信息和可靠性等相关指标；从电能质量监测系统中获取电能质量信息。

为了避免多系统点对点互联集成的复杂性，智能配电网自愈控制系统应基于 IEC 61968 的电力信息交换总线，实现与其他系统基于总线式的互联集成。电力信息交换总线应参考 IEC 61868 标准基于 SOA 进行架构设计，同时考虑到国内电力企业信息系统的安全分区要求，设计穿透服务模块，实现不同安全区不同应用系统间透明的一体化数据交互，采用跨隔离一体化的总线机制，使部署于不同安全分区的各应用系统，能屏蔽物理装置的隔离，在虚拟的一体化总线上交换数据，同时又符合电力二次系统安全防护规定要求，从而为自愈控制系统与现有 DMS、EMS、GIS、配电网生产管理系统 MIS、AMR 的互联集成提供透明的总线机制，确保智能配电网图形模型源头唯一维护，各种信息整合起来为智能配电网运行控制、分析评估和自愈控制提供支持，其实现方式如图 3-15 所示。

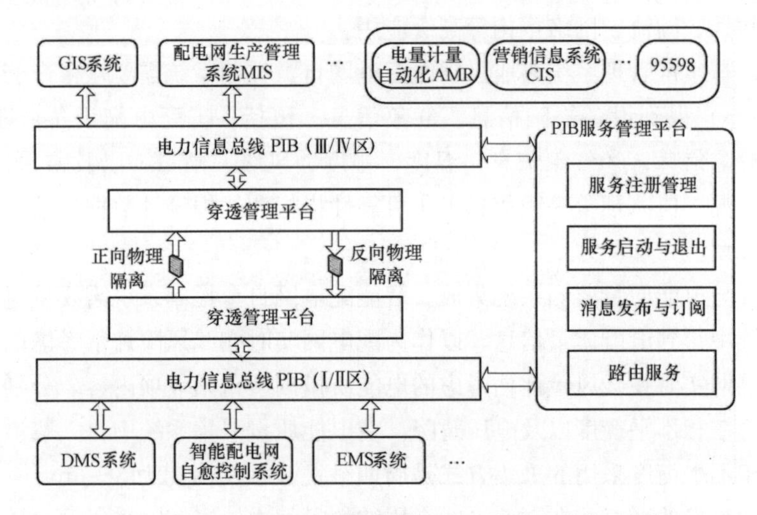

图 3-15　智能配电网自愈控制系统电力信息总线示意图

下面将分别介绍自愈主站与各个主要系统的信息交互内容。

（1）与 EMS 系统集成。智能配电网自愈控制系统需要从 EMS 中获取主电网模型拓扑、厂站接线图形及实时数据。需要通过 EMS 系统对馈线出口开关进行遥控操作。具体包括：①以 CIM/XML 格式表达的电网设备拓扑全局模型及变电站为单元的增量更新模型，三遥点参数包含在模型文件中。②以 SVG 表达的站内一次接线图。③电网实时数据：包括变电站开关和刀闸位置、保护动作信号等遥信量和遥测量等。④遥控转发，智能配电网自愈控制系统通过 EMS 对智能自愈控制范围内的变电站 10kV 馈线出口开关进行遥控。

考虑到需要从EMS获取的实时数据量较大，还需要转发遥控，智能配电网自愈控制系统与EMS之间的实时信息交互一般采用IEC 60870-5-104规约实现，而图模和参数数据的交换采用信息交换总线。

(2) 与AM/FM/GIS系统集成。如果供电企业已经建设了AM/FM/GIS，智能配电网自愈控制系统，可以利用电力信息总线，从GIS中获取配电网模型拓扑、配电网专题图。具体包括：①以CIM/XML格式表达的配电网拓扑全模型，及以配电站所内一次接线图（配电站、开闭站、箱式站、电能用户等）或单线图（馈线）为单位发布的配电网增量模型。②以SVG表达的配电网专题图，如馈线单线图、站所接线图、区域网络图、地理沿布图等。

(3) 与计量自动化系统集成。智能配电网自愈控制系统需要从计量自动系统AMR得到用户信息、配电变压器负荷数据，以实现补全实时数据断面，进行状态估计、潮流、网络重构等高级应用。

(4) 与生产管理系统集成。智能配电网自愈控制系统需要从生产管理系统（数据中心）得到设备缺陷信息、气象信息。包括：①配电网设备台账信息；②设备缺陷信息；③气象信息：温度、湿度、风级、雨量，以及雷暴、降雨、大风、高温、覆冰预警等级信息；④可靠性指标和线损统计数据的获取；⑤设备停电计划。

(5) 与电能质量监测系统集成。智能配电网自愈控制系统需要从电能质量监测系统中得到电能质量信息，以作为配电网实时在线风险评估考虑的一个因素。配电网实时在线风险评估考虑的电能质量因素包括3项内容，分别为谐波畸变率、三相不平衡度以及电压暂降。在电能质量采集系统中，一般谐波畸变率、三相不平衡度采用的采集方式是周期触发，触发周期为3～6min，电压暂降为事件触发的形式，在0.5～30个周波的时间内，当实时采集的电压低于正常电压的90%时，属于电压暂降事件。

3.2.1.4 智能配电网大数据应用

在通过上节提到的信息集成技术基础上，智能配电网自愈控制系统能够获得从高压到低压配电网设备的全面信息集成，经过系统长期的在线运行，可以积累海量的智能配电网设备运行数据，利用大数据技术，可以深入挖掘分析与配电网自愈相关的各种指标信息，开发智能配电网大数据应用，为智能配电网自愈评估、运行计划和发展规划提供决策支持，比如以下几个方面。

(1) 供电可靠性指标自动统计。通过与智能终端直接采集，结合从EMS、电能计量等系统获取的智能配电网较全面的运行数据，利用智能配电网实时网络接线分析，实时分析停电事件和影响的用户负荷，从而完整记录大量的用户停电事件，包括低压用户停电事件，从而更加完整和准确地实现一定时间范围内，如日、月、年度范围内的用户停电统计和中低压供电可靠性指标统计。同时，可以利用智能配电网分层建模的特点，按照供电区域、变电站、馈线组、馈线等各个层次进行年度供电可靠性统计，挖掘出供电可靠性较低的线路或区域。

（2）配电变压器、线路重载实时和历史统计。根据智能配电网自我感知获取的全面数据，可以对馈线、配电变压器的实时和准实时负荷数据进行重载或过载统计，也可以对某时段范围内线路和配电变压器的负载情况进行统计，也可以按照供电区域、变电站范围进行实时或历史重载统计分析，为智能配电网实时运行过程的负荷转供提供决策支持，为线路改造提供科学依据。

（3）线路故障和自愈正确率统计。根据智能配电网自愈控制系统故障自愈控制处理过程和历史记录，可以按照供电区域、变电站、馈线组、馈线统计一定时间范围内的故障发生次数、自愈控制成功次数，从而分析出发生故障次数最多的线路，结合抢修处理过程记录的故障设备和原因，统计造成故障发生最重要的设备或因素，为故障预防和线路设备改造提供决策支持。同时，根据故障次数和自愈控制成功情况，可以统计出故障自愈正确率。

（4）分区线损自动统计。利用智能配电网自我感知获取的负荷数据、电量数据、配电网完整拓扑模型，可以按照供电区域、变电站、配电线路、配电变压器台区进行配电网线损统计和分析，识别出一段时间范围内线损率高的线路、台区，为配电网经济运行和防止窃电提供数据支持。

（5）电压质量统计。根据系统直接采集或信息集成获得的变电站母线、配电站、柱上开关、配电变压器等各种采集点的电压数据，以及低压用户抄表获得的电压数据，可以进行用户、台区、线路的电压质量统计，包括低电压用户统计，按照变电站、线路、配电变压器台区统计的用户电压合格率等，为供电企业进行电压质量治理提供依据和决策支持。

（6）分布式发电统计。根据系统采集的分布式电源运行数据，可以实时和历史统计供电区域内分布式电源的总出力，占区域供电总量的比例，节能减排效果分析等。

3.2.1.5 智能配电网运行仿真

为了方便进行智能配电网自愈控制系统的功能测试和自愈控制策略的仿真试验，尤其是智能配电网图模准确性验证和故障自愈功能测试验证，系统需要提供智能配电网运行模拟与仿真功能。与常规配电自动化系统分析研究态下的模拟操作不同，智能配电网运行仿真能够给操作人员提供具有真实感的运行和操作模拟环境，通过在网络安全Ⅱ区或Ⅲ区，搭建相对独立的仿真环境，通过仿真服务器模拟配电设备和分布式电源不同的运行状态和数据，直接利用智能配电网自愈控制系统建立的网络模型，进行智能配电网模拟操作和故障仿真处理，可以为调度员进行故障处理或负荷转供操作进行仿真培训，也可以为验证智能配电网拓扑模型和故障处理功能是否准确提供测试和验证支持。在配电网运行仿真环境下，智能配电网自愈控制系统的数据采集处理、控制及故障处理、网络重构等各种功能模块都可以不经修改地使用，从而保证仿真环境与实际运行环境的风格和操作方法统一。

智能配电网运行模拟与仿真软件，主要应由四个部分组成：操作仿真、故障仿真、智能配电网潮流计算引擎以及数据仿真，如图 3 - 16 所示。操作仿真模块用于接收自愈控制主站的遥控和遥调命令，对操作信号解析，得到影响电网模型的状态值，遥控对应的开关位置、变压器挡位和遥调对应的分布式电源出力等，进而改变电网潮流计算的输入数据。故障仿真模块依据用户设置的故障设备，通过网络拓扑分析得出产生上送故障开关和保护动作的开关信息，进而改变电网潮流计算的输入数据。电网潮流计算引擎模块根据电网模型开关状态，负荷发电出力等数据，计算母线电压、支路功率，从而得到全面的潮流数据断面，并依据维护外网等值模型，进行合环潮流计算仿真，基于连续动态可控潮流实现对分布电源控制策略仿真。数据仿真模块，针对潮流计算输出的断面数据，加入人工设置的干扰值，得到最终的数据输出断面，并发送数据至自愈控制系统主站。

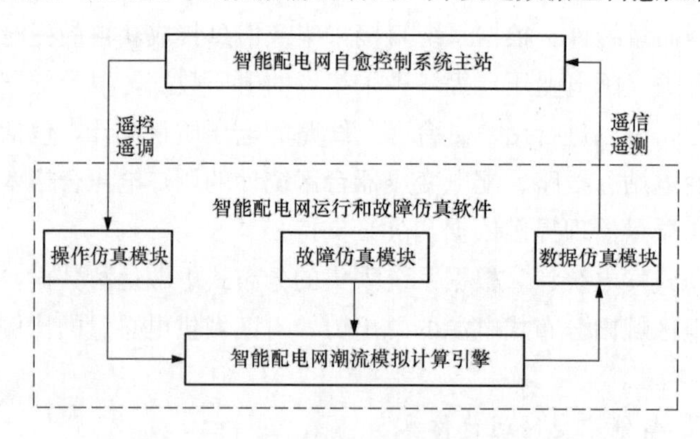

图 3 - 16　智能配电网运行仿真示意图

由上可见，智能配电网运行仿真的基础为潮流模拟计算引擎，其采用的算法与配电网潮流基本一致，只是需要考虑分布式电源的接入影响，具体内容可以参考下面分析层关键技术相关章节。故障仿真是智能配电网运行仿真的关键和重点，故障仿真技术主要研究不同设备（分布式电源、负荷、馈线段）发生故障时进行电网的保护动作情况，给出最终的电网潮流运行断面。需要研究的技术主要包括：分布式电源并网运行特性及故障特征，不同保护配置策略下智能配电网故障时的保护动作特点，分布式电源、负荷、馈线段等不同设备故障的影响和数字模拟方法。

3.2.2 分析层关键技术与功能实现

分析层由网络拓扑分析、状态估计、潮流计算、负荷转供分析、负荷预测等常用的配电网分析功能组成，与基础层配合主要实现智能配电网“自我感知”功能，为智能配电网“自我诊断”提供分析依据。

3.2.2.1 网络拓扑分析

智能配电网自愈控制主站系统分析层应用以网络拓扑分析为基础和中心，网络拓扑分析需要支持输配电网一体化，可通过智能配电网扩展建模、方便支持以馈线为单元的局部快速拓扑分析，具有全局和局部拓扑计算的自适应和优化能力，从而提高计算效率。网络拓扑分析模块作为基础的共用模块，可以被系统中所有模块调用。通过网络拓扑分析来实现输配电网的计算区域以及相应的计算模型。配电网拓扑分析可包括全网的拓扑母线—拓扑岛分析、馈线供电分析以及环网分析，以及网络动态着色、用户电源追踪、供电范围分析、负荷转移分析等配电网特色应用。

配电网的基本单元是馈线，配电网正常运行时，每条馈线呈树状，馈线与馈线之间除在树根处通过高压输电网相连以外，没有其他电气联系。配电网络的拓扑描述以馈线为单位，一条配电馈线一般由馈线分段开关分为几个区段，每个区段内部又包含多个分支线段和用户负荷。馈线包含元件数量庞大，但包含区段数量较少。在馈线供电分析中可以认为区段是馈线的最小可控部分，其内部元件运行状态完全一致，可以作为一个整体来考虑。通过引入区段的概念，将区段作为节点参与全网拓扑母线—拓扑岛分析，可以简化配电网络的物理模型，进而提高拓扑分析速度和效率。

（1）全网的拓扑母线—拓扑岛分析。网络拓扑分析一般是按开关状态将网络物理模型转化为网络分析计算用的计算母线模型，形成拓扑岛，同时形成计算参数。

智能配电网自愈控制主站系统网络接线分析模块应能够处理任何接线形式的电厂、变电站、分布式电源、馈线主干及分支线路，能够利用电力系统物理模型、开关和刀闸的开合状态、设备元件的逻辑关系，来确定电气连通关系，最终建立电力网络的母线计算模型，为状态估计、潮流计算等网络分析应用提供统一支持。网络拓扑分析可分为母线分析、拓扑岛分析。

母线分析是在某一电压等级范围内，由某一节点出发通过各闭合开关搜索一个连接在一起的节点集合，形成一个母线；再由未搜索过的节点出发，继续这一搜索过程，直到将全部节点都划分到母线中。

拓扑岛分析是从某一母线出发通过变压器和线路搜索连接在一起的母线集合，形成一个拓扑岛；再由未搜索过的母线出发，继续这一搜索过程，直到将全部母线都划分到拓扑岛中。

(2) 馈线供电分析以及环网分析。在全网拓扑母线—拓扑岛分析的基础上，通过馈线供电分析，从馈线的电源点开始，按层次关系进行广度搜索，得到馈线的各个区段的供电父子关系，为负荷转移决策提供支持。分析馈线是否存在环网运行情况。环网供电类型包括：同一馈线内环网、同一变电站内不同馈线环网、不同变电站之间环网等。

(3) 配电网特色的拓扑分析应用。通过网络拓扑分析，智能配电网自愈控制主站系统可以实现动态着色、网络追踪，网络防误操作，负荷转移决策分析等功能。

动态着色：利用配电网拓扑分析结果对配电接线图实现动态着色，直观地用颜色来区分线路、开关、区段的停电、带电、接地、故障等状态，以及是否环网运行等。

拓扑追踪：包括供电电源追踪、供电范围追踪等。可在配电接线图上任意选取一条线路或馈线上的设备，通过网络拓扑追踪功能，自动追踪到该条线路的供电电源点，此电源点可以是变电站的某条出线或某个区域的供电电源点。

网络防误操作：从用户角度出发，充分利用系统建立的电网拓扑信息，在模拟操作或遥控、挂牌操作时根据预先配置的防误规则进行检查，检查不通过时给出清晰明了的提示信息。

负荷转移决策：某馈线区段需要转供时，通过与拟转供区段相连的其他馈线的出口开关运行状态、电流值、联络开关状态等来决策最佳的负荷转移方式，形成转供需要的最佳开关操作顺序，并可以通过潮流计算进行安全校验。

3.2.2.2 状态估计

状态估计可利用实时量测的冗余性，来检测与剔除坏数据，提高数据的一致性，实现配电网不良量测数据的检测和辨识，并通过负荷估计及其他相容性分析方法进行一定的数据修复和补充；计算各类量测的估计值。量测类型包括：电流、电压、有功功率、无功功率等；对配电自动化尚未完全覆盖区域可综合利用调度自动化系统、低压电力集中抄表系统、营销管理系统等系统中的准实时数据，补全配电网数据，进行综合分析；对实时数据采集较全，配电网全网状态可观测的区域，配电网状态估计可对来自各源头的数据进行一致性校验；可以人工调整量测的权重系数；配电网状态估计服务应该具有多种启动方式，支持人工启动、周期启动、事件触发等；状态估计分析结果快速获取，满足不同配电网应用分析软件对数据的需求。

状态估计是网络分析计算的基础。与输电网相比，配电网的状态估计具有明显的不同特点。例如：一般配电线路短、R/X 值较大、线路中间存在没有采集的负荷等。这导致输电网中的状态估计算法在配电网中并不适用，需要研究配电网专用的状态估计算法。EMS 系统中使用的状态估计也称滤波，是利用实时量测系统的冗余度来提高数据的精度，自动排除随机干扰引起的错误信息，计算得到电力系统的母线电压幅值和相角，从而正确估计系统运行的状态，为其他应用软件提供电网实时方式的运行数据。但同时，配电网中实时量测较少，一般只在馈线首端存在比较完备的量测，在部分馈线开关或馈线负荷上存在量测，馈线上的量测并不充分，因此传统的利用实时数据的状态估计算法并不适用于配电网络。配电网状态估计主要利用一切可用的离线数据作为伪量测，根据负荷类别、负荷曲线和负荷测量值，在考虑线路损耗基础上，进行馈线上负荷的分配和估计，故配电网状态估计又称负荷估计。负荷估计可分为静态负荷估计和动态负荷估计两个过程。

静态负荷估计基于馈线和其连接节点的静态从属关系。在该方法中，负荷估计被分为馈线负荷估计和单个负荷估计两部分。配电网络根节点上（即降压变压器低压侧母线出口处）总负荷可分为 3 类（居民、工业、商业），每一类别负荷某时刻的估计值由总曲线值乘以负荷比例得到。馈线负荷中每类的估计值由该类总的估计值乘以馈线在该类负荷的分配系数得到。馈线总的负荷估计值由其各类负荷估计值相加得到。馈线中的单个负荷估计时，非一致性负荷的估计值由其相关曲线值得到，一致性负荷的估计值由馈线负荷估计值减去其非一致性负荷估计值后按比例（可以按容量）分配得到。

动态负荷估计主要是利用自愈控制系统采集的实时量测修正静态负荷估计的结果，使负荷估计结果更精确。主要包括以下几个步骤：

（1）支路与量测量关联关系。先将电力设备的连接转化为支路间的连接，建立支路数据表。将馈线段转换为对应的馈线支路，开关转换为开关支路（将与开关直接相连的刀闸支路合并到开关支路中），配电变压器建为负荷模型，是单端点设备，因此配电变压器不需要转换为支路。支路数据包括：左右连接节点号、支路阻抗、支路中的有功量测量、无功量测量等。将功率量测量根据配电网建模时的分配原则填充相应的支路数据，并设置对应的功率量测量。这样形成统一的支路功率表达方式，方便连接节点负荷的估算。

（2）负荷与量测量关联关系。负荷单端点设备，负荷数据包括：连接节点号、有功量测量，无功量测量等。根据网络模型填充相应的负荷数据并设置对应的功率量测量。

（3）形成连接节点供电关系。考虑按辐射网供电。以馈线出线开关为起点，搜索各连接节点与支路间的供电关系，得到各连接节点的进线支路和出线支路，以及各连接节点的供电顺序。

（4）连接节点负荷动态分配。按照连接节点的负荷等于其进线功率减出线功率方法进行连接节点负荷估算。根据支路功率量测量以及连接节点供电关系，以馈线出线开关为起点，对于进线支路有功率量测的连接节点，找出由其供电的且进线支路没有功率量测的连接节点集合，即当遇到进线支路有量测的连接节点时，停止向下查找。将供电负荷（连接节点进线功率$-\sum$供电连接节点进线功率$-\sum$连接节点集合中有量测的负荷功率）根据均分原则（或按比例分配原则）分配到找到的连接节点集中的各节点中。

（5）连接节点具体负荷的动态修正。第（4）步找到的连接节点集合中各节点负荷分配完成后，找出该集合中各节点内没有量测量的负荷，根据均分原则（或按比例分配原则）把连接节点的负荷分配到其具体的没有量测量的负荷中，作为单个负荷最终估计值。把集合中各连接节点内有量测量的负荷累加到节点的分配负荷中，作为连接节点负荷的最终估计值。

3.2.2.3 潮流计算

配电网潮流计算是配电网分析的基础模块，为自愈控制决策层应用提供潮流数据支持。潮流计算根据配电网网络指定运行状态下的拓扑结构、变电站母线电压（即馈线出口电压）、负荷类设备的运行功率等数据，计算节点电压，以及支路电流、功率分布，计算结果为网络重构、电压无功优化等应用提供支撑。

中压配电系统具有环网设计、一般开环运行的特点，而且其支路电阻R和电抗X之比R/X一般较大。配电网潮流计算的模型可以描述为：对于一个

N个节点的配电网，已知量为根节点（或电源点）的电压U_0及功率P_0，各节点的负荷值P_L，$i+Q_L$，i（$i=1$，2，3，…，$N-1$），配电网的拓扑结构及各支路的阻抗。典型配电网分层拓扑结构，如下图3-17所示。待求量为各节点的电压U_i（$i=1$，2，3，…，$N-1$），流经各支路的功率P_i+Q_i（$i=1$，2，3，…，$N-1$），各支路的电流和系统的有功损耗等。

目前，传统的电力系统潮流计算方法，如牛顿-拉夫逊法、PQ分解法等，均以高压电网为对象；而配电网网络的电压等级较低，其线路特性和负荷特性都与高压电网有很大区别，因此很难直接应用传统的电力系统潮流计算方法。由于缺乏行之有效的计算机算法，长期以来供电部门计算配电网潮流分布大多数采用手算方法。80年代初以来，国内外专家学者在手算方法的基础上，发展了多种配电网潮流算法。辐射式配电网络潮流计算方法主要有以下两类：

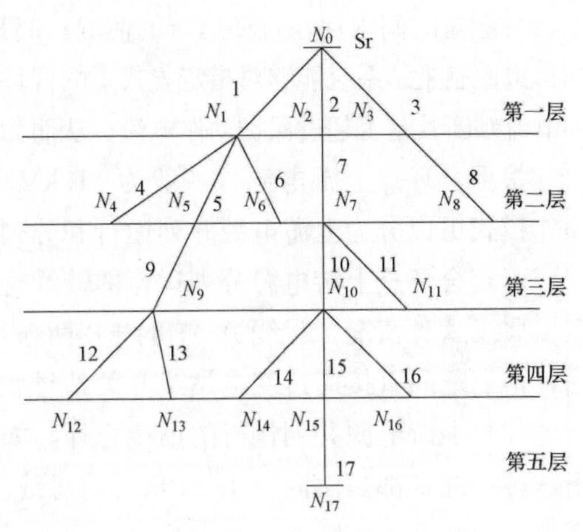

图3-17　典型的辐射状配电网拓扑结构示意图

（1）直接应用克希霍夫电压和电流定律。首先计算节点注入电流，再求解支路电流，最后求解节点电压，并以网络节点处的功率误差值作为收敛判据。如逐支路算法，电压/电流迭代法、少网孔配电网潮流算法和直接法、回路分析法等。

（2）以有功功率P、无功功率Q和节点电压平方V_2作为系统的状态变量，列写出系统的状态方程，并用牛顿-拉夫逊法求解该状态方程，即可直接求出系统的潮流解。

配电网支路类算法是配电网潮流计算中广泛研究的一种配电网潮流算法，比较典型的为前推回代法和基于支路断流的潮流计算方法。

由于支路法编程简单，资源占用少的特点，在自动化系统常常使用，而弥补其弱环网处理的能力，应用补偿法来计算弱环状配电网的潮流。基于补偿原理，将弱环网转化为辐射网，然后用前推回代法计算此辐射网的潮流。处理过程如下：环网解列，确定断点阻抗矩阵，设定断点电流初值；根据当前断点注入电流，应用放射形潮流计算方法，求得断点开路电压；断点开路电压进行修正断点电流，判断是否收敛，若收敛，则输出结果，结束计算，否则，再次迭代。

3.2.2.4　合环分析

中压配电网网络在运行过程中，负荷转移或故障自愈处理时为了不间断供电，可能短时间内存在合环运行的情况；高压配电网一般是弱环网运行智能配电网自愈控制主站系统能够对指定方式下的合环操作进行计算分析，主要是计算出合环电流判断其是否超过保护动作电流，从而为负荷带电转供操作提供决策依据。

根据合环点上游电源（一般为 110kV 母线）是否并列运行，配电网合环操作模式可以分为上游电源并列运行和分列运行两种，具体如下：

(1) 合环点上游电源分列运行的馈线合环。如图 3-18 所示，配电网合环点 1 属于这种情况，母线 A 和母线 B 两条母线分列运行并且来自不同的变电站，他们之间直接通过变电站或开关站母联开关或联络开关进行合环操作。

(2) 上游电源并列运行的馈线合环。如图 3-18 所示，配电网合环点 2 属于这种情况，都是由同一个 110kV 的母线供电，在进行配网合环操作时利用变电站母联开关或联络开关进行合环操作。

对于这两种合环操作，第一种危险性最大，其上游电源为分列运行，合环点电压差较大。第二种由于其 110kV 电源为并列运行，其合环点电压差会相对小一些，但是如果合环线路两侧负荷较重，也可能造成环流过大，因此也必须经过计算确保合环操作的可行性。

合环简化模型及等值模型如图 3-19 所示，节点 2、3 可以是同一开关站不同母线通过母联开关合环，也可以是不同开关站通过联络开关进行合环或变电站某两条馈线通过联络开关合环。图 3-19 (b)、(c) 为其等值计算模型。

其中 Z_{11}，Z_{22} 为节点 1、4 相对系统的等值阻抗；Z_1，Z_2 分别为节点 1、2 和节点 3、4 之间线路阻抗；Z_{23} 为节点 2、3 之间的线路阻抗；$Z_{12}=Z_{11}+Z_1$，$Z_{34}=Z_{22}+Z_2$。S_{11}，S_{44} 为变电站除合环馈线外其他馈线负荷之和，等值为一点负荷，这其中忽略合环操作对 S_{11}，S_{44} 的影响，假设它是不变的。事实上，通过部分现场的多次合环操作结果上看，开关站的合环操作对变电站母线电压影响是比较小的，因此对其他馈线的负荷影响也较小，假设它为不变，只保留合环馈线，从而得到简化的图 3-19 (b)，进一步得到计算模型图 3-19 (c)。

配电网合环潮流计算的关键是计算合环线路供电电源（站内母线段）两端电压差 $d\dot{U}$ 和环网总阻抗 $Z_{\sum}$。

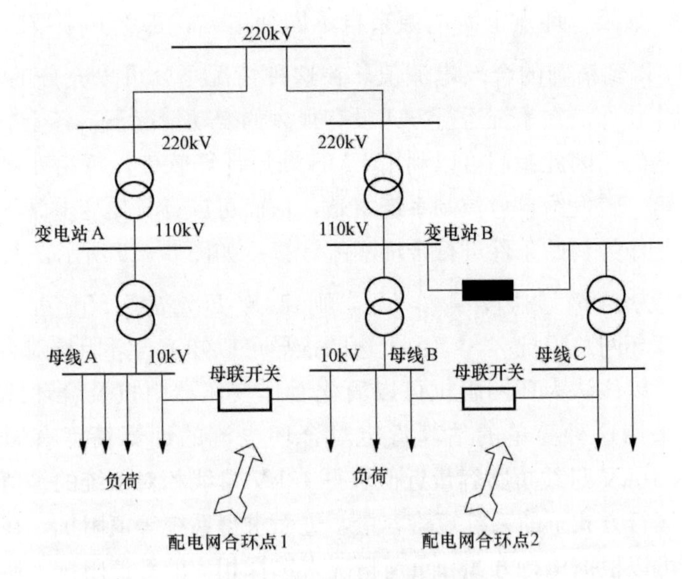

图 3-18　合环模式分类

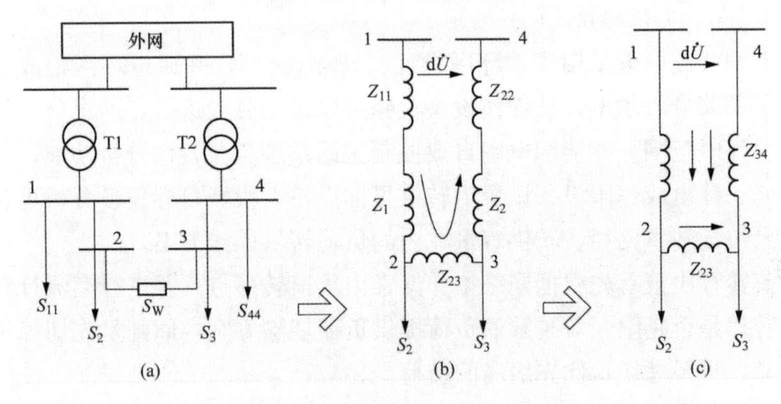

图 3-19　合环简化模型及等值模型

(a) 合环简化模型；(b) 合环等值模型 1；(c) 合环等值模型 2

(1) 求解 $\mathrm{d}\dot{U}$ 中压配电网只能得到馈线的电压、电流、有功和无功幅值，而合环点电压的相角差一般无法采集得到，因此只利用配电网采集数据就没法求得 $\mathrm{d}\dot{U}$，对于 $\mathrm{d}\dot{U}$ 有两种考虑方法：

方法一：如果合环点上游电源并列运行或来自同一个变电站不同段母线，且两段负荷差别不大，则母线电压相角差不会太大，就可以考虑忽略 $\mathrm{d}\dot{U}$，仅考虑功率的重新分布；

方法二：如果合环点上游电源来自不同变电站，那么必须要考虑到相角差，求得 $d\dot{U}$ 得到精确的合环电流值。在这种情况下，可以充分的利用 EMS 在线潮流计算软件。在系统运行方式没有很大的变动情况下，各个节点的电压差是基本恒定的，因此我们可以利用 EMS 潮流计算软件计算出变电站各段母线的电压相角，转发给自愈控制系统主站，从而可以计算出变电站各段母线电压的相角差，作为初始条件进行合环潮流计算。如图 3-19 所示，假设节点 1、4 的电压角度为 θ_1，θ_4，假设 $U_1 > U_4$，则 $d\dot{U} = U_1\angle\theta_1 - U_4\angle\theta_4$。

(2) 计算环网总阻抗 $Z_{\sum}$。由上边的推导可以知道合环阻抗对合环电流的影响非常大。以往认为环网阻抗可以简化看作变压器阻抗及合环线路阻抗之和，但如果采用这种简单的估算肯定对合环电流的计算精度有影响。利用 EMS 计算的 10kV 母线短路容量近似求得 10kV 母线相对系统的等值阻抗，选择几种典型运行方式下的系统短路容量，进而求得系统等值阻抗，在我们进行合环操作时可以根据运行方式和负荷情况来选择相应的等值阻抗。这样得到的合环阻抗是相对准确的，利用这种方法计算的合环电流也会相对准确。

3.2.2.5 负荷转供

配电网线路一般采用了“环网设计、开环运行”，并通过环网柜或柱上开关实现了负荷分段供电，从而使设备检修可以设法分段进行，通过负荷转供尽可能减少停电范围。智能配电网自愈控制主站系统负荷转供分析功能，可灵活地把检修、停电或越限设备设置为转供目标设备，根据目标设备分析可转供负荷，提出包括转供路径、转供容量在内的负荷转供操作方案。

负荷转移决策首先根据网络拓扑搜索出负荷转移点，并进行潮流计算，检查负荷转移是否越限，对越限的负荷提供负荷切除方案，原则是先切掉优先级低的负荷，再考虑切掉优先级高的负荷。

(1) 根据网络拓扑和潮流计算，提供负荷转移决策依据的条件是最大负载率、开关操作个数以及转移级数等。

(2) 负荷转移区段有多个联络点时，系统根据配电网设备信息和实时运行信息自动选择容载最大的线路作为最优转供方案。

(3) 当有多个区段要进行负荷转移并且负荷转移区段有多个联络点时，根据线路负荷容载分摊转移负荷。

常用的负荷转供点搜索算法，包括局部拓扑搜索方法和基于反射原理的有向图方法。本文采用的基于开关和区段的配电网拓扑简化模型，将非开关设备（线路、母线、负荷等）收缩为一个区段，网络连接关系描述为开关和区段之间的关系，在开关和区段之间设计了一组数据关系指针，可以方便地由开关查找供电区段、由区段查边界开关，进一步简化局部拓扑搜索过程。由于配电网一般是开环运行，而且任意负荷其现实的转供电源点最多也就 4 到 6 个，因此结合采用局部拓扑搜索方法以及穷举法可以为负荷转供分析提供较好的支持。

采用基于反射原理的有向图方法的原理是：根据配电网拓扑分析的结果，按照馈线把配电网染成多个不同颜色的色块。代表色块的颜色数用馈线出口断路器在数据库中的下标号来表示，当该断路器状态为合且其上方母线段带电时，该色块代表电源区域；而当断路器的状态为分时，该色块代表失电区域，用无色表示。色块的边界是由一些状态处于分位置的开关组成，因为只有它们才可以阻止颜色的流动。边界开关的标志是一端有色另一端无色或不同色；不带电开关的标志是两端皆无色；而色块内开关的标志则是两端皆有色。在用色块划分完配电网之后，负荷转供路径搜索的方法就变为从目标设备所在色块寻找电源色块的过程，寻找方法则采用类似于雷达的反射波原理，从目标设备所在色块边界开关的对端节点出发，加一幅值不等的脉冲信号，并用广度优先的方法分层广播出去，当遇到电源色块的边界时发反射波信号，发射点通过分析所有的相对应的反射波信号就可以获得相邻的各个电源点及其相关路径的信息。

在配电网量测不足的情况下，负荷转供方案的潮流校验，可采用拓扑潮流计算方法。所谓拓扑潮流指的是：不考虑线路的损耗，在开关设备未装 TV 无法获得电压量测的情况下，根据负荷估计得到的负荷值计算出开关的电流，从而反映出馈线的电流、负载率等情况；或是根据开关的电流计算出电路负荷电流，进而通过分配原则得到具体负荷设备的功率等。

3.2.2.6 负荷预测

智能配电网自愈控制主站系统负荷预测是在对系统历史负荷数据、气象因素、节假日，以及特殊事件等信息分析的基础上，挖掘配电网负荷变化规律，建立预测模型，选择适合策略预测未来系统负荷变化，对短期负荷（1～7）、超短期负荷（每小时、每 15min，用户自定义）的负荷预测。具体要求包括：

（1）最优预测策略分析，根据对系统负荷与相关因素关系的定量分析，将智能化方法与传统方法相结合，根据负荷规律的特点，自动形成最优预测策略；

（2）支持自动启动和人工启动负荷预测；

（3）多日期类型负荷预测，针对不同的日期类型设计相应的预测模型和方法，分析各种类型的日期模型（例如工作日、周末和假日等）对负荷的影响；

（4）分时气象负荷预测，支持基于分时气象信息的负荷预测，考虑各种气象因素对负荷的影响；

（5）负荷预测误差分析；

（6）支持计划检修、停运等特殊情况对配电网负荷影响的分析；

（7）具备负荷预测数据的管理和保存。

3.2.3 评估层关键技术与实现

评估层主要是在基础层和分析层提供数据和基本功能调用的基础上，对配电网的运行风险进行评估和预警，对配电网的运行状态进行划分，实现“自我诊断”。评估层关键技术有在线风险评估，脆弱点评估、状态划分和在线安全预警等。

3.2.3.1 配电网在线风险评估

配电网在线风险评估考虑多时间尺度、多风险因素，综合多系统信息，利用电能质量、电缆分接头温度、设备缺陷数据、设生命周期数据、天气数据以及当前运行数据等，以健康值与重要性的二维组合反映设备风险，采用分层的风险评估技术，从设备、馈线、馈线联络组以及整个配电网四个层次进行风险评估。

传统的电网风险评估是在一定约束条件下，对各种拟定预选方案包括电网运行指标、综合经济指标，以及管理指标进行评估。通过考虑元件老化、强迫停运以及计划停运等因素，建立元件的停运模型，一般采用状态枚举法或者蒙特卡洛模拟法计算出元件失效概率，利用模拟曲线近似描述电压越限、线路过载等对电网其他运行参数的影响，综合得出系统风险。其范围包括电网的某个方面或某几个方面，大部分是以定性的语言进行评估，缺乏一定的理论依据，评估结果过于主观和粗糙，使评估结果大打折扣，具体的量化评估很少见。

针对配电网风险评估，目前大部分是直接利用大电网风险评估的思想，通过构建类似模型进行风险评估。大电网风险评估应用在配电网中存在下面一些问题：①配电网的设备众多，结构复杂，建立与大电网相同的模型，其计算耗时将非常大，无法实现在线风险评估；②配电网中的数据收集不如大电网详尽，大部分数据无法获得；③通过评估电网的可靠性，很难直接指导调度员进行现场的操作。针对配电网的结构和运行特点，采用一种考虑多时间尺度、多因素的分层评估方法。该方法从健康度和重要度两个维度来评估对象的风险状况，健康度和重要度考虑多种因素的影响，从具体的单一设备、馈线、馈线联络组和整个配电网系统不同的层面来评估运行风险。风险为重要度和健康度的函数，即 $R=f$（重要度，健康度）。每个层次风险评估结果的展示形式为图 3-20。在二维展示区域，横坐标为重要度，纵坐标为健康度，重要度与健康度的关系如果取为双曲线关系。设定 R 的两个边界值，即可得出如图 3-20 所示的三个区域。其中区域①为正常域，区域②为警戒域，区域③为紧急域。

3.2.3.2 配电网脆弱性评估

配电网脆弱性评估即配电网的“$N-1$”校验，根据某馈线段发生故障、故障隔离成功后，是否存在不能够恢复供电的非故障区域的负荷来判断该馈线段是否是脆弱点。如果存在不能够恢复供电的非故障区域负荷的，则该馈线段是脆弱点。衡量脆弱点脆弱程度的量是脆弱度。脆弱度的值与不能够恢复供电的非故障区域负荷的重要性和其占馈线联络组总负荷的比例有关。

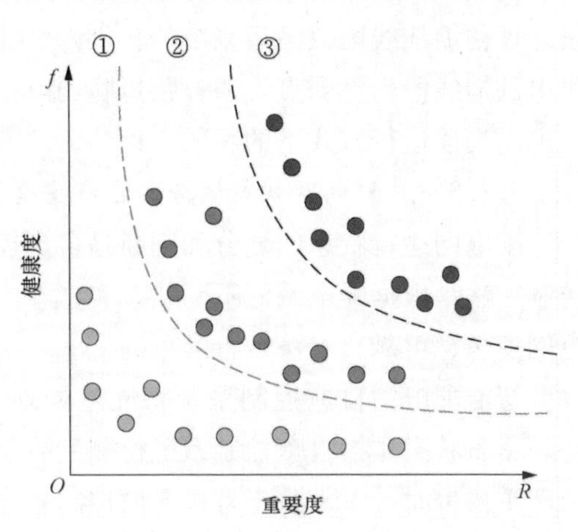

图 3-20 双曲线形式的风险表达

配电网中脆弱点的分布以及脆弱点的脆弱度大小与配电网的网络结构和配电网的负载水平密切相关。若配电网网架结构基础较好，馈线之间多联络并且馈线负载轻，发生故障时，故障隔离成功后有多种负荷转供方案，则这种结构的配电网就没有脆弱点；反之，如果配电网中馈线之间联络不强并且馈线负载较重，则发生故障且故障隔离成功后，非故障区域的负荷要么就没有转供电源，要么有转供电源但其电源的容量带不起失电的负荷，这种电网情况下就会有许多严重的脆弱点。

在最大负荷条件下，对智能配电网自愈控制系统区域内的线路以及开关进行 k（$n-1+1$）评估，根据事故后果影响度指标确定系统中的脆弱点位置。每读入一次配电网断面潮流，都需要针对已确定的脆弱点进行 k（$n-1+1$）评估，评估后将故障恢复重构方案或者含切负荷措施的故障恢复重构方案，按照指标的大小依次输出。这种脆弱点评估方法既结合了配电网的特点，又能做到快速评估，其结果能够反映出系统的当前风险，为系统的后续断面潮流控制提供依据，也给调度人员评估系统状态提供参考。

脆弱点的选取方法：配电网规模大，结构复杂，系统元件数目众多，若对配电网进行在线 $k(n-1+1)$ 评估，显然不适宜。所以需要在最大负荷条件下，对智能配电网自愈控制系统区域内的线路以及开关进行 $k(n-1+1)$ 评估，根据事故后果影响度指标确定系统中的脆弱点位置。

主站系统反映自愈能力的脆弱点评估技术，从配电网自愈能力的角度出发，评估馈线线段故障后系统的转供恢复能力，定义故障后负荷不能完全恢复供电的馈线段为脆弱点，通过预想脆弱点扫描和脆弱点实时评估两个步骤实现配电网当前运行方式下的脆弱点评估。

3.2.3.3　配电网状态划分与在线安全预警

配电网运行状态的划分和判断是自愈控制的前提和基础，智能配电网自愈控制方法是根据配电网的不同状态实施不同的控制策略和方案，以达到智能配电网安全、可靠、经济运行的目的。

智能配电网自愈控制系统将配电网划分为正常状态、警告状态和紧急状态。紧急状态是指自愈控制系统检测到故障时，警告状态是指自愈控制系统发出严重预警时，正常状态是指自愈控制系统无预警或者发出一般预警时。警告状态和正常状态都是通过预警指标来区分，当自愈控制系统判定配电网当前状态为正常状态时，自愈控制系统不提示调度员，一般预警信息将在后台自动保存，可以调阅；当自愈控制系统判定配电网当前状态为警告状态时，自愈控制系统提示调度员注意严重预警信息，并给出预防性重构建议，由调度员判断是否执行。

在正常运行状态下，通过对配电网运行风险进行预测和评估，针对高风险的情况，给出风险消除或降低风险的措施，降低电网发生故障的风险，预防电网故障的发生，提高电网运行的可靠性；通过优化运行控制措施，在保证电网运行安全的前提下优化电网运行，提高电网运行的经济性。当电网有遥测越限现象，处在紧急状态，则给出紧急控制策略，消除遥测越限，使电网运行到正常状态，避免故障的发生。当发生故障后，进行故障的诊断、定位和隔离处理，以及非故障区域的供电恢复控制，通过基于智能配电网终端的本地控制和基于主站的集中控制尽快定位和隔离故障，尽快对非故障影响区域恢复供电，使电网尽快从故障状态向故障后的恢复状态转变。故障已经隔离，故障元件已经恢复，给出合理的恢复方案，使故障后的恢复状态，转化为正常运行状态。

3.2.4　决策层关键技术与实现

决策层在配电网运行状态划分的基础上，根据不同的运行状态进行相应的网络重构实现“自我决策”和“自我恢复”。其关键技术包括经济性重构、预防性重构、故障性重构、孤岛划分与黑启动等技术，是最终实现自愈的控制技术。

决策层的实现基于馈线联络组的全状态、多场景自愈控制技术。以馈线联络组为单元实现运行状态的评估和划分，根据不同的运行状态提出有针对性的自愈控制策略；预防性自愈控制以消除线路过载、消除电压越限，优先保障关键负荷供电为目标；故障后自愈控制以最大程度保障关键负荷、快速恢复非故障区段供电为目标；正常运行方式下以经济运行为目标给出网络重构方案。

3.2.4.1 经济性重构

经济性重构是指基于节点负荷短期预测值，以网络损耗最小为目标函数，以满足配电网安全可靠运行为约束条件，通过切换联络开关与分段开关的开合状态，搜索未来24小时的最优网络拓扑结构，最终给出联络开关与分段开关的投切方案或者给出提示性方案和效益。离线优化，时间长度可设，既可以定时触发，也可以手动启动。

经济性网络重构采用虚拟流优化理论和递归虚拟流算法。网络重构的计算结果给出：网络重构前后的经济效益即网损下降量比较。其原理如下：

将配电网络重构问题分成与联络开关一一对应的一系列重构子问题，每个子问题用虚拟流理论求解。该理论通过建立单环网的非线性规划模型，在优化过程中考虑了负荷的电压静特性对优化结果的影响，且证明了打开流过虚拟流最小的联络开关，所得辐射网络结构最优的结论。重构总问题采用递归算法求解。该算法根据启发式指标大小确定子问题的预过滤、开关的开合顺序和开后重合问题，从而保证合理的操作顺序和最优的网络结构。其主要步骤如下：

（1）进行一次潮流计算，得到系统当前的运行信息，开始进行网络重构主流程。

（2）设置系统预过滤阈值和系统操作效益阈值。

（3）求解每个联络开关的预期效益。

（4）求出所有联络开关的最大预期效益。

（5）最大预期效益小于系统预过滤阈值，则重构结束，否则，继续。

（6）闭合最大预期效益的联络开关，选择其所在的环路，用环路上其他任一开关替代此开关，打开替换开关，重新计算潮流。

（7）重新求解每个联络开关的预期效益，返回步骤4。

经济性重构处理流程见图3-21。

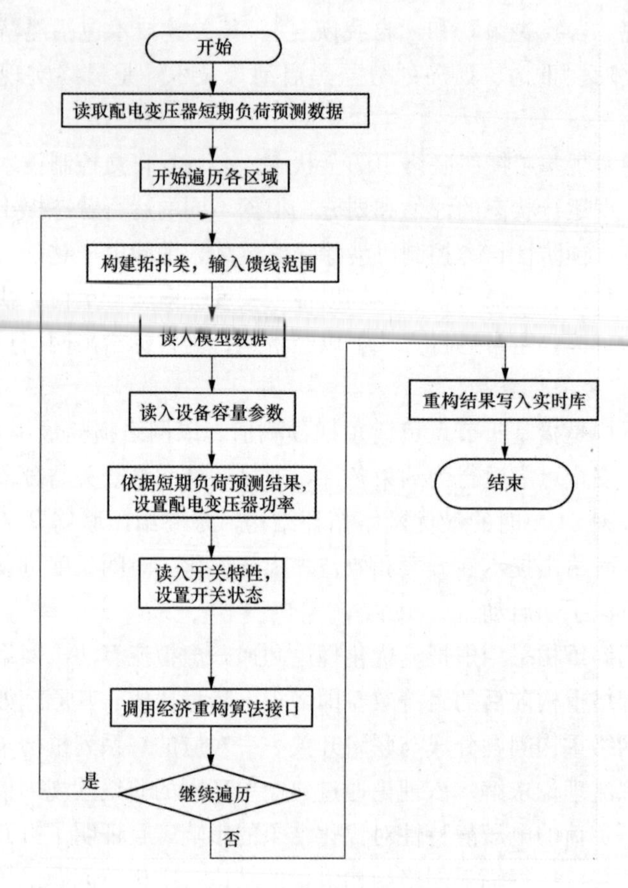

图 3-21　经济性重构处理流程

3.2.4.2　预防性重构

预防性重构是指利用在线预警模块所提供线路及设备的越限信息以及缺陷设备的越限信息，通过切换联络开关与分段开关的状态，以消除越限。

根据预警信息及支撑平台提供的超短负荷预测信息进行网络重构后，先判断配电网是否能达到安全可靠运行，若否，则要进行切负荷，然后进行合环校验，最终给出投切联络开关、分段开关以及环网柜负荷出线开关的方案。

预防性重构以消除负载和均衡负荷为目的，采用启发式搜索算法，以及电网模型简化拓扑关系，将电网简化为重构可操作的开关与区段组成模型，将重构不可操作的开关、馈线段、母线等设备统统合并成区段，这样可以简化网络模型，采用拓扑潮流替代常规潮流计算。通过启发式搜索，依据配电网模型自身特点，可以简化重构操作搜索范围，满足实际工程现场需求。

预防重构处理流程如图 3-22 所示。

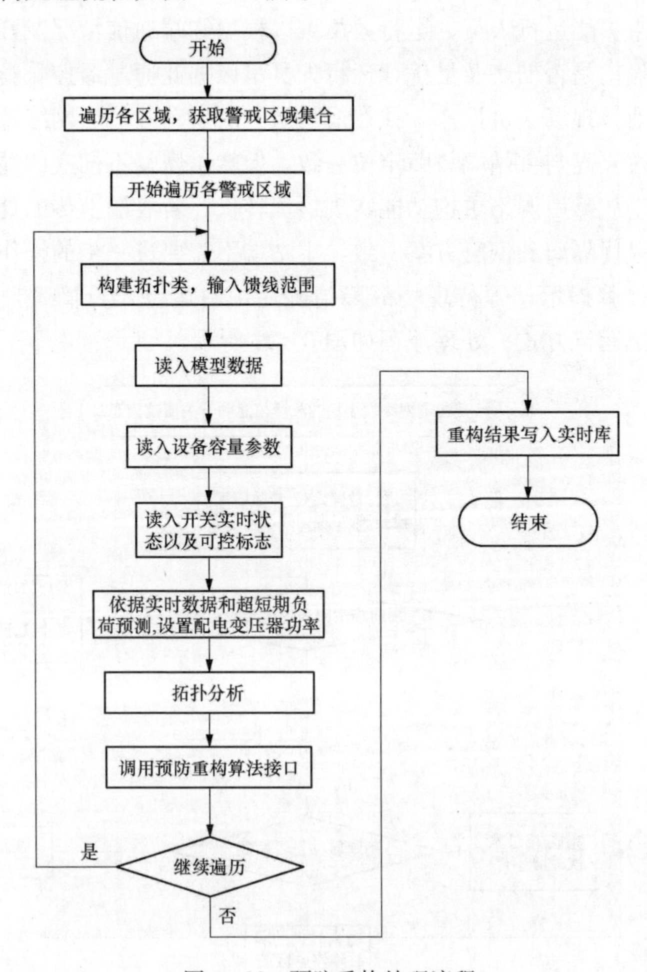

图 3-22　预防重构处理流程

3.2.4.3　故障性重构

故障性重构是指在终端或主站实现故障隔离前提下，通过切换联络开关、分段开关以及环网柜负荷出线开关的状态，尽快尽量的恢复非故障区域供电，最终给出联络开关、分段开关以及环网柜负荷出线开关的动作方案。

配电网线路发生故障后，故障信息和开关变位信息上传至主站。主站可以根据终端上报的故障信息和开关变位信息判断终端层隔离和转供是否完整、准确，并根据故障后网络重构功能给出可能的后续操作方案，由运行人员进行处理。

主站根据终端上报的故障信息和开关变位信息，依据主站端的拓扑模型进行故障定位，并分析其是否与终端隔离、转供操作的情况一致，如不一致就把差异分析出来提醒运行人员，运行人员可以根据终端通信情况及开关可控状态判断终端侧隔离是否彻底及最优，运行人员可以据此通过遥控，尝试最优的隔离操作，或通知现场人员操作，并在成功执行后启动故障后网络重构实现最优转供；在终端隔离与主站端故障定位一致，但转供恢复不彻底的情况下，主站端也可以启动故障后网络重构功能实现最优转供；若终端上传的处理结果与主站端分析的最优隔离和恢复方案一致，主站端不需要进一步的操作，只是对故障区段进行挂牌提示，等待现场故障清除后，由运行人员摘牌，启动网络重构，恢复最优运行方式。处理流程如图 3-23 所示。

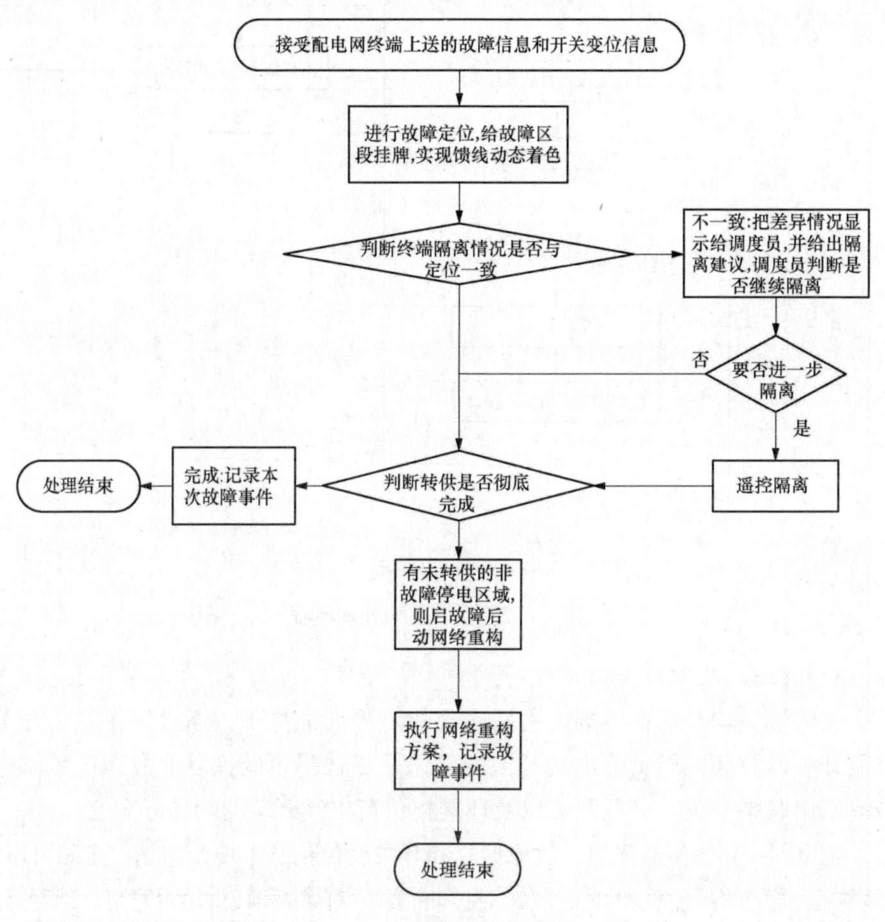

图 3-23　故障自愈控制流程

具体的故障自愈控制操作方案如下：

（1）当馈线组内开关全部为断路器时，由智能终端层实现故障隔离和非故障区域的负荷转供功能；主站实现故障位置和故障处理信息的直观显示。

（2）当馈线组内开关既有断路器又有负荷开关时，有下面两种故障处理方式：

1）智能终端层通过故障点边界负荷开关以及与负荷开关相邻的断路器配合，最终达到通过分开故障点周围的负荷开关实现故障隔离的目的。本故障处理方式还是由智能终端实现非故障区域的负荷转供功能，由主站实现故障位置和故障处理信息的直观显示。

2）智能终端与主站配合，故障发生后由智能终端跳开故障点最近的断路器实现故障点的隔离，然后由主站通过遥控方式分开故障点周围的负荷开关，合上智能终端跳开的断路器实现故障上游影响区域的恢复供电，最终实现通过分开故障点边界负荷开关来隔离故障，合上联络开关实现负荷转供功能。

故障性重构除了考虑馈线组内故障，还考虑了变电站母线故障大面积停电处理，采用孤岛划分与黑启动的方法。孤岛划分是指当电网的部分线路因故障或维修而停电时，快速的根据故障前各个负荷的功率信息以及停电线路中分布式电源（DG）的额定功率及其调节能力，确定合理的孤岛范围，由停电线路所连接的发电装置继续自给供电，维持孤岛的安全稳定运行。当主网恢复后，应根据电网的频率、电压的幅值和相位，实现主网和孤岛的同期并网；微电网黑启动是指利用微电网和分布式电源，实现将配电系统恢复分为若干个小系统，再进行并网的“自下而上”的恢复策略。

3.3 智能配电网自愈控制主站技术实践案例

本节以某智能配电网示范区为例，介绍其自愈控制主站技术的实践过程。

3.3.1 主站设计

智能配电网自愈控制主站系统建立在统一的支撑平台基础上，采用本书上文所述的分层功能架构体系，实现了基础层、分析层、评估层和决策层等智能配电网自愈控制系统相关的“四个自我”功能，其中，基础层与分析层主要是为系统提供数据和一些基本功能，实现智能配电网的“自我感知”；评估层主要是在此基础上，对配电网的运行风险进行评估和预警，对配电网的运行状态进行划分，实现“自我诊断”；决策层在配电网运行状态划分的基础上，根据不同的运行状态进行相应的网络重构实现“自我决策”和“自我恢复”。

主站硬件配置如图3-24所示。核心服务器2台互为备用，主要实现基本SCADA服务、历史数据处理服务和自愈控制相关的服务等核心功能；自愈控制分析服务器2台，实现自愈控制相关的在线分析服务；集成服务器2台，实现信息集成服务；专网数据采集服务器2台，实现专网通信的智能终端相关信息的数据采集；公网数据采集服务器2台，实现公网通信的智能终端相关信息的数据采集；维护工作站和配网调度工作站主要实现系统的日常维护、分布式电源监视、智能配电网监控、报表制作等相关功能。配置符合南网二次系统信息安全防护要求。

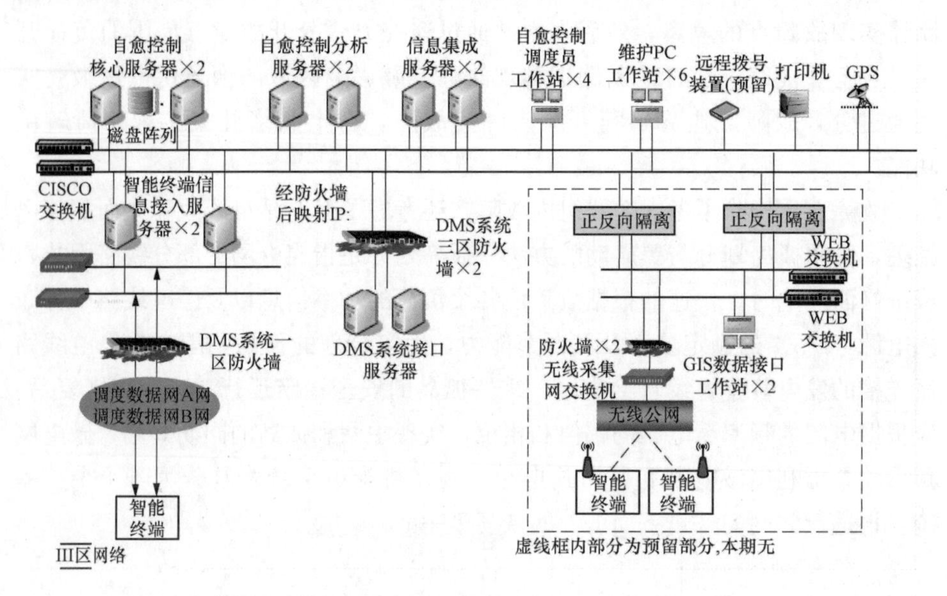

图3-24　智能配电网自愈控制主站系统硬件配置图

自愈控制主站系统共接入示范区内4座变电站、89个配电房的信息，涵盖23条10kV配电线路，同时接入了5个分布式电源的信息。自愈控制主站系统实现了与现有EMS、DMS、AMR、GIS、MIS、电能质量监测终端、电缆头测温终端、天气监测等相关信息系统的互联，主要包括主站系统的主要功能：常规配电网自动化功能、相关系统（EMS、DMS、CIS、生产管理系统、GIS系统、气象信息、电能质量数据管理系统等）相关信息的集成接入、EMS和DMS系统中实时数据接入、与DMS系统人工置数等操作同步功能、智能预警与状态划分、实时风险评估、配电网脆弱点评估、正常状态下的优化控制、警戒状态下预防控制、故障后自愈控制、主动解列与黑启动、智能配电网快速仿真、智能配电网状态估计、智能配电网潮流计算等，实现了智能配电网的“自我感知、自我诊断、自我决策、自我恢复”。

自愈控制主站系统设计容量为遥测量30万点、遥信量50万点、遥控量10万点、厂站数500个，目前系统实际信息量为遥测量2.5万点、遥信量2万点、遥控量1千点、厂站数34个，各种画面总数786幅。

主站还需要为配电网运行操作或控制提供各种图形界面，采用“所见即所得”及简洁易用的人机交互方式，保证系统的易用性。

3.3.2 主要自愈控制技术

智能配电网自愈控制技术在示范工程应用的列表如表3-1所示：

表3-1　自愈控制技术示范应用列表

<table>
<tr><th>序号</th><th>功 能 名 称</th><th>4个自我的体现</th><th>故障处理阶段</th></tr>
<tr><td>1</td><td>三相状态估计</td><td rowspan="2">自我感知</td><td rowspan="6">事前</td></tr>
<tr><td>2</td><td>快速仿真与模拟</td></tr>
<tr><td>3</td><td>在线风险评估</td><td rowspan="3">自我诊断</td></tr>
<tr><td>4</td><td>脆弱点分析评估</td></tr>
<tr><td>5</td><td>在线安全预警</td></tr>
<tr><td>6</td><td>预防控制</td><td>自我决策</td></tr>
<tr><td>7</td><td>基于网络式保护的配电网就地故障定位、隔离和恢复</td><td>自我感知
自我诊断
自我决策
自我恢复</td><td rowspan="2">事中</td></tr>
<tr><td>8</td><td>自愈主站故障定位与隔离校验</td><td>自我感知
自我诊断</td></tr>
<tr><td>9</td><td>基于网络重构和切负荷的阶段式故障恢复</td><td>自我决策</td><td rowspan="2">事后</td></tr>
<tr><td>10</td><td>主动解列与黑启动</td><td>自我决策</td></tr>
</table>

（1）正常状态下的自愈控制技术。在示范工程中囊括了三相状态估计、在线风险评估、在线安全预警及预防控制等正常状态下的自愈控制技术相关理论的实际应用，相关系统信息运行界面显示如图3-25所示。

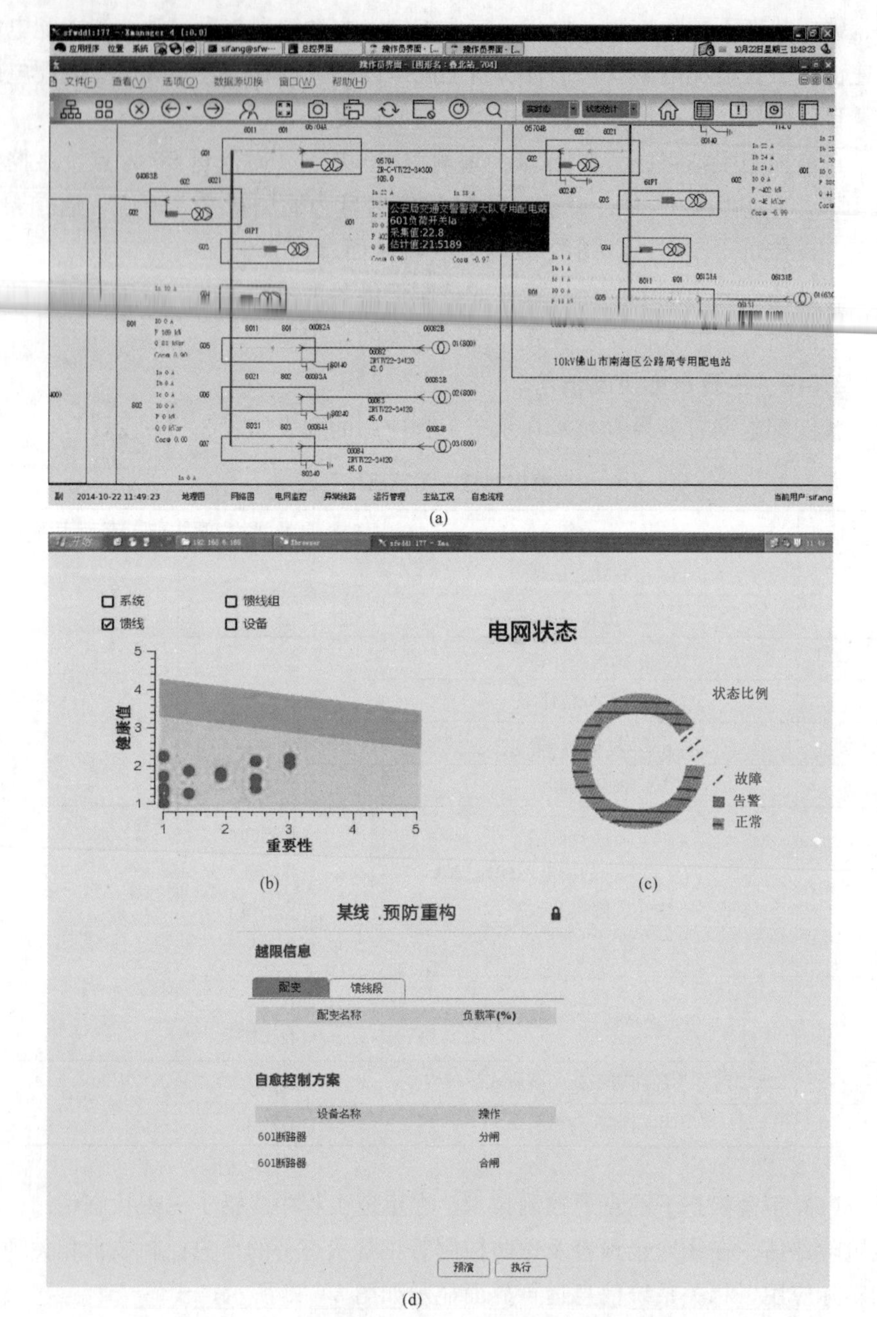

图 3-25　正常状态下的自愈控制技术集成情况

(a) 状态估计结果与采集量测值对比显示图；(b) 系统四层风险信息集中展示画面；
(c) 系统运行状态划分信息显示画面；(d) 预防控制方案信息显示画面

其中，在案例中应用了含分布式电源的配电网三相状态估计算法，采用加权最小二乘算法，以支路中的复电流作为状态变量。对分布式电源按照节点类型进行分别处理，依据每种分布式电源的出力情况和运行特点，确定它们的量测信息、量测函数的表达形式，把它们应用到估计计算中。另外针对实时量测配置不全的情况下，利用历史数据和计量系统提供的配电变压器负荷数据，以满足状态估计所需的最低冗余度，并可以较大程度地提高不良数据辨识的准确度和可靠性。状态估计结果与采集的量测值对比结果如图 3-25（a）所示，显然状态估计提高了数据的精度。风险评估采用分层评估的方法，从健康度和重要度两个维度，以及从具体的单一设备、馈线、馈线联络组和整个配电网系统四个层面来评估运行风险状况，图 3-25（b）展示了馈线层风险评估结果是处于正常域。利用评估结果计算相应的运行状态划分指标，若运行状态划分指标超出报警限值，则形成报警记录；若超出启动预防控制的安全限值，则生成预防性重构方案。系统实现了馈线联络组和整个系统的运行状态划分，运行状态分为正常、警戒、故障三种，通过运行状态划分，定性的给出各馈线联络组的运行状态，有利于减小调度员的工作量，让调度员的工作更具有针对性。图 3-25（c）显示了系统状态划分的结果，如图中所示，左边定性地给出了各个状态的比例图，右边是各个状态相应的具体线路名称。正常状态下，对系统进行风险预测和评估，针对高风险的情况，给出风险消除或降低风险的措施，预防电网故障的发生，提高电网运行的可靠性；通过优化运行控制措施，在保证电网运行安全的前提下优化电网运行，提高电网运行的经济性。图 3-25（d）展示了正常状态下，预防控制方案的信息，即通过断路器的分合闸来预防故障的发生。

（2）故障情况下的自愈控制技术。对于故障情况下的自愈控制技术，基于网络式保护的配电网就地故障定位、隔离和恢复技术和自愈主站故障定位与隔离校验技术已应用于该示范工程，相关系统信息运行界面显示如图 3-26 所示。其中，图 3-26（a）展示的是基于网络式保护的自愈控制相关信息在主站中的显示界面。当某两个配电房之间的配电线路发生短路故障时，故障点前的所有开关都能感受到故障电流，故障点至合环点的开关无故障电流，相邻的保护测控一体化智能终端装置通过网络通信进行信息交互后，进行诊断故障点的位置，并自动进行故障隔离和负荷转供，将故障区域隔离，在短时间（2 s 左右）内恢复非故障区域的供电。而主站实现故障位置和故障处理信息的直观显示。

图 3-26（b）展示的是基于主站实现的集中型故障自愈控制的相关信息，即故障发生后主站系统根据终端上送的相关信息（开关变位、电压电流、过电流、保护动作等信息），形成隔离及恢复方案，配电网调度员按照相应的提示进行操作即可。

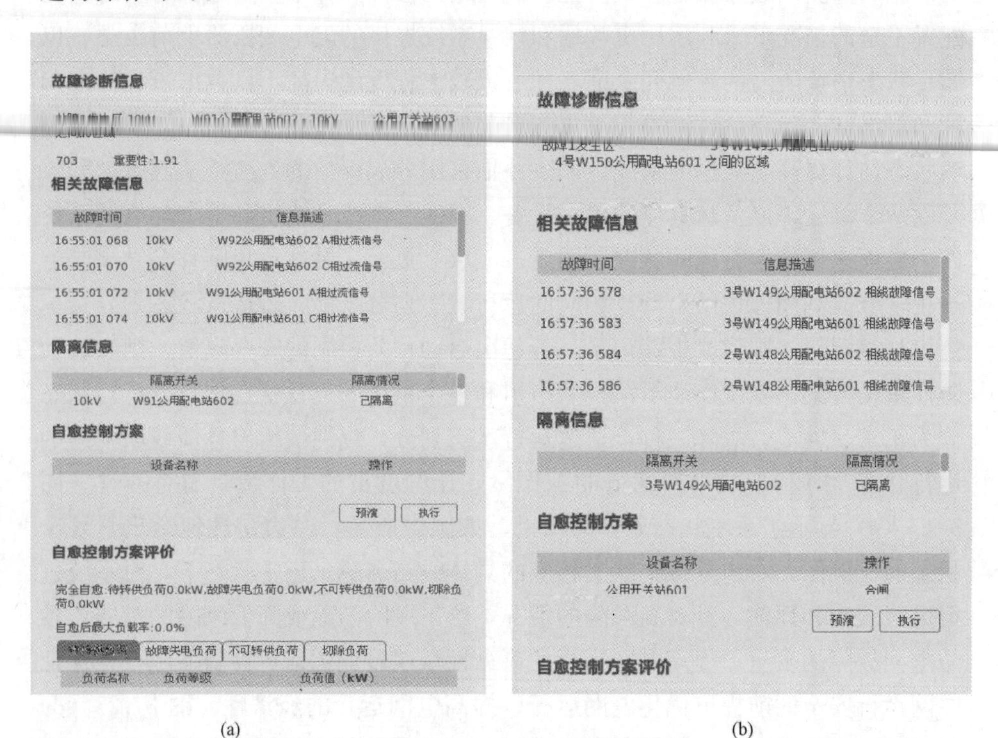

图 3-26　故障状态下的自愈控制技术集成情况

(a) 主站系统自愈控制相关信息显示画面（网络式）；(b) 主站系统自愈控制相关信息显示画面（集中式）

（3）故障隔离后的自愈控制技术。故障定位与隔离成功后，需要快速的通过故障重构实现非故障失电区的负荷复电，同时在满足电网安全运行的约束下，尽量的保障关键负荷的恢复供电，尽量少的切除负荷。

在本案例中实现了将启发式规则与优化算法相结合的故障阶段式恢复算法，充分考虑各种约束条件，实现了故障恢复的最优化。以某馈线组发生故障后为例，在馈线联络组图中特殊显示上报故障信息的开关、主站诊断出的故障位置和故障类型以及故障重构方案信息，在屏幕的右侧列表显示相关的故障定位信息、故障隔离信息、故障重构的恢复方案信息，以及对故障自愈方案的评价信息，如图 3-27 所示。

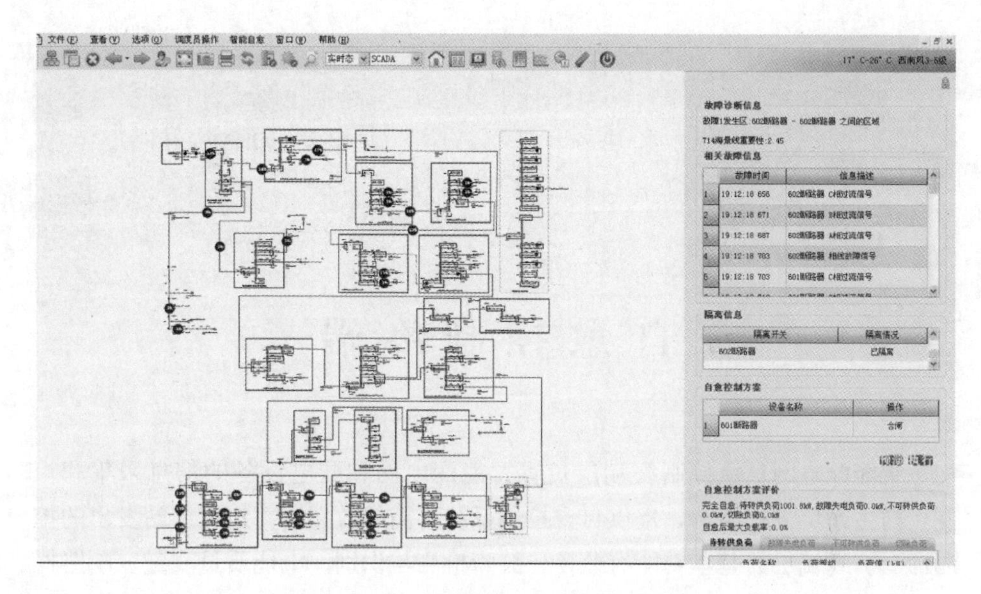

图 3-27　故障恢复方案信息显示画面

截至 2014 年 12 月 31 该系统预防性自愈控制总次数为 12 次，正确率 100%；故障自愈控制总次数为 560 次，正确率 99.821%，总的自愈控制正确率为 99.9%。

参　考　文　献

[1] 陈星莺，顾欣欣，余昆，等．城市电网自愈控制体系结构．电力系统自动化．2009，33（24）：38-42.

[2] AMIN M. Toward Self－healing Energy Infrastructure Systems. IEEE Computer Applications in Power. 2001，14（1）：20-28.

[3] AMIN M. Energy infrastructure defense systems. Proceedings of the IEEE. 2005，93（5）：861-875.

[4] 贾东梨，孟晓丽，宋晓辉．智能配电网自愈控制技术体系框架研究．电网与清洁能源．2011，2（27）.

[5] 刘健，崔琪，何林泰，等．一种快速自愈的分布智能馈线自动化系统．电力系统自动化．2010，34（10）.

自愈控制终端

智能配电网自愈控制终端层负责智能配电网和配电设备的信息采集和控制，与主站层进行通信，提供自愈控制系统所需的数据，并执行主站发出的控制命令。终端层的基本功能有监控、故障检测与识别、电能质量测量、断路器在线监视、自诊断与自恢复等。

终端设备工作的可靠性、实时性直接影响整个自愈控制系统的可靠性和实时性，本章将介绍智能配电网主要的终端设备，以及基于这些设备的关键技术，并以某双环网项目为例，介绍基于终端技术的故障自愈控制过程。

4.1 配电网终端设备

配电网终端设备是自愈控制系统的基本单元，它们的功能、数据量、精度及可靠性直接影响整个系统的功能和可靠性。配电网的终端设备主要有馈线终端设备（FTU）、开闭所终端设备（DTU）、智能综合配电变压器终端设备(TTU)[1]。

馈线终端设备（FTU）是安装在配电室或馈线上的智能终端设备。一般来说，1台FTU要求能监控1台柱上开关，主要原因是柱上开关大多分散安装，若遇同杆架设情况，这时可以1台FTU监控两台柱上开关。FTU具有遥控、遥信、故障检测功能，并与配电自动化主站通信，提供配电系统运行情况和各种参数即监测控制所需信息，包括开关状态、电能参数、相间故障、接地故障以及故障时的参数，并执行配电主站下发的命令，对配电设备进行调节和控制，实现故障定位、故障隔离和非故障区域快速恢复供电功能。

FTU采用高性能单片机制造，为了适应恶劣的环境，应选择能工作在

75℃的工业级芯片，并通过适当的结构设计使之防雷、防雨、防潮。

开闭所终端设备（DTU）一般安装在常规的开闭所（站）、户外小型开闭所、环网柜、小型变电站、箱式变电站等处，完成对开关设备的位置信号、电压、电流、有功功率、无功功率、功率因数、电能量等数据的采集与计算，对开关进行分合闸操作，实现对馈线开关的故障识别、隔离和对非故障区间的恢复供电。部分DTU还具备保护和备用电源自动投入的功能。

配电变压器终端设备（TTU）是安装在配电变压器上的智能终端设备，具有数据采集、数据计算和处理、越限和状态监视、开关操作控制和闭锁、与继电保护交换信息、自动控制的协调和配合、与变电站其他自动化装置交换信息和与调度控制中心或集控中心通信等功能。

TTU监测并记录配电变压器运行工况，根据低压侧三相电压、电流采样值，每隔1～2min计算一次电压有效值、电流有效值、有功功率、无功功率、功率因数、有功电能、无功电能等运行参数，记录并保存一段时间（一周或一个月）和典型日上述数组的整点值，电压、电流的最大值、最小值及其出现时间，供电中断时间及恢复时间，记录数据保存在装置的不挥发内存中，在装置断电时记录内容不丢失。配电网主站通过通信系统定时读取TTU测量值及历史记录，及时发现变压器过负荷及停电等运行问题，根据记录数据，统计分析电压合格率、供电可靠性以及负荷特性，并为负荷预测、配电网规划及事故分析提供基础数据。如不具备通信条件，使用掌上电脑每隔一周或一个月到现场读取记录，事后转存到配电网主站或其他分析系统。

TTU适用于供电公司、县级电力公司、发电厂、工矿企业、部队院校、农村乡电管站、100～500kVA配电变压器台变的监测与电能计量，配合用电监察进行线损考核，还能通过通信网络将所有数据送到用电管理中心，为低压配电网络优化进行提供最真实最准确的决策依据。

4.1.1 设备的主要功能和特点

以北京四方继保自动化股份有限公司开发的CSC-271系列为例来介绍FTU/DTU的主要功能和特点[2]。CSC-271\272系列终端设备见图4-1。

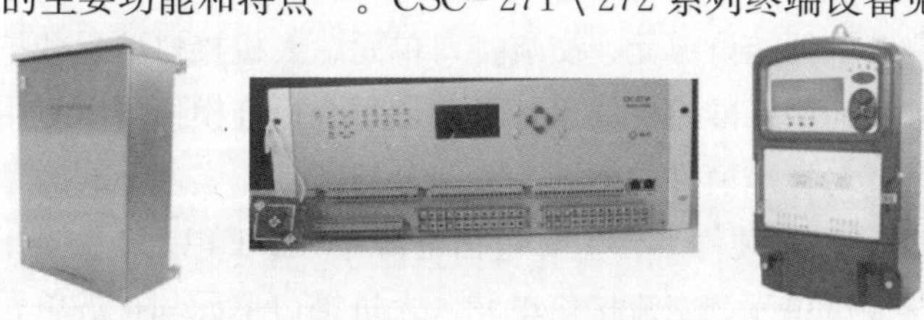

图4-1 CSC 271\272系列终端设备

CSC-271系列馈线远方终端是针对配电网运行管理设计的智能终端，广泛应用于配电网中的环网柜、开闭所、开关站、柱上开关等场所，主要完成开关设备的当地监测、控制及故障检测功能，同时可作为通信中继和区域控制中心使用。它与配电网自动化主站或子站系统配合，可实现多条线路的采集与控制，故障检测、故障定位、故障区域隔离及非故障区域恢复供电，有效提高供电可靠性。

CSC-271系列装置主要功能包括测控、线路故障检测、故障在线仿真和强大的通信管理功能等。其中，故障检测可以实现多回线的三段式过流保护、三相一次重回闸、TV断线告警，支持故障录波，故障信息通过传统虚拟遥信方式和专用故障信息通道上报。故障在线仿真通过图形化的FA仿真器，用户可以在一次接线图上任意定制FA仿真的故障点、故障产生时刻、故障类型、动作模式等各种参数，实时查看开关状态、故障状态等工况信息，启动故障自动化处理，仿真的FA结果与实际发生故障后结果完全一致。

CSC-271系列馈线远方终端具有强大的功能同时，还能保证很好的产品特点，主要表现：

(1) 采用户外产品设计，稳定可靠，比如采用军品级/工业级元器件、机箱防污防水、防护等级达GB/T4208规定的IP67级要求、电磁兼容最严酷等级、低功耗、防雷、防潮、防震等。

(2) 模块化的硬件和结构设计，安装方便。产品可选择前接线或后接线，结构上可选择2U/4U/6U，DTU容量3～12路可扩展，设备可级联扩展，可选配液晶，安装方式有屏柜式，壁挂式，嵌入式等，电源适用AC (DC) 220V/110V，DC48V/24V等输入。

(3) 维护方便。具备软硬件自检功能，远方Web维护，以太网维护，支持规约库动态加载等。

4.1.2 设备的硬件平台和软件实现

智能终端由硬件与软件两部分组成。终端硬件平台按照功能划分为若干可配置功能单元，如图4-2所示。其中主要包括电源单元、CPU单元、开入开出接口单元、继电器接口单元、交流接口单元、人机接口单元和扩展单元。各个功能单元采用通用标准模件的设计思路，每个标准模件可以应用到不同类型的终端上。通过对标准模件的不同功能组合与剪裁，实现不同类型终端功能。

如图4-2所示，硬件平台主要包括电源单元、CPU单元、开入开出接口单元、继电器接口单元、交流接口单元、人机接口单元和扩展单元。

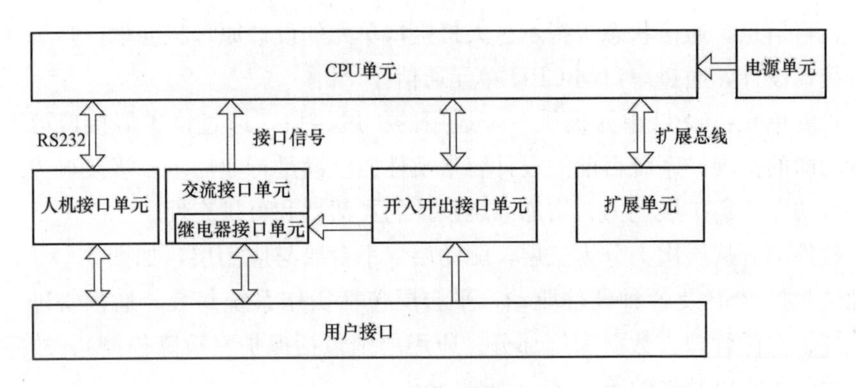

图 4-2　硬件结构关系图

电源单元：为装置提供工作电源，包括整机外电源和装置内电源两部分。整机外电源完成 AC-DC 转换，为装置内电源提供 DC24V 电源输出，DC24V 电源作为装置内电源的输入，经 DC-DC 变换，输出 DC5V 和 DC12V 电源，为装置内各个功能单元提供工作电源。另外，整机外电源支持后备蓄电池电源接入。

CPU 单元：主要提供 CPU 最小系统、通信功能、模数转换功能。CPU 最小系统包括程序存储器、数据存储器、看门狗、实时时钟、核心 CPU 等部分，并提供外围总线扩展。通信部分主要实现以太网接口和 RS232/485 串行接口的扩展。模数转换部分实现交流模拟量采集功能。CPU 单元将功能裁减后可应用于不同类型的终端。另外，CPU 单元还提供一个通用扩展插槽，为特殊的扩展功能应用提供接口预留。

开入开出接口单元：实现开入开出数字量的输入输出接口功能。提供状态量采集输入和控制信号输出。开入开出接口单元的容量可通过不同的装焊配置图进行裁剪，应用于不同容量要求的配电终端。

继电器接口单元：提供多路遥控操作出口，每路遥控操作由 3 个继电器组成，分别为启动继电器、合闸继电器和分闸继电器。遥控操作过程遵循“预置一返校一执行”规程。合分闸继电器提供动合触点输出方式。

交流接口单元：实现交流模拟量的信号转换功能。电压互感器和电流互感器选用相同封装的元器件，电压回路与电流回路采用兼容的电路设计，使电压互感器和电流互感器可以互换，实现不同的电压电流采集容量的灵活配置。

人机接口单元：提供液晶显示、键盘输入和状态指示灯显示功能。液晶根据结构要求，选用 160×80 图形点阵液晶；键盘选用易操作键盘按键；指示灯提供运行信息、通信状态等指示。人机接口单元的设计原理将继承保护装置的人机接口设计，通过串口与CPU单元通信。

扩展单元：CPU单元提供一个通用的扩展接口，通过该扩展接口可进行特殊功能的扩展。系统目前的设计容量及性能已满足行业需求，该接口为未来的特殊功能预留扩展能力，增加系统设计的灵活性和可扩充性。

软件部分从层次上分为三层，驱动层、平台层与应用层，如图4-3所示。驱动层包括BSP及各种硬件驱动；平台层包括操作系统封装、通信管理、时钟管理、文件管理、数据库等部分；应用层则包括保护（故障检测）、故障处理、故障仿真以及规约等。

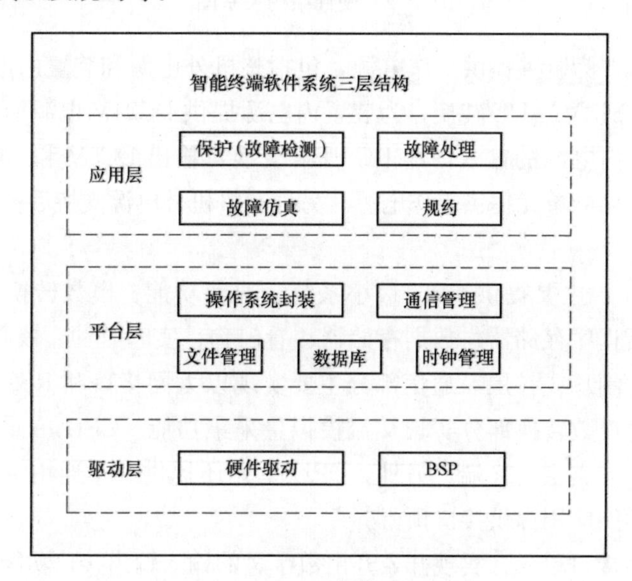

图4-3　智能终端软件系统结构

在终端软件设计上，虽然不同类型终端功能需求上稍有不同，但在本地测控、智能数据接入与数据转发等方面是基本相同的，不同之处在于针对不同对象的应用部分，因此终端的软件设计为统一的自动化终端类平台软件，然后在此基础上分别做不同的高级应用。终端软件采用模块化的设计方法，各功能模块相对独立，并且可以灵活配置，来满足配网终端的多种类组合和不同场合的应用。

系统软件划分为5大模块，如图4-4所示，分别是操作系统、数据引擎、调试配置、公共服务以及配电网自动化模块，各模块又分若干小模块。五大模块如下：

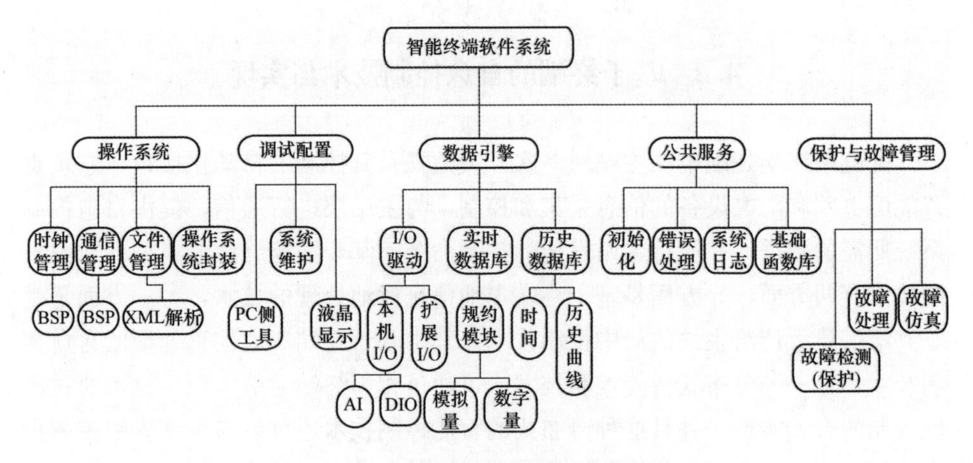

图 4-4 智能终端软件系统功能模块

(1) 操作系统模块由操作系统封装、时钟管理、文件管理、通信管理、XML解析等模块组成，为软件提供基本的系统支撑。XML解析采用开源软件移植。

(2) 数据引擎模块实现系统数据的输入输出，是系统各任务联系的纽带；包括实时数据库、历史数据库以及本机及扩展的I/O数据。规约模块通过数据引擎完成设备接入和数据转发。考虑到规约的种类繁多，各规约以动态库的方式加载引用。

(3) 调试配置模块由PC侧维护软件、液晶显示以及维护模块组成，实现生成、管理配置参数、提供实时数据和历史数据的浏览，以及设备的维护。

(4) 公共服务模块由初始化、错误处理、系统日志以及基础函数库等组成，完成不属于具体功能模块的公用服务，并负责把整个系统所有模块串联起来。

(5) 配电网自动化模块是终端的核心部分，由故障检测（保护）、故障处理以及故障仿真三个模块组成。

其中，操作系统模块提供基本的系统支撑；数据引擎模块实现系统数据的输入输出，以及数据双机冗余备份；调试配置模块通过以太网建立和外部信息交换的通道，管理配置参数、提供实时数据和历史数据的浏览服务；公共服务模块负责模块的初始化和正常运行时的自检功能，并包括一些公用函数库；配电网自动化模块包括保护功能，以及故障定位、隔离、恢复及配电网自动化仿真。

4.2 基于终端的自愈控制技术与实现

配电网终端是配电网主站对一次开关监视及其控制的自动化接口，它负责智能配电网和配电设备的信息采集和控制，与主站层进行通信，提供自愈控制系统所需的数据，并执行主站发出的控制命令。基于智能终端的典型的自愈控制技术有两方面，一方面是基于终端本地信息就地处理的技术，另一方面是基于终端信息上传给主站的集中控制技术。其中基于终端本地信息处理的自愈控制技术，是一种分布式智能控制技术，可通过相邻终端通信实现，也可通过区域控制的方式实现。并且这种分布式的智能控制技术还可以与主站集中控制技术相结合，来得到更好的控制性能。下面对基于终端对等通信的分布式自愈控制、基于区域的分布式自愈控制以及终端与主站配合的自愈控制三种方式进行详细介绍。

4.2.1 基于终端对等通信的自愈控制

基于终端对等通信的自愈控制方式是一种分布式智能控制方式，它要求在开关设备处的 FTU 上设置保护功能。在具有高速光纤网络通信的条件下，相邻 FTU 交换信息判断故障区段，然后由 FTU 直接发送控制命令，控制开关动作。

这种控制模式的结构示意图如图 4-5 所示[3]。

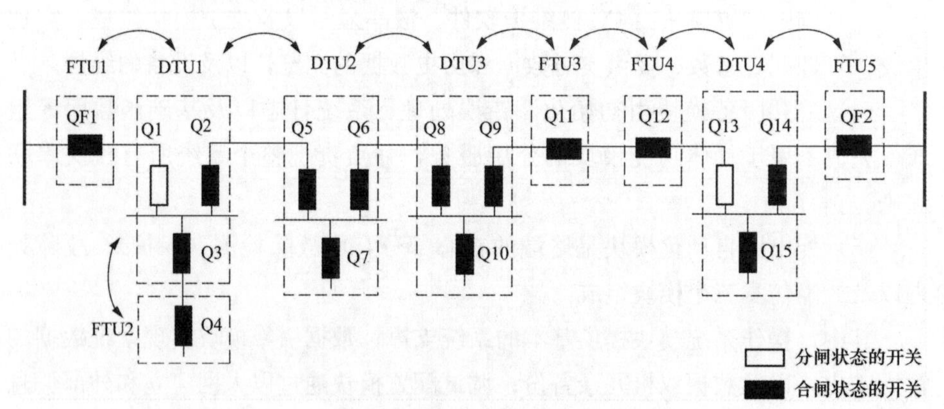

图 4-5 基于终端对等通信的自愈控制方式

如图 4-5 中所示，这种模式的硬件主要构成是：

(1) 智能分布式终端。安装于环网柜、架空线路中的配电终端，检测馈线开关的电流、电压信号，监控开关分合状态，并与馈线中其他的分布式终端通信，完成分布式自愈控制的功能。

(2) 馈线开关。作为线路故障处理的分段点，馈线开关可以是负荷开关，也可以是断路器。都需要安装电动机构以实现自动控制。

(3) 光纤通信网络。包括工业以太网或 EPON 网络，为系统提供高速通信支持。

在这种控制方式下，相邻的 FTU 之间通过通信系统相连，以实现交互馈线终端之间的各种指令。当配电网发生故障时，各个馈线终端根据自身的电压值、电流参数和开关分合闸状态，通过通信系统（双箭头实线）向相邻 FTU 发出跳闸指令或跳闸闭锁指令，并能够接收和综合处理相邻馈线终端单元的命令。各 FTU 将综合处理检测到的馈线运行情况和接收到的相邻馈线终端发送的命令，独立做出判断，找出馈线故障位置，立即执行相应的分合闸命令，实现馈线故障处理及恢复对健全区域的供电，电力系统的配电网控制主站此时对其不起作用，这一处理过程由馈线各个 FTU 实现，此时馈线终端单元与配电网控制主站之间的通信系统（图中虚线部分）不参与工作，因此这种故障处理模式相对于其他控制模式的馈线故障处理，时间更短且可靠性更高；当对配电网结构进行优化调整时，需重新计算各个电气参数整定值（重合闸时间延时整定值、电压定值以及失压合闸延时时间整定值等），配电网控制主站再经通信网络将这些参数发送给各馈线终端单元，刷新原来的参数值。

以图 4-6 所示的“手拉手”网为例，介绍故障处理逻辑，包括故障定位、隔离和非故障区的供电恢复。图中 QF1、QF2、Q1～Q4 为馈线开关，Q5 为联络开关。

(1) 故障定位逻辑：（假设故障点如图 4-6 所示）

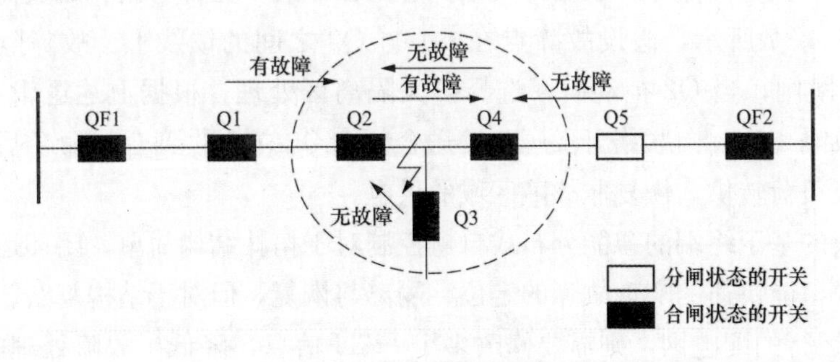

图 4-6 故障定位逻辑

1）对于一个检测到故障的闭合开关来说，如果它左侧相邻所有闭合的开关都没有检测到故障，则表明故障点在它左侧节点；右侧亦然。根据这一点，可以判断故障点在 Q2 右侧。

2）对于一个未检测到故障的闭合开关来说，如果它左侧相邻所有闭合的开关有且只有一个开关检测到故障，则表明故障点在它左侧节点；右侧亦然。根据这一点，可以判断故障点在 Q3、Q4 的左侧。

（2）故障隔离逻辑：

1）对于一个检测到故障的合闸状态的断路器来说，如果故障点在它相邻左侧或右侧节点，则直接跳闸隔离故障。

2）对于一个检测到故障的合闸状态的负荷开关来说，如果故障点在它相邻左侧或右侧节点，则等待三相无流或无压，条件满足后跳闸隔离故障。

（3）扩大化隔离处理（后备功能）：当发生隔离开关拒动时，可选择进行扩大一级故障隔离区域处理。

（4）非故障区域恢复供电：

1）故障点上游非故障区域恢复供电。若线路开关为断路器，则故障点上游不需要进行非故障区域恢复；若线路开关为负荷开关，变电站出线断路器跳闸，故障隔离后，需要恢复变电站出线开关。所以，当故障点上游隔离开关隔离成功后，故障点上游隔离开关向变电站出线开关发送隔离成功遥信，当变电站出线断路器收到隔离成功遥信后，立即合闸，完成故障点上游非故障区域恢复供电。

2）故障点下游非故障区域恢复供电。在线路出现故障，并隔离成功后，故障点下游隔离开关根据预先记录的联络开关信息，立即将向非故障侧发送记录的联络开关合闸命令，联络开关收到合闸命令后，立即合闸完成负荷转供。

如图 4-7 所示，假设故障点在 Q1 与 Q2 之间的馈线上。故障隔离需要 Q1、Q2 跳闸，当 Q2 拒动时，选择扩大隔离区处理，根据上述逻辑，Q4 跳闸，完成隔离后，向联络开关 Q5 发送合闸命令，Q5 收到合闸命令后，立即合闸完成负荷转供，恢复非故障区域的供电。

一般的基于终端的智能分布式自愈控制对于拓扑结构简单，闭环运行的配电网来说，能快速的实现故障的定位、隔离与恢复，但对于结构复杂、多电源合/开环运行的配电网，则需要修改多个 FTU 信息，降低了故障处理的效率。对此，本书作者介绍了一种基于 FTU 的允许式故障处理方法，通过相邻终端之间发送允许信号，进行故障定位和隔离。当拓扑或运行方式改变，该系统只

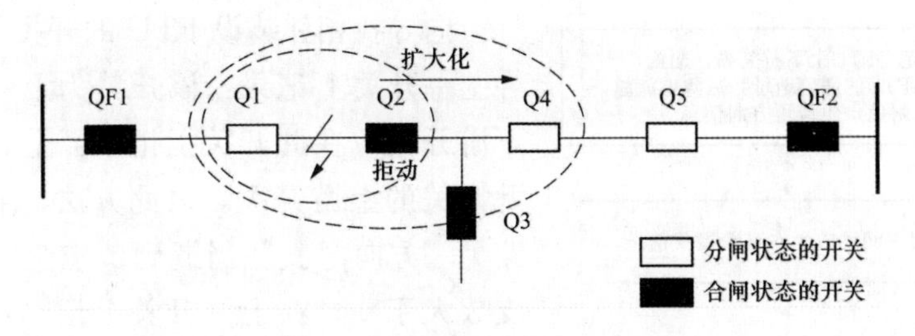

图 4 - 7　故障扩大化隔离逻辑

需改变局部终端的配置继续运行。当通信中断，通过扩大化通信的方式，实现扩大化的故障定位和隔离。该方法提高了自愈的可靠性，且相对于通常的基于终端对等通信的分布式自愈方案，性能更优。

基于终端对等通信的智能分布式技术在处理故障时，智能交换局部信息，而故障隔离后的可靠负荷转供往往建立在对较大范围的负荷分布的掌握上，因此在很多情况下，智能分布式馈线自动化的负荷转供还依赖于单纯的就地判失压方式或集中拓扑分析方式。针对这种技术的不足，作者采用一种能够用于不同拓扑多源多联络网络架构的智能分布式馈线自动化负荷转供方法，在不增加成本的前提下，保证系统在不同运行方式下均负荷转供后仍能可靠运行。该方法基于相邻开关的智能分布式终端之间对等通信实现信息交换，由隔离开关的智能分布式终端指定最优的联络开关，实现故障隔离后非故障区域的负荷转供。

4.2.1.1　基于 FTU 的允许式故障处理

利用 FTU 允许信息处理故障的分布式方法，通过相邻终端之间发送允许信号，进行故障定位和隔离。这种方法的实现步骤是：

(1) 按照配置策略确定每个 FTU 的上下游关系、上下游 FTU 的通信地址、电流正方向、故障电流越限值和扩大化等待时间。

(2) 当 FTU 检测到故障电流越限且时间在扩大化时间内，按照基本策略发送允许信号；当 FTU 检测到故障电流越限且时间超过扩大化时间，按照扩大化策略发送替代信号。

(3) FTU 接收到允许信号或者替代信号，按照跳闸策略，向对应的开关发送跳闸遥控指令。

如图 4 - 8 所示。

实现步骤图所述配置策略为：选取任意一个电源为起点，向线路另一方向寻找相邻装设 FTU 的开关，找到后设定该开关为上游首开关，继续向线路另

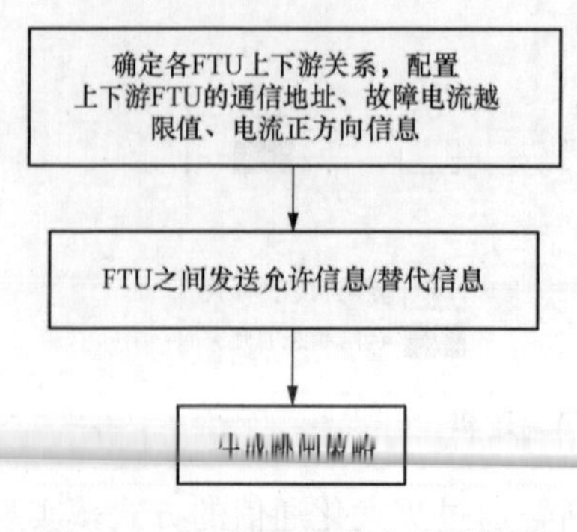

图 4-8　基于 FTU 的允许式故障处理步骤

一方向寻找相邻装设 FTU 的开关，找到后在上一开关上记录：该开关为上一开关的下游开关；在此开关上记录：上一开关为此开关的上游开关。以此方法，继续向线路另一方向寻找。当遇到节点上另一侧分支数大于一，在上一开关上记录：各分支线上的首开关都为上一开关的下游开关；在任意分支线的首开关上记录：其他分支线的首开关以及上一开关均为该开关的上游开关。各分支线确定首开关后继续向线路另一方向寻找和记录上下游开关关系。FTU 与开关对应，按照每个开关上下游关系的记录配置每个 FTU 的上下游 FTU 的通信地址。设定各 FTU 的正方向为上游指向下游。设定每个 FTU 的故障电流越限值。设定每个 FTU 的扩大化等待时间。

按照所述基本策略发送允许信号，其特征在于：感受到正向故障电流的 FTU 向所有相邻的下游 FTU 发送允许信号，感受到反向故障电流的 FTU 向所有的相邻上游 FTU 发送允许信号，无上游的边界 FTU 保持已接收上游允许信号，无下游的边界 FTU 保持已接收下游允许信号。

所述按照扩大化策略发送替代信号，其特征在于：当 FTU 感受到正向故障电流超过扩大化等待时间后仍保持时，向所有相邻下游 FTU 的下一级 FTU 发送允许信号，该允许信号记为对应相邻下游 FTU 的替代信号；当 FTU 感受到反向故障电流超过扩大化等待时间后仍保持时，向所有相邻上游 FTU 的下一级 FTU 发送允许信号，该允许信号记为对应相邻上游 FTU 的替代信号。

无上游的边界 FTU 保持已接收上游允许信号，无下游的边界 FTU 保持已接收下游允许信号。

这种方式能够解决因为通信故障或开关拒动导致的无法隔离故障的问题。

所述的跳闸逻辑，其特征在于：当 FTU 收到上游所有 FTU 的允许信号或替代信号且感受到反向故障电流，或收到下游所有 FTU 的允许信号或替代信号且感受到正向故障电流，则跳闸出口。

当系统的网络拓扑发生变化后，重新确定与网络拓扑变化处相邻的 FTU 上下游关系，给与变化网络拓扑相邻的 FTU 重新配置相邻上下游 FTU 的通信地址。当系统转为开环运行时，开环处 FTU 重新配置相邻上下游 FTU 的通信地址、故障电流越限值。重新配置后，前述方法可继续运行处理故障。

以图 4-9 所示的配电网为例来说明这种改进的分布式自愈控制方式。

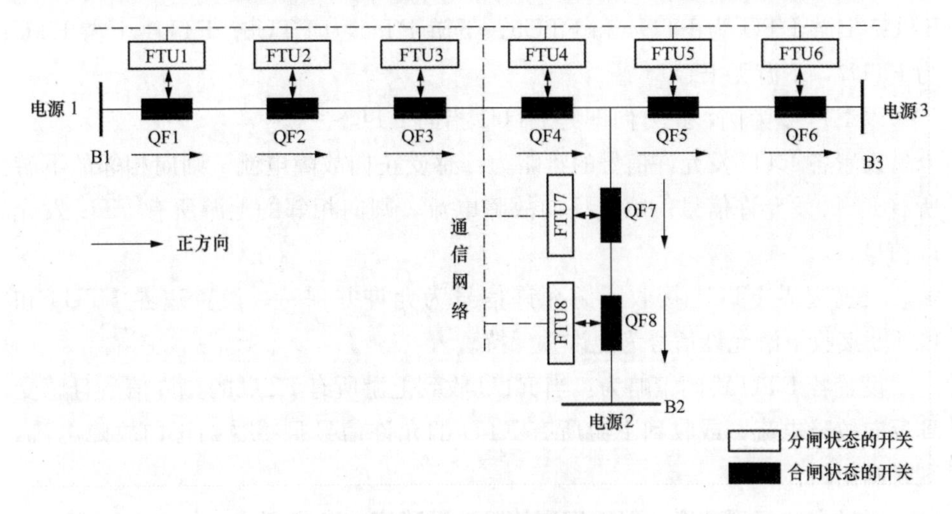

图 4-9　馈线网络图

如图 4-9 所示，在馈线网络中有 QF1～QF8 八个断路器，QF1～QF6 手拉手相连，QF1 接在母线 B1 上，QF6 接在母线 B3 上，QF4 与 QF5 之间有另一分支线，接有 QF6 和 QF7，QF7 在分支线末端，接在母线 B2 上，在 B1～B3 三个母线上分别接有电源 1～电源 3 三个电源。系统包括接在 QF1～QF8 上的 FTU1～FTU8 以及连接 FTU1～FTU8 的通信网络。各 FTU 分别监控对应的断路器，检测断路器位置的电气量信息（包括电压、电流、开关量），发送跳/合闸遥控控制断路器的通断。各 FTU 可以通过通信网络实现任意两装置之间的通信。各 FTU 对等控制，即所有内部程序相同，并根据利用 FTU 允许信息处理故障的方法，进行不同配置，包括电流正方向设定、相邻开关位置信息。当网络拓扑或运行方式变化只需改变系统局部的配置继续运行，当通信中断，通过扩大化通信的方式，实现扩大化的故障定位和隔离。

根据利用 FTU 允许信息处理故障的分布式自愈控制方法，如图 4-9 所示，以电源 1 为起点，确定所有的 FTU 上下游关系。并给每个 FTU 配置相邻的上下游 FTU 的通信地址、故障电流越限值和电流正方向，其中通信地址供 FTU 之间发送允许信号使用，电流正方向为上游指向下游。即图 4-9 中 FTU1 上游无 FTU，下游 FTU 为 FTU2；FTU2 上游 FTU 为 FTU1，下游 FTU 为 FTU3；FTU3 上游 FTU 为 FTU2，下游 FTU 为 FTU4；FTU4 上游

FTU为FTU3，下游FTU为FTU5和FTU7；FTU5上游FTU为FTU4和FTU7，下游FTU为FTU6；FTU6上游FTU为FTU5，下游无FTU；FTU7上游FTU为FTU4和FTU5，下游FTU为FTU8；FTU1上游FTU为FTU7，下游无FTU。

以FTU2为例，正方向即为FTU1指向FTU3。

设置各FTU发允许信号的策略为：感受正向故障电流，则向相邻的下游所有FTU发允许信号；感受反向故障电流，则向相邻的上游所有FTU发允许信号。

设置边界FTU1接收上游允许信号为允许并保持；设置边界FTU6和FTU8接收下游允许信号为允许并保持。

设置各FTU跳闸策略为：当FTU收到上游所有FTU的允许信号且感受到反向故障电流，或收到下游所有FTU的允许信号且感受到正向故障电流，则跳闸出口。

通过上述实现方案，能够实现故障的精确定位和隔离。

假设QF3与QF4之间的K处发生三相接地故障，如图4-10所示，则FTU1～FTU3检测到正向过流，FTU4～FTU8检测到反向过流。那么FTU1～FTU3向相邻的下游所有FTU发送允许信号，FTU4～FTU8向相邻的上游所有FTU发送允许信号。接收到上游允许信号的FTU为FTU1～FTU5，其中FTU4和FTU5反向过流，但是FTU5未收到所有上游FTU的闭锁信号，因此只有FTU4发送跳闸指令遥控使QF4跳闸。接收到下游允许信号的FTU为FTU3～FTU8。其中FTU3正向过流，因此只有FTU3发送跳闸遥控使QF3跳闸。从而实现对故障K的隔离。

当QF4与QF5之间的K处发生三相接地故障，如图4-11所示，则FTU1～FTU4检测到正向过流，FTU5～FTU8检测到反向过流。那么FTU1～FTU4向相邻的下游所有FTU发送允许信号，FTU5～FTU8向相邻的上游所有FTU发送允许信号。接收到上游允许信号的FTU为FTU1～FTU5和FTU7，其中FTU5和FTU7反向过流，因此只有FTU5和FTU7发送跳闸指令遥控使QF5和QF7跳闸。接收到下游允许信号的FTU为FTU4～FTU8。其中FTU4正向过流，因此只有FTU4发送跳闸指令遥控使QF4跳闸。从而实现对故障K的隔离。

当网络拓扑或运行方式变化只需改变系统局部的配置继续运行，其特征在于：

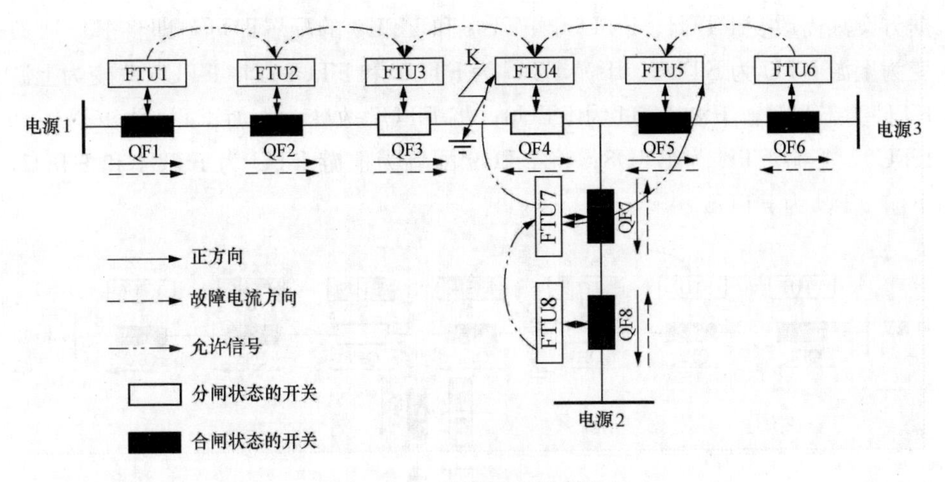

图 4-10　故障隔离示意图 1

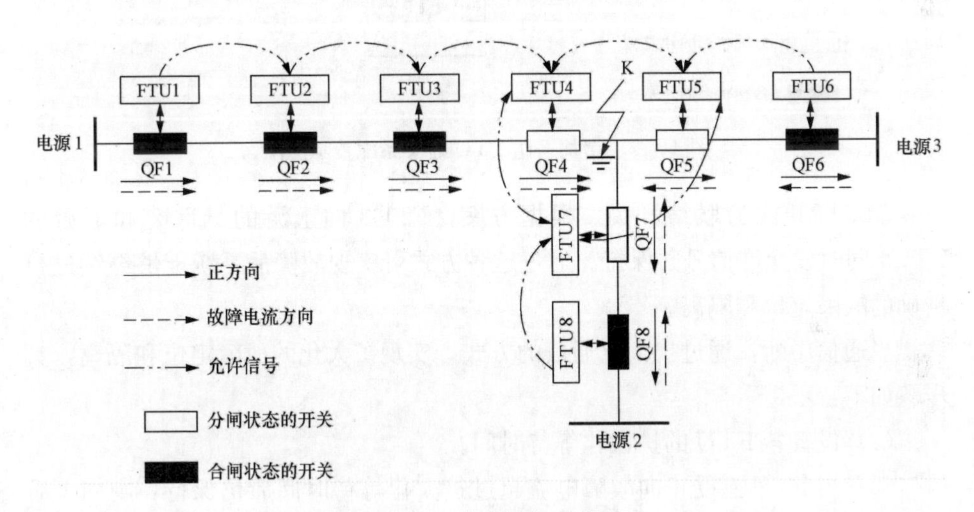

图 4-11　故障隔离示意图 2

当网络中增加一组断路器和 FTU 时，只需改变相邻 FTU 上下游关系的配置，当增加的断路器和 FTU 为边界开关时，如果边界开关上游无 FTU，则置该 FTU 接收上游允许信号为允许并保持；如果边界开关下游无 FTU，则置该 FTU 接收下游允许信号为允许并保持。所述边界开关为最靠近电源的 FTU 或线路末端的 FTU。当运行方式改变，即任意断路器打开作为联络开关时，则向相邻上游和下游所有 FTU 发允许信号并保持。所述联络开关为线路中间断开的断路器。

假设在 QF5 的上游增加 QF9 和与之相连的 FTU9，如图 4-12 所示。根据方案只需改变FTU4、FTU5、FTU7和FTU9的配置即可，即将FTU4改变为上游FTU为FTU3，下游FTU为FTU7和FTU9；将FTU5改变为上游FTU为FTU9，下游FTU为FTU6；将FTU7改变为上游FTU为FTU4和FTU9，下游FTU为FTU8；将FTU9配置为上游FTU为FTU4和FTU7，下游FTU为FTU5。

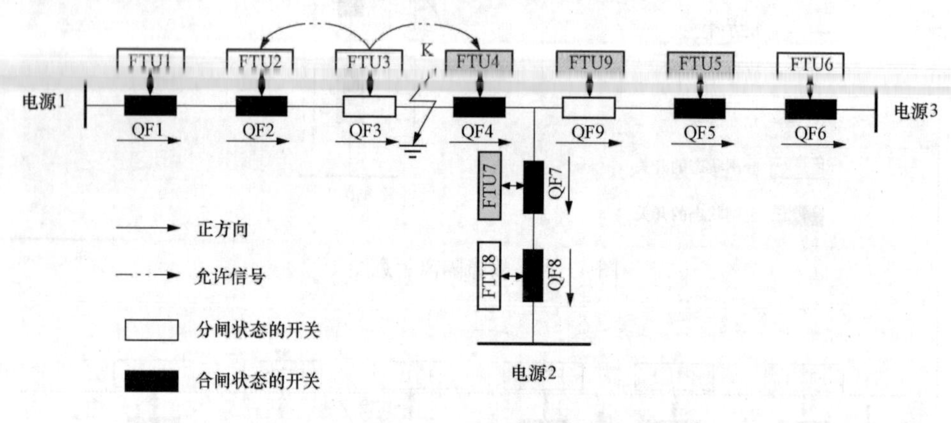

图4-12　增加一组FTU后关系配置示意图

QF3断开成为联络开关。根据方案，FTU3向上游的FTU2和下游的FTU4同时发允许信号并保持。通过这种方式可实现故障后系统能够继续进行精确的故障定位和隔离。

当通信中断，通过扩大化通信的方式，实现扩大化的故障定位和隔离，其步骤如下：

(1) 设置各FTU的扩大化等待时间。

(2) 当FTU感受正向故障电流超过扩大化等待时间后仍保持，则向下游越一级发送允许信号，并标明为相邻的下游FTU的替代信号；当FTU感受反向故障电流超过扩大化等待时间后仍保持，则向上游越一级发送允许信号，并标明为相邻的上游FTU的替代信号。

(3) 当FTU收到上游所有FTU的允许信号或替代信号且感受到反向故障，或收到下游所有FTU的允许信号或替代信号且感受到正向故障，则向对应开关发送跳闸遥控。

假设FTU3与FTU4通信中断导致无法使QF3、QF4断开，实现对故障K的隔离，如图4-13所示。则各FTU在扩大化等待时间过后，仍然感受过流，则越一级发送允许信号。此时，收到上游允许信号的为FTU1、FTU3～

FTU8，其中 FTU4～FTU8 反向过流，但是 QF6 和 QF8 未收到上游所有 FTU 的允许信号，因此只有 FTU4、FTU5 和 FTU7 发送跳闸指令遥控使 QF4、QF5 和 QF3 跳闸。收到下游允许信号的为 FTU2～FTU4、FTU6 和 FTU8，其中 FTU1～FTU3 正向过流，因此只有 FTU2 和 FTU3 发送跳闸指令遥控使 QF2 和 QF3 跳闸。从而实现对故障 K 的扩大化隔离。

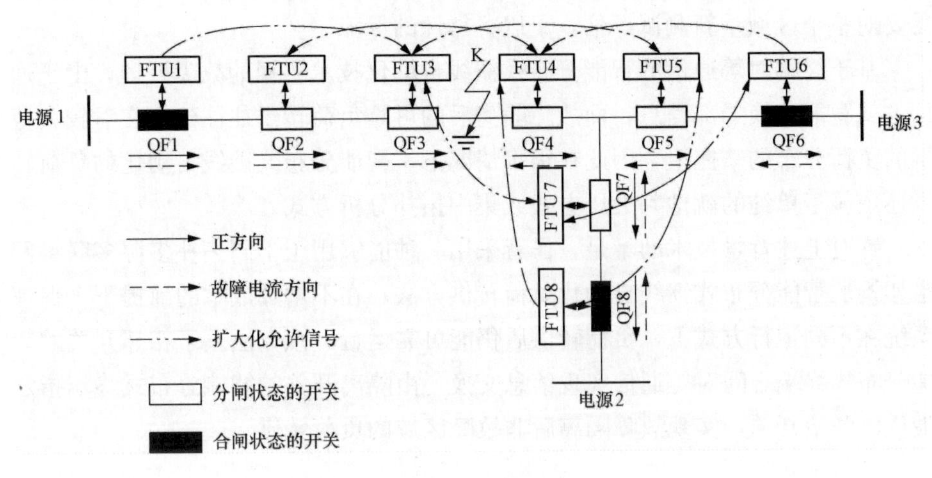

图 4-13　扩大化处理示意图

因此，通过上述利用 FTU 允许信息处理故障的方法实现了依靠相邻通信方式下的分布式自愈控制。本方案能够适用于多电源合环/开环的运行工况，且当网络拓扑或运行方式改变时，系统也能够通过局部配置的改变保证系统继续运行。即使通信中断也能够通过扩大化的方式实现故障的隔离，保证了系统的可靠性。

4.2.1.2　复杂网架下基于最优联络开关的负荷转供

在完成故障区段的隔离后，往往需要较长的时间完成故障线路的检修。在因上游故障而失电的非故障区域，如果有备用电源，则应及时地恢复该区域的供电，最大限度的缩短停电时间，减小停电范围，提高供电可靠性。目前隔离成功后的负荷转供有两种实现方式：就地判失压方式和集中拓扑分析方式。就地判失压方式一般只存在于单联络的线路，且联络开关的位置固定，在联络开关两侧安装电压互感器，当联络开关检测到一侧失压后，判断另一侧未失压，则判定为隔离成功，此时进行合闸恢复失压侧的供电。其缺点在于联络开关两侧都安装电压互感器，对于通过故障电流来处理故障的系统来说需要增加额外的投资，而且此方式不适用于多电源多联络的网架结构。集中拓扑分析方式通常借助主站或子站，接收主站或子站所管理的区域内的终端上报过来的故障相关信息，针对该区域内线路拓扑进行分析，选择最优联络开关实现负荷转供。其缺点在于，一方面集中式分析方法面临区域过大、负荷过多的情况下，实时性和可靠性无法保证的问题；另一方面当区域内现场拓扑出现哪怕较小的改动时，也需要在主站或子站端修改拓扑，这种修改可能影响系统的可靠性，从而需要对整个区域重新测试评估，予以可靠性的保障。

基于终端对等通信的智能分布式馈线自动化技术实现的故障处理，由于通信方式智能交换局部信息，而故障隔离后的可靠负荷转供往往建立在对较大范围的负荷分布的掌握上，因此在很多情况下，智能分布式馈线自动化的负荷转供还依赖于单纯的就地判失压方式或集中拓扑分析方式。

针对上述背景技术的不足，作者采用一种能够用于不同拓扑多源多联络网络架构的智能分布式馈线自动化负荷转供方法，在不增加成本的前提下，保证系统在不同运行方式下，负荷转供后仍能可靠运行。该方法基于相邻开关的智能分布式终端之间对等通信实现信息交换，由隔离开关的智能分布式终端指定最优的联络开关，实现故障隔离后非故障区域的负荷转供。

具体步骤如下：

（1）变电站出线开关处于合闸状态且变电站有电时，变电站出线开关的容量信息在转供路径上依次向另一侧所有相邻开关终端传送，直至转供路径末端或联络开关时停止传送容量信息，容量信息包括：容量信息标识、变电站剩余容量、变电站出线开关 ID、信息时标。

（2）联络开关终端从一侧收到容量信息后发送包含容量信息的联络信息，所述联络信息在转供路径上依次向另一侧所有相邻开关传送，直至转供路径末端或者下一分闸开关终端时停止传送联络信息，从一侧收到联络信息的合闸开关终端根据来自该侧的所有联络信息确定最优联络开关，联络信息包括：联络信息标识、容量信息、联络开关 ID、信息时标。

（3）故障点非故障侧开关的终端在成功隔离线路故障后发送包含最优联络开关 ID 的转供信息，所述转供信息在转供路径上向非故障侧开关依次传送，直至转供路径末端或者下一分闸开关时停止传送转供信息，最优联络开关的终端收到转供信息后合闸完成负荷转供，转供信息包括：转供信息标识、最优联络开关 ID、信息时标。

该方法中，分闸开关包括：联络开关和非联络开关，选取其终端收到来自一侧容量信息的分闸开关作为另一侧负荷的联络开关，其余分闸开关作为非联络开关。

其中，步骤（1）中变电站出线开关的容量信息在转供路径上依次向另一侧所有相邻开关终端传送，具体为合闸开关的终端将接收到的一侧容量信息传送至另一侧所有相邻开关的终端，其他开关的终端接收到容量信息时停止向另一侧开关终端传送容量信息。

变电站出现开关处的电压传感器采集到负荷电压等级的电压值时表明变电站有电。合闸开关的实时负荷由其终端根据电流互感器采集的电流换算得到。

步骤（2）中联络信息在转供路径上依次向另一侧所有相邻开关传送，具体为合闸开关的终端将接受到的一侧联络信息传送至另一侧所有相邻开关的终端，其他开关的终端接收到联络信息时停止向另一侧开关终端传送联络信息。

最优联络开关确定方法：合闸开关的终端收到来自一侧的所有联络信息后取变电站剩余容量最大者，在最大变电站剩余容量能够满足合闸开关实时负荷时确定传送该联络信息的联络开关为最优联络开关。

步骤（3）中转供信息在转供路径上向非故障侧开关一次传送，具体为合闸开关的终端将接收到一侧的转供信息传送至另一侧所有相邻开关的终端，最优联络开关的终端接收到转供信息后停止传送，剩余的联络开关以及非联络开关的终端收到转供信息后停止传送。

采用这种负荷转供方法的优势在于：

（1）适用于多源多联络网络架构，改善了就地判失压方式只用于单联线路且在联络开关两侧都要安装电压传感器成本高的缺陷，改善了集中拓扑分析方式在拓扑改变时需要相应在主站/子站修改拓扑造成系统可靠性差的缺陷；

（2）合闸开关的终端在来自一侧的联络信息中选取变电站剩余容量最大且能满足自身实时负荷需求的联络开关作为最优联络开关，保证了负荷转供后系统可靠运行；

（3）考虑到多源多联络系统，开关的终端可能收到来自两侧的联络信息，每个合闸开关终端都预先将本开关作为故障点非故障侧的隔离开关来选择两侧的最优联络开关，实际的故障点非故障侧隔离开关终端在故障发生并成功隔离后发送包含最优联络开关 ID 的转供信息，其余合闸开关终端不发送最优联络开关信息，极大的增强了智能分布式 FA 在处理负荷转供时的实时性和灵活性，且保证了负荷转供后系统可靠运行。

以图 4-14 所示的网络架构为例来描述该方法的实施过程。

在本例中，每个开关都由一台智能分布式终端进行管理，每台智能分布式终端实时刷新开关的遥信和遥测信息，并具备对开关进行分闸与合闸操作的能力。

每台智能分布式终端定时将电流互感器采集到的三相电流换算成负荷值，并按照时间顺序存储为多组负荷值，每次采集到新的负荷值，就对历史数据进行刷新。

每个开关的智能分布式终端按照实际的拓扑，配置该开关与其两侧所有相邻开关的连接关系，并确保与其两侧相邻开关的终端分别建立可靠的对等通信。

每个变电站出线开关的智能分布式终端，按照实际情况配置该变电站的容量，并将该容量与采集到的最新负荷值取差，作为该变电站的剩余容量。

变电站出线开关的智能分布式终端在满足开关处于合闸状态以及变电站有电的条件下，定时将容量信息连续传送至分闸状态开关的终端处。如图4-14所示，分闸状态的开关Q6的终端将会接收到来自G侧的变电站1容量信息S1以及来自H侧的变电站2容量信息S2；分闸状态的开关Q8的终端将会接收到来自J侧的变电站1容量信息S1以及来自K侧的变电站3容量信息S3。

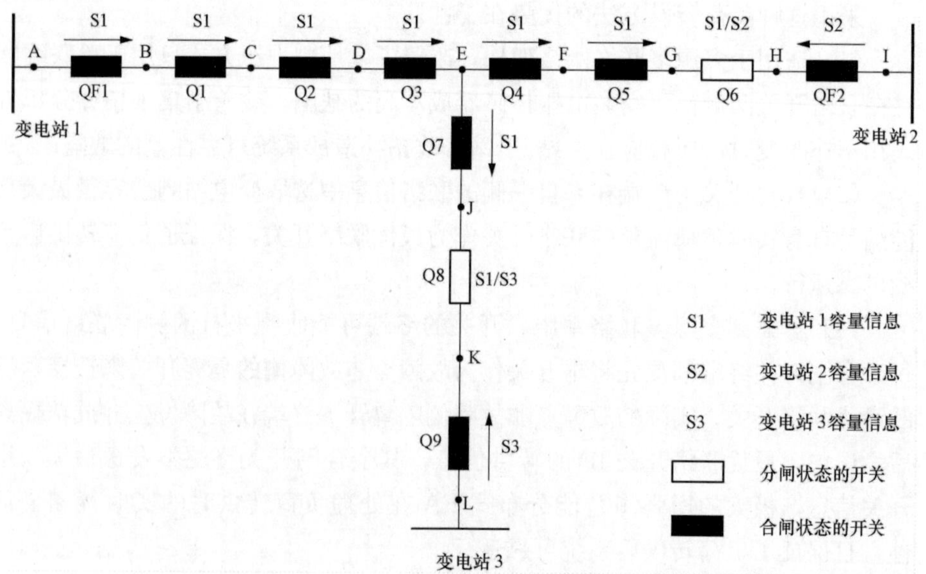

图4-14 容量信息传送示意图

分闸状态的开关若不是联络开关，其终端接收到来自一侧的容量信息后停止传送；联络开关的终端在接收到来自一侧的容量信息后，向原方向传送包含容量信息的联络信息，直到传送至线路末端或新的分闸状态的开关后停止。收到联络信息的终端分析来自该侧所有联络信息，根据联络信息和采集到的负荷值分析，判断最优联络开关。如图 4-15 所示，Q6 接收到来自 G 侧的容量信息 S1，且接收到来自 H 侧的容量信息 S2 后，确定为联络开关。Q6 的终端继续向 G 侧传送联络信息 L2，且向 H 侧传送联络信息 L1。同理，Q8 也是联络开关，向 J 侧传送联络信息 L3，且向 K 侧传送联络信息 L2。

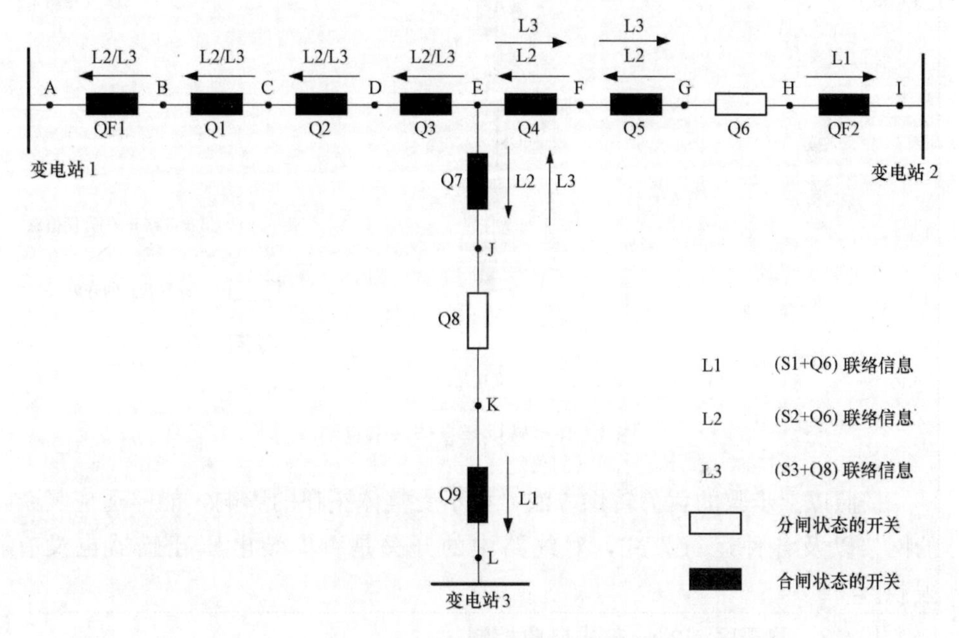

图 4-15 联络信息传送示意图

这样每个合闸状态开关的终端都能判断最优联络开关。如开关 Q2，其终端收到来自 D 侧的两个联络信息 L2 和 L3，比较 L2 和 L3 中的剩余容量并取较大者，如果较大者能够满足 Q2 的终端采集到的实时负荷，则认定该联络信息中的联络开关，可作为 D 侧负荷失电后的最优联络开关。

当线路中发生了短路故障，智能分布式馈线自动化将故障区段隔离。此时因故障而跳闸的开关中，未流过故障电流的开关，即故障点下游的开关，其终端立即向非故障侧传送转供信息直到最优联络开关的终端，最优联络开关的终端接收到转供信息后立即合闸，恢复非故障区域的供电。如图 4-16 所示，当故障发生在 Q1 和 Q2 之间的区段，智能分布式馈线自动化成功隔离 Q1 和 Q2，假设 Q2 认定最优联络开关为 Q6，此时 Q2 开关作为未流过故障电流的隔离开关，其终端向 D 侧传送包含最优联络开关 Q6 的转供信息 Z，直到 Q6 的终端接收到该信息后，立即合闸，恢复因故障跳闸而失电的非故障区域的供电。

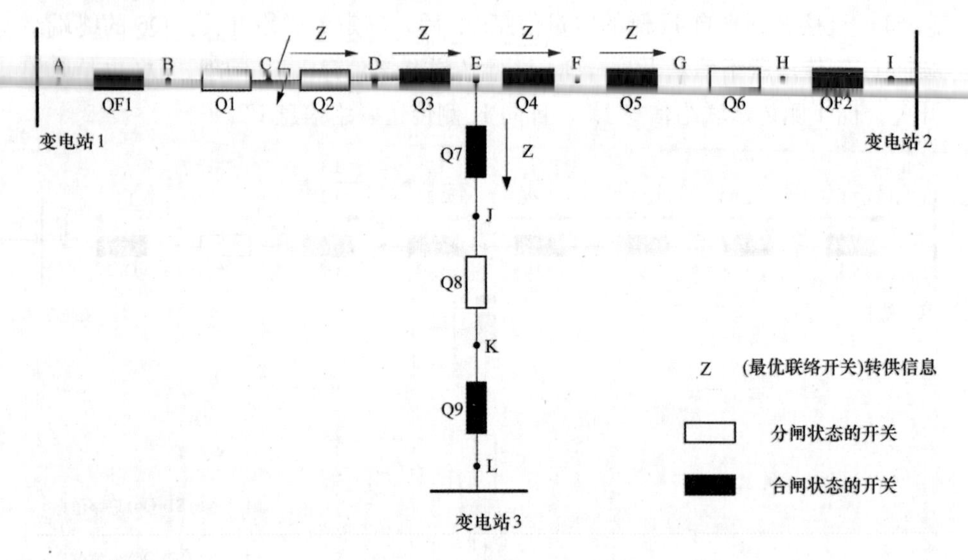

图 4-16　转供信息传送示意图

按照以上步骤的负荷转供方法，可不受整体拓扑的影响，能够适应复杂的网架以及各种运行方式，对线路中的开关是否安装电压互感器也没有限制。

4.2.2　基于区域的分布式自愈控制

基于区域控制的自愈系统，也是一种智能分布式控制模式，它将整个配电网络划分成若干个小区域，一般以一个或多个环网为单位，配置一台区域控制器，该控制器与环网内的每个终端（DTU/FTU）通过“专用通道”进行高速通信，保证了在故障发生时能够快速获得各个终端的故障信息，根据区域内环网拓扑结构和逻辑判断，快速的进行故障定位、隔离和非故障线路的恢复，如图 4-17 所示。

区域自愈控制器与环网内的每个终端（DTU/FTU）通过“专用通道”进行高速通信。所谓“专用通道”是采用光纤以太网复用技术，在正常的三遥处理功能以外，开辟相对独立的、虚拟的通道，专门处理故障诊断、隔离的信息。专用

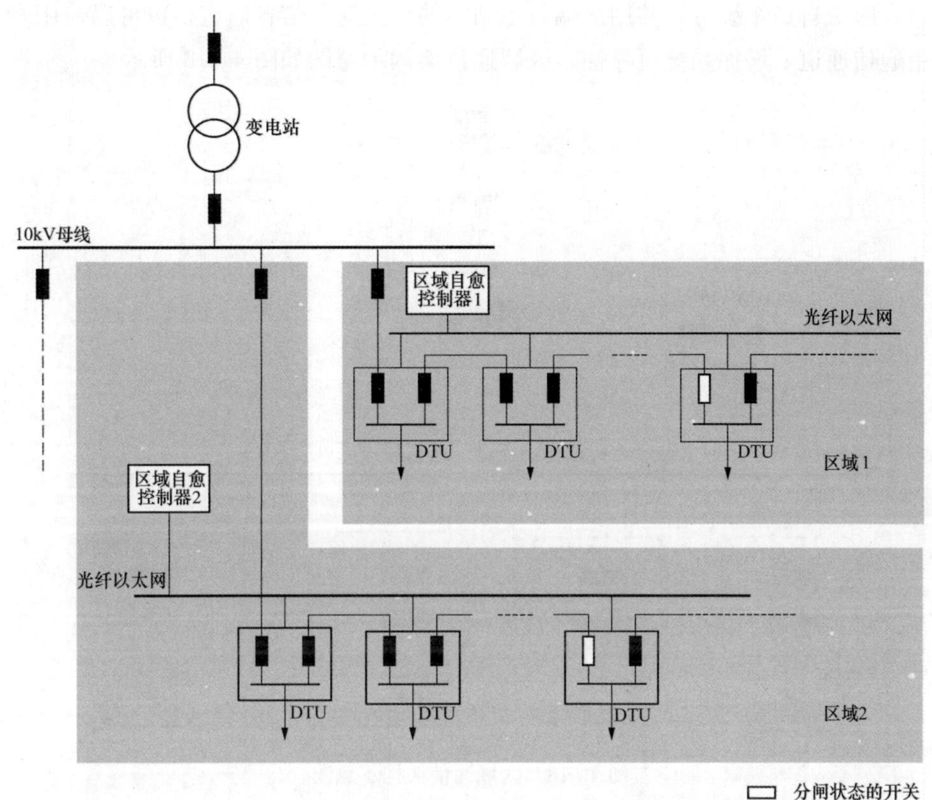

图 4-17　基于终端区域控制的馈线自动化

通道的建立是“虚拟”的，并不需要独立的介质。在光纤以太网的通信中，可建立基于 TCP 的 SOCKET 连接，以控制器为服务器，终端FTU/DTU等为客户端，控制器与区域内的每个终端建立相对独立的 SOCKET 连接，以专门传输故障诊断的相关信息。一旦稳固的 SOCKET 连接建立完成后，FTU/DTU 终端方与自愈控制器可按自定义的短报文传递相关信息，一旦 FTU/DTU 检测到故障，即能按短报文的方式主动上传信息给区域控制器，控制器根据收到的信息，作出故障的定位与判断，并下发遥控实现故障隔离。

通过上述方式，区域自愈控制器与各个终端之间可以建立稳固的连接，终端通过这种机制快速上传故障相关信息，控制器不需要采用轮讯方式逐一问讯各个终端的故障信息，根据各个远方终端上报的信息就能准确地进行故障处理。

区域自愈系统可以共用终端与主站间的“三遥”信息通道，也可以使用专用通信通道，增加系统可靠性。区域通信架构示意图如图 4-18 所示。

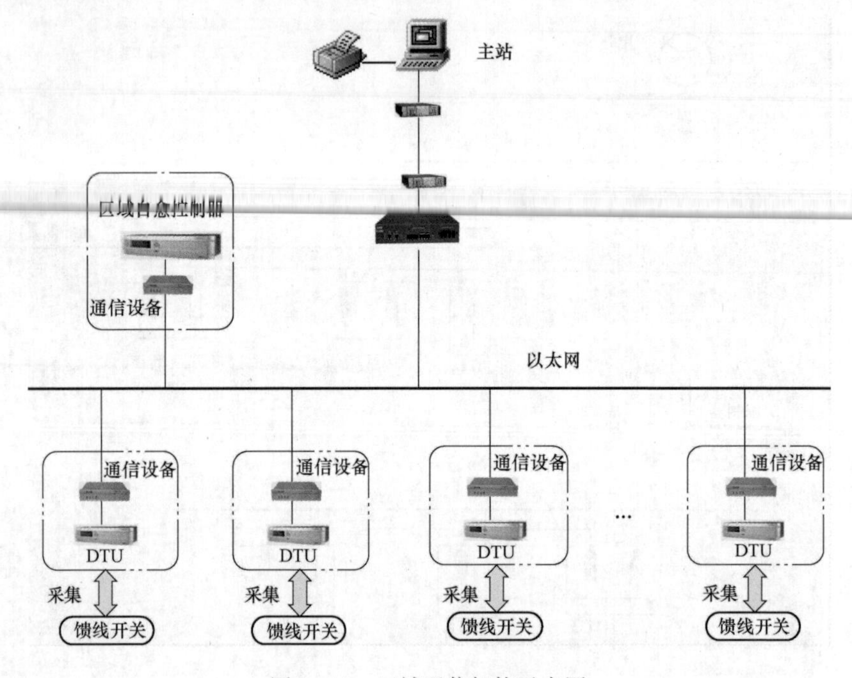

图 4-18　区域通信架构示意图

智能终端（DTU/FTU）信息交互分为两部分，一是正常运行时馈线开关的遥测、遥信信息采集并上传至主站，同时接收主站遥控命令，对开关进行遥控操作。二是发生故障时，智能终端与区域自愈控制器之间交互信息，包含：开关故障信息、开关位置信息、自愈处理命令、变电站保护动作信息等。

区域控制器除了与智能终端交互信息外，还负责接入变电站出线保护动作信息，并将信息转发给智能终端，另外，还需要将处理报告上传给主站。区域自愈信息交互示意图如图 4-19 所示。

（1）故障识别策略：

1）故障类型、故障信号的识别由智能终端完成；智能终端采取高速采样的原理，采样电流瞬时值，作为故障判别的依据。

2）当线路中发生短路的情况下，智能终端采样到电流的瞬变，并超过电流限值，以判断出故障的发生。在故障发生的 30ms（一个半周波），即可判断出故障。

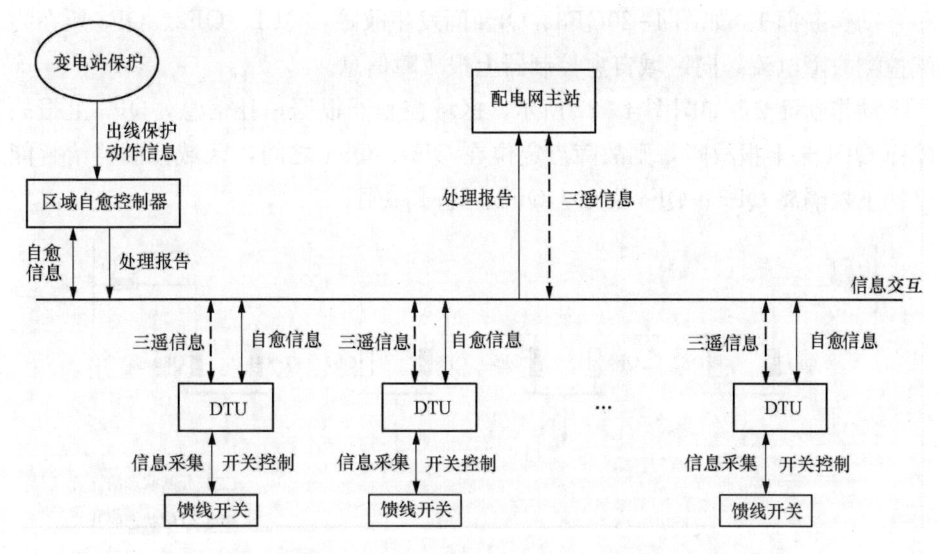

图 4-19　区域自愈信息交互示意图

(2) 故障定位逻辑：

1) 两个相邻开关如果均在合位，并且都检测到故障电流，即认为故障点在这两开关之外。

2) 两个相邻开关如果均在合位，并且一个检测到故障电流，另一个没有检测到故障，即认为故障点在这两个开关之间。

3) 当有分布式电源接入或合环运行时，投入电流方向元件，两个相邻开关故障电流方向不同，即认为故障点在这两个开关之间。

(3) 故障处理流程：处理过程主要包括故障检测、故障定位、故障隔离、非故障区段的恢复等步骤。

动作流程如图 4-20 所示：

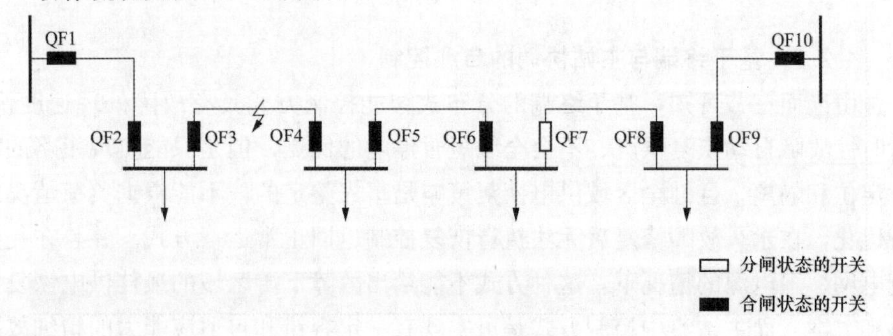

图 4-20　动作断面 1

动作断面 1：如图 4-20QF3、QF4 间发生故障，QF1、QF2、QF3 所在终端检测故障电流，向区域自愈控制器上报故障信息。

动作断面 2：如图图 4-21 所示，区域控制器根据拓扑信息，QF3 上报故障而 QF4 未上报故障，则故障点定位在 QF3、QF4 之间，区域控制器给智能终端下发隔离 QF3、QF4 命令，QF3、QF4 跳闸。

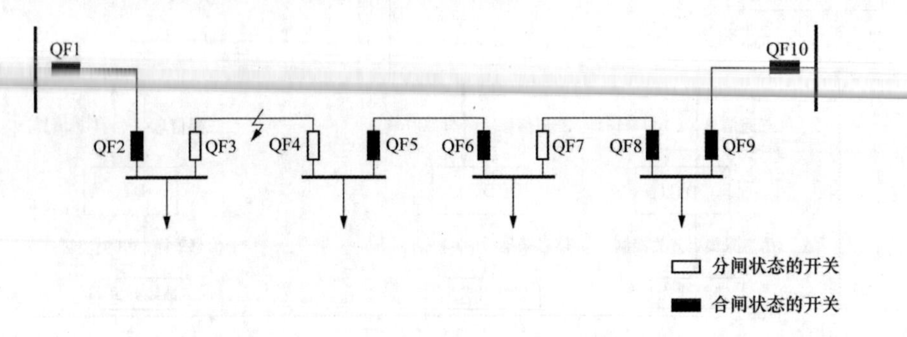

图 4-21 动作断面 2

动作断面 3：如图 4-22 所示，区域控制器收到 QF3、QF4 隔离成功信息，合 QF7，恢复非故障区域 QF4 与 QF7 间的供电。

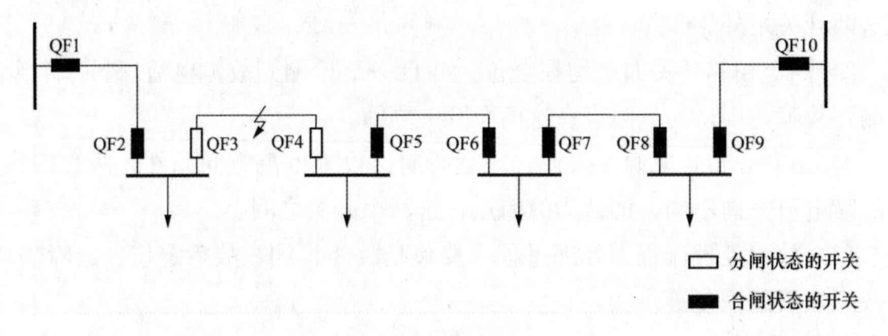

图 4-22 动作断面 3

4.2.3 基于终端与主站协调的自愈控制

由上面三节可知，基于终端的分布式智能控制方式具有故障处理速度快、瞬时性故障自动恢复供电、不会全线短暂停电的优点，但是只能实现粗略的故障定位和隔离，且健全区域供电恢复策略是事先整定的，不能根据负荷情况进行优化，在永久故障修复后无法执行恢复控制返回正常运行方式。并且在复杂配电网、多电源的情况下，这种方式不能给出故障下游区域的最佳供电恢复策略和方案。而主站集中控制方式是可实现有一定容错和自适应能力的精细故障定位和隔离策略以及优化的健全区域供电恢复策略、可以实现返回正常运行方式的恢复控制等，但是故障定位和隔离速度较慢，故障时会造成全线短暂停电。

这两种方式各有优点和缺点，将二者结合，取长补短，协调控制，就能够实现更优的故障处理性能。下面介绍两种典型的协调控制方式。

4.2.3.1　典型协调控制方式一

针对故障下游负荷供电恢复方案最优化问题，文献［4］提出一种改进的分布式和集中式相互配合的方式。在配电网网架结构发生变化后进行故障处理预案的配置。故障处理预案配置完成后，通过 IEC 61850 下发到相应的配电网终端。故障发生后，故障诊断、定位和隔离由配电网终端采用智能分布式自愈控制方案来实现，存在多恢复方案的故障下游负荷的供电恢复由相应终端判断配电网当前运行状态后执行相应的故障处理预案来实现。相应终端把故障诊断、定位、隔离和恢复的信息上报给配电网自动化主站系统。具体流程如图 4-23所示。

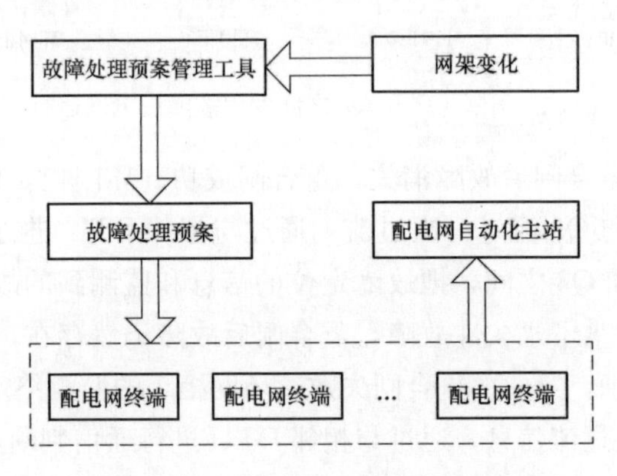

图 4-23　改进型自愈控制方案流程

以图 4-24 所示的接线图为例。假设环网柜 1 的开关 Q2 和环网柜 2 的开关 Q3 之间的线路发生故障。

发生故障后，相关 FTU 之间通过快速通信，交换采集到的故障信息，从而判断出故障位置，然后对故障进行隔离，隔离成功后进行故障上游和下游负荷恢复供电的处理过程。如图 4-25 所示，在开关 Q2 和 Q3 之间发生故障后，变电站 QF1 和环网柜 1 的开关 Q1 和 Q2 都检测到故障电流，超过一定的延时间隔后，变电站 QF1 速断保护动作，QF1 跳闸。

QF1 跳闸后，经过一定的延时间隔，自动进行第一次重合闸。如果发生

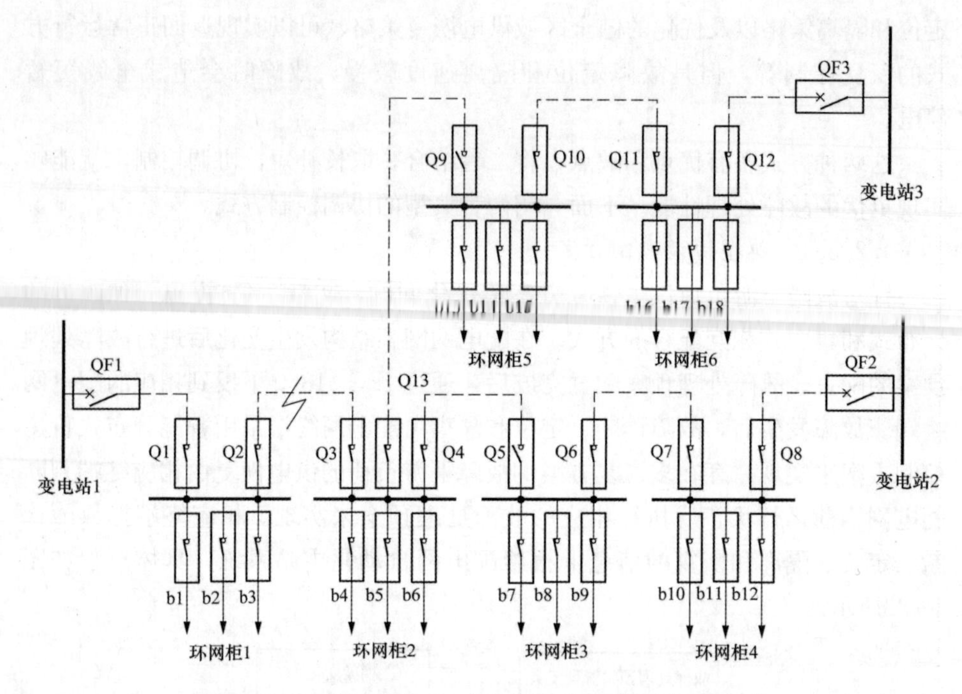

图 4-24　开关 Q2 和 Q3 之间发生故障后电网运行状态

的是瞬时故障，重合闸后故障消失，重合闸成功。环网柜 1 的监测终端 DTU 监测到开关 Q1 和 Q2 流过一次过流，通过与相邻 DTU 进行通信判断出故障发生在开关 Q2 和 Q3 之间，把故障定位的信息和监测到的故障信息上报给子站/主站；如果发生了永久性故障，重合闸后故障仍然存在，经过一定时间间隔后出线开关跳闸，第一次重合闸失败。环网柜 1 的监测终端 DTU 检测到开关 Q1 和 Q2 两次过流信息，通过与相邻 DTU 进行通信判断出故障发生在 Q2 和 Q3 之间，环网柜 1 上的 DTU 对开关 Q2 发出分闸命令，环网柜 2 上的 DTU 对开关 Q3 发出分闸命令，对故障进行隔离，隔离成功后电网运行状态如图 4-26 所示。

故障隔离成功后，超过 QF1 的第二次重合闸延时间隔后，QF1 进行第二次重合闸，由于这时故障已经隔离成功，第二次重合闸成功，故障上游恢复供电。故障上游恢复供电后电网运行状态如图 4-27 所示。

故障隔离成功和故障上游恢复供电后，受故障影响的下游停电区域有两种供电恢复方案，即合上联络开关 Q5 由变电站 2 的出线转供电或合上联络开关 Q9 由变电站 3 的出线转供电。这两个方案是从拓扑供电分析基础上得出的，

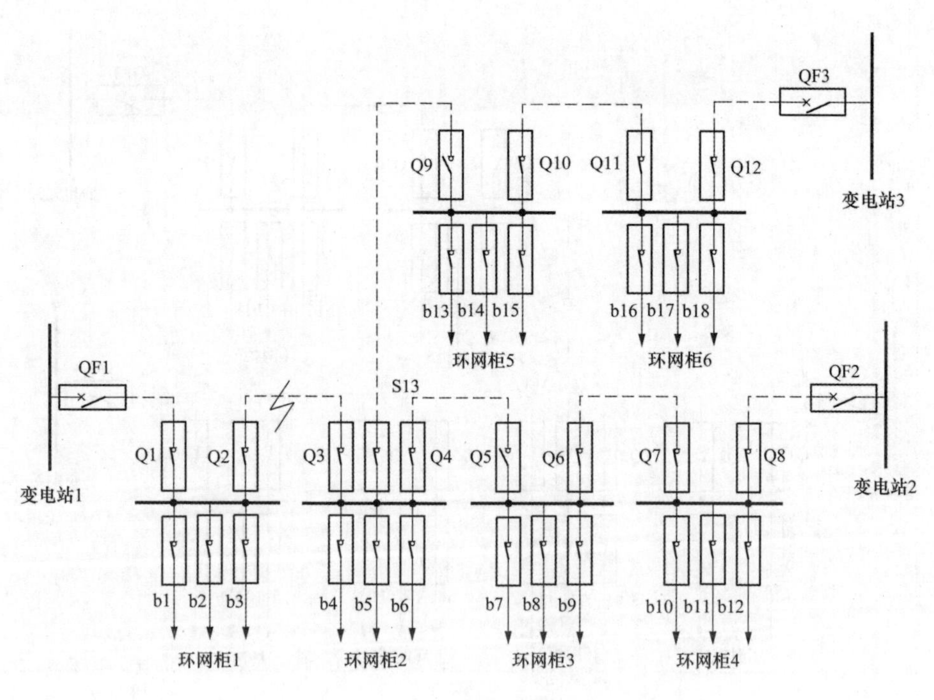

图 4 - 25　QF1 跳闸后电网运行状态

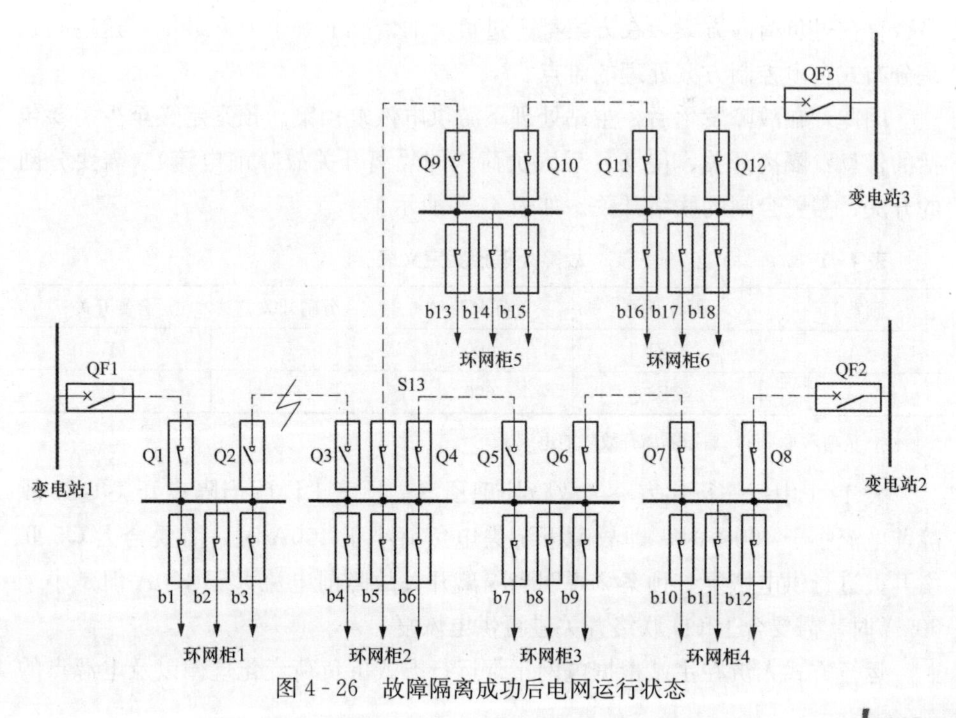

图 4 - 26　故障隔离成功后电网运行状态

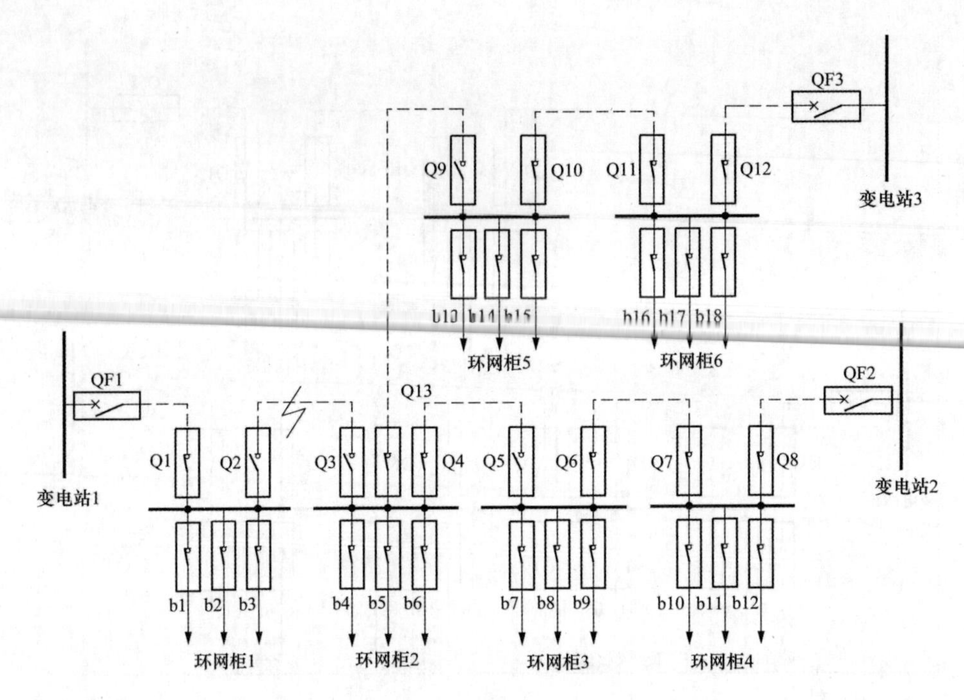

图 4-27　故障上游恢复供电后电网运行状态

是否存在过负荷的方案，在方案都不过负荷的情况下哪个方案最优，这些问题是分布式自愈控制方案处理的难点。

因此，在故障发生后，主站处理下游供电恢复预案。预案定义至少需要包括的信息：隔离开关、待恢复最大负荷（即隔离开关故障前电流）、需要分闸的开关、需要合闸的联络开关。如表 4-1 所示。

表 4-1　　故障处理预案定义表

预案 ID	隔离开关	负荷水平/A	分闸开关	合闸开关
1	QS2	400	—	Q5
2	QS2	600	—	Q9

注：负荷水平（A）是指隔离开故障前电流。

表 4-1 中每一行代表一个故障处理预案。预案 1 说明当隔离开关 QS2 故障前电流小于 400A 时，即故障下游失电负荷小于 400A 时，需要合上 Q5 联络开关进行供电恢复；预案 2 说明当隔离开关故障前电流大于 400A 但是小于 600A 时，需要合上 Q9 联络开关进行供电恢复。

运行方式人员在主站根据电网正常运行方式下负荷变化规律以及电源点的

备用容量大小，制定配电网关键点发生故障后故障处理预案，故障处理预案审核后通过IEC 61850对FTU终端进行模型调整，由FTU终端在发生故障后进行故障下游供电恢复时自动匹配执行相关的故障处理预案，能够保证故障处理按照设计的预案执行，保证故障处理的正确性。

主站对故障预案的管理功能主要包括：增加故障处理预案、修改故障处理预案、删除故障处理预案，召唤FTU保存的故障处理预案，删除FTU当前保存的某故障处理预案，下装审核后的故障处理预案，故障处理预案相关修改日志和下装处理日志。

这种分布式与集中型相互配合的控制方式下，DTU或FTU等配电网终端间，以及DTU或FTU与主站端的通信通过GOOSE技术来完成。

4.2.3.2 典型协调控制方式二

文献［5］在对各种分布和集中智能控制方式的故障处理性能比较的基础上提出一种新的协调控制策略，既保证故障处理速度的快速性，还充分发挥集中型控制在故障精细定位上的优势，对故障进行更加精细的定位。即当故障发生后首先发挥分布智能方式故障处理速度快的优点，不需要主站参与迅速进行紧急控制，若是瞬时性故障则自动恢复到正常运行方式，若是永久性故障则自动将故障粗略隔离在一定范围。当配电自动化系统主站将全部故障相关信息收集完成后，再发挥集中智能处理精细优化、容错性和自适应性强的优点，进行故障精细定位并生成优化处理策略，将故障进一步隔离在更小范围、恢复更多负荷供电，达到更好的故障处理结果。

集中智能和分布智能协调控制还能相互补救，当一种方式失效或部分失效时，另一种方式发挥作用获得基本的故障处理结果，从而提高配电网故障处理过程的鲁棒性。即使由于继电保护配合不合适、装置故障、开关拒动等原因严重影响了分布智能故障处理的结果，通过集中智能的优化控制仍然可以得到良好的故障处理结果。即使由于一定范围的通信障碍导致集中智能故障处理无法获得必要的故障信息而无法进行，通过分布智能的快速控制仍然可以得到粗略的故障处理结果。

集中智能与分布智能协调控制的配置原则为：

（1）优先选取集中智能与继电保护配合方式。尽量实现用户（次分支）、分支和变电站出线断路器3级延时级差配合的电流保护；若条件不具备，可实现分支和变电站出线断路器2级级差配合的电流保护；如果变电站出线断路器必须配置瞬时电流速断保护，则分支配备不延时电流保护，此时仍能实现一定的选择性。该配合方式下，故障隔离的优化控制以及健全区域恢复供电方案的优化选择由集中智能完成，联络开关由集中智能遥控。

（2）对于供电可靠性要求比较高的重要用户比较密集的馈线，若架设高速光纤通道比较方便，可以配置邻域交互快速自愈方式进行快速故障处理。在网架结构比较复杂、发生故障后转供路径不唯一的情况下，可由集中智能进行健全区域供电恢复方案的优化选择，并遥控相应开关。

（3）对于架空馈线或架空、电缆混合馈线，可配置自动重合闸，以便在瞬时性故障时能够快速恢复供电。

（4）对于采用双电源供电的供电可靠性要求比较高的重要用户，可配置备自投控制，以便在主供电源因故障而失去供电能力时快速切换到另一电源而迅速恢复用户供电。

（5）重合器与电压时间型分段器配合方式和合闸速断方式可以用于具有较多分段、继电保护难以配合、集中智能所需的“三遥”通信通道建设代价太高的分支架空线路，实现分支线路的故障自动处理；也可以用于农村架空配电网。

4.3 分布式智能自愈控制案例

本节将以某双环网项目为例，介绍分布式智能自愈控制的实践过程。

项目一共有四条双环网，如图4-28～图4-31所示。四个图中，每个双环网中的两条单环网都由母联进行连接。除变电站出口开关以及包含母联的开关站内开关为断路器外，其他在双环网内的环网柜内开关均为普通负荷开关。

由于不对变电站内部设备进行改造，此次方案实施故障隔离区域为开关站之间的线路部分，即四组双环网线路中方框区域部分；开关站到变电站之间的线路出现故障，本方案不作处理，交由主站集中式处理。所以，这里主要介绍开关站之间线路的故障自愈控制技术方案。

为尽可能减少配电网故障影响的用户数量、减少停电范围和停电时间，结合一次设备建设改造原则及通信模式，智能配电网自愈控制采用基于智能终端层的区域自愈控制技术，通过智能终端上传故障相关信息给区域控制器，并由其进行快速的故障处理，不需要配电自动化主站、子站的参与。采用这种基于智能终端区域控制的自愈方式，不依赖于主站的“智能”中心来处理现场发生

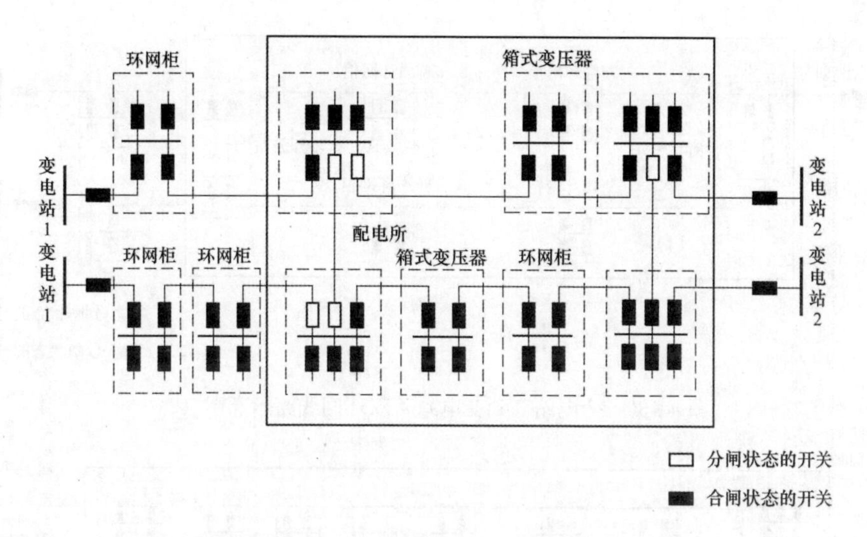

图 4-28　变电站 1 到变电站 2 双环网线路示意图

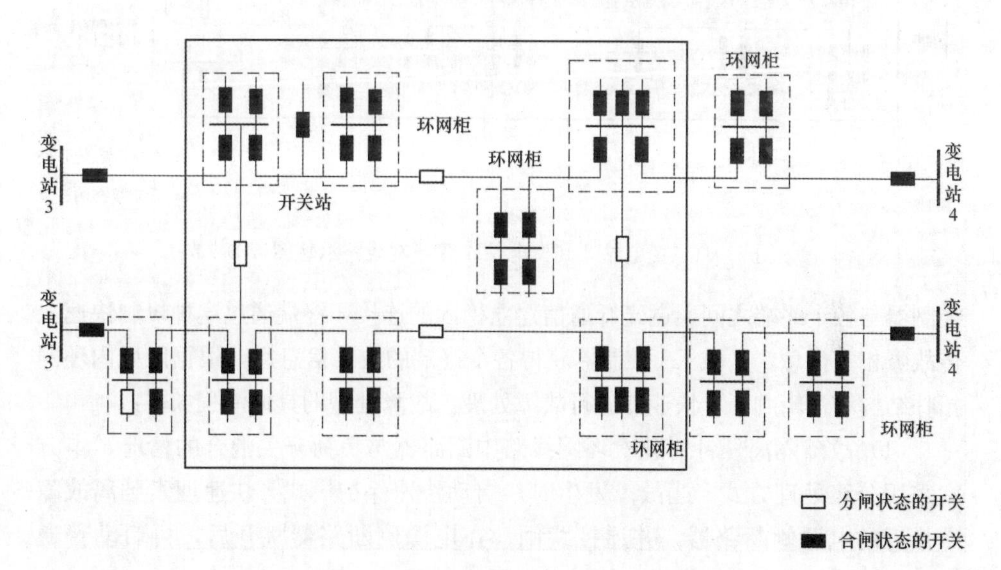

图 4-29　变电站 3 到变电站 4 双环网线路示意图（1）

的故障，故障处理和恢复供电不受与主站系统通信情况影响。故障自动定位和供电恢复的速度会有显著提高，时间可以提高到秒级。

方案采用基于区域控制的馈线自动化技术来实现故障自愈控制，如图 4-32所示。

本项目中，将以一个环网为一个单位，配置一台区域 FA 控制器，区域 FA

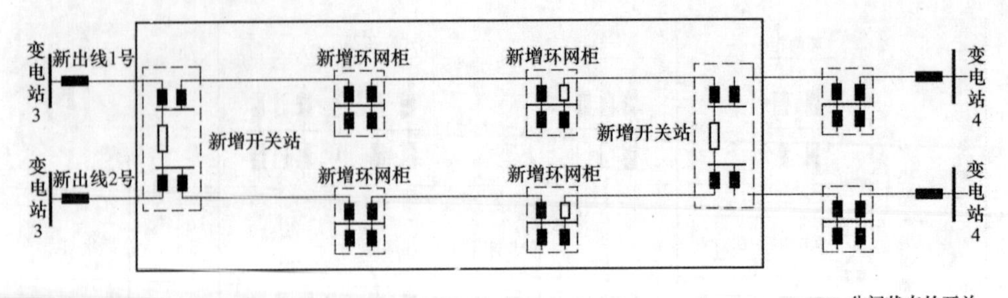

图 4-30　变电站 3 到变电站 4 双环网线路示意图（2）

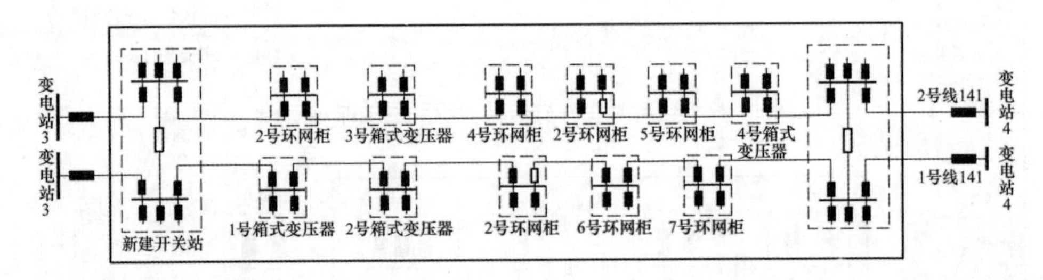

图 4-31　变电站 3 到变电站 4 双环网线路示意图（3）

控制器与各个终端之间通过光纤通信建立稳固的连接，终端通过这种机制快速上传故障相关信息。区域 FA 控制器获得各个终端的故障信息后，根据区域内环网拓扑结构和逻辑判断，快速的进行故障处理。故障处理的具体流程如下：

（1）故障隔离。针对此次环网线路中断路器与负荷开关混合的情况，本方案采用分级处理方式，当故障发生时，启动快速保护模式，快速搜索到离故障点最近的电源侧断路器，并遥控跳闸；在电源侧断路器跳开后，再启动普通 FA 模式，跳开故障点非电源侧开关，隔离故障。

（2）非故障区域恢复供电。在两级 FA 故障隔离成功后，首先对快速保护模式中跳开的断路器进行合闸操作，恢复故障点上游的供电；然后对故障点对侧的主干线路联络开关进行合闸操作，恢复故障点下游非故障区域的供电。

本方案中终端间采用高速通信机制，保证了故障的快速隔离，正常情况下假设断路器机构动作时间为 70ms，FA 动作切除故障时间为 135ms，开关拒动情况下 FA 扩大化动作切除故障时间为 220ms，当变电站出线速断保护整定

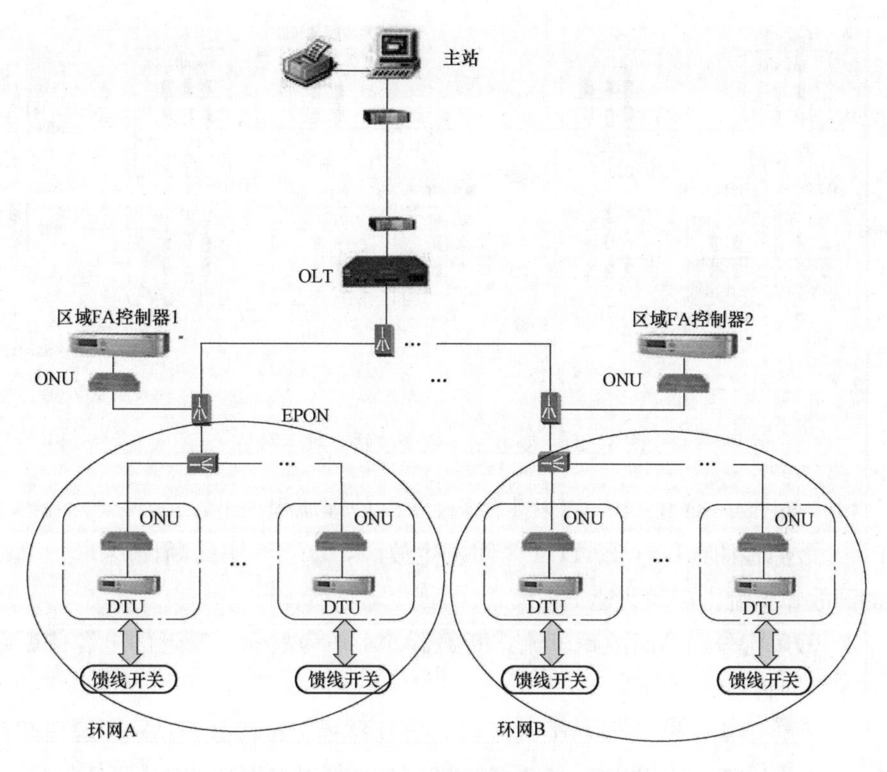

图 4 - 32　分布式区域自愈控制结构图

300ms 延时时，可以保证在出线保护动作之前切除故障。图 4 - 33 为故障隔离时序图。

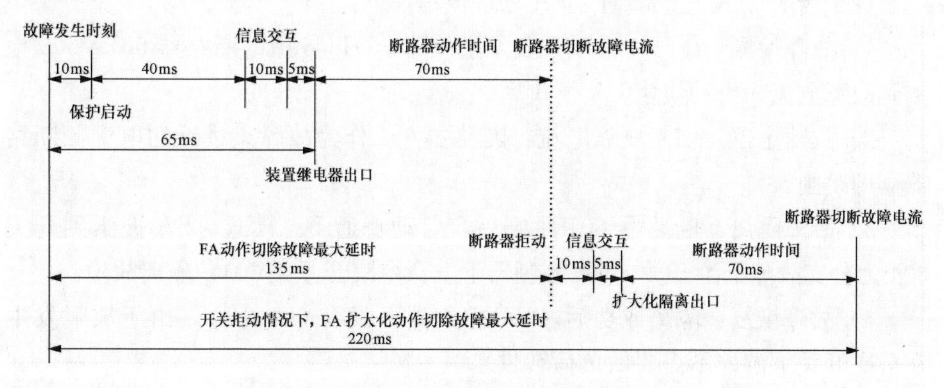

图 4 - 33　区域自愈控制时序图

下面以变电站 1 到变电站 2 的图为例，介绍故障处理流程。

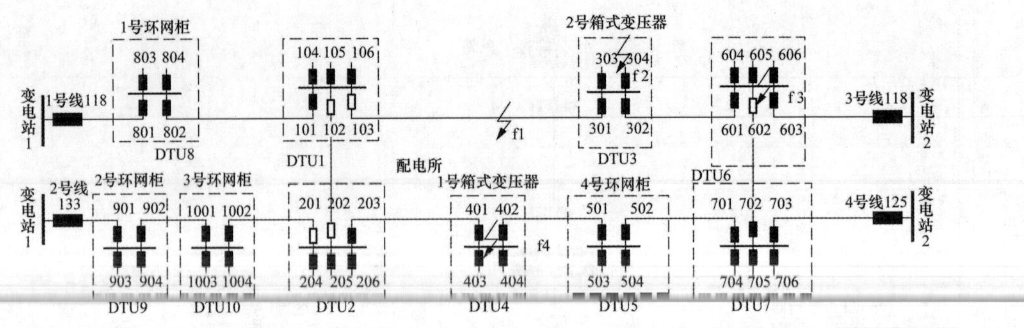

图 4 - 34　变电站 1 到变电站 2 双环网

（1）如图 4 - 34 中当 f1 点发生故障，FA 处理流程如下：

1）故障检测：DTU1、DTU3 间发生故障，DTU6 中的断路器 601、603 检测到故障电流，启动快速 FA 模式。

2）故障定位，切断故障电流：断路器 601 作为故障点最近的电源侧断路器 601 立即跳闸。

3）故障隔离：断路器 601 跳闸后，启动普通 FA 模式，FA 搜索到开关 301、103 为故障点两侧开关，FA 控制器下发命令跳开开关 301，隔离故障。

4）故障恢复：隔离成功后，FA 控制器下发合 601 命令，由于故障发生在联络开旁边，不需要做负荷转供。

（2）当 f2 点发生故障时，FA 处理流程如下：

1）故障检测：DTU3 出线开关发生故障，DTU6 中的断路器 601、603 检测到故障电流，启动快速 FA 模式。

2）故障定位，切断故障电流：断路器 601 作为故障点最近的电源侧断路器立即跳闸。

3）故障隔离：断路器 601 跳闸后，启动普通 FA 模式，FA 搜索到开关 304 为分支故障上游开关，FA 控制器下发命令跳开开关 304，隔离故障。

4）故障恢复：隔离成功后，FA 控制器下发合 601 命令，由于故障发生在分支开关下游，不需要做负荷转供。

（3）当 f3 点发生故障时，FA 处理流程如下：

1）故障检测：DTU6 母线发生故障，DTU6 中的断路器 603 检测到故障电流，启动快速 FA 模式。

2）故障定位，切断故障电流：断路器603作为故障点最近的电源侧断路器和601立即跳闸，不需要再启动普通FA模式。

3）故障恢复：隔离成功后，FA控制器下发合联络开关103命令，恢复非故障区域供电。

（4）当f4点发生故障时，FA处理流程如下：

1）故障检测：DTU4母线发生故障，DTU7中的断路器701、703检测到故障电流，启动快速FA模式。

2）故障定位，切断故障电流：断路器701作为故障点最近的电源侧断路器立即跳闸。

3）故障隔离：断路器701跳闸后，启动普通FA模式，FA搜索到开关401、402为故障点两侧开关，FA控制器下发命令跳开开关401和402，隔离故障。

4）故障恢复：隔离成功后，FA控制器下发合701命令，同时控合联络开关201，恢复非故障区域的供电。

参 考 文 献

[1] 龚静．配电网综合自动化技术．北京：机械工业出版社，2013.

[2] 北京四方继保自动化股份有限公司．CSC271系列馈线远方终端（技术及使用）说明书.

[3] 智能分布式FA功能研究与开发总体方案书，2014.

[4] 葛亮，谭志海，赵凤青，等．一种改进型馈线自愈控制方案及实现．电力系统与保护控制，2013，41（18).

[5] 刘健．集中智能与分布智能协调配合的配电网故障处理模式．电网技术，2013，37（9）.

智能配电网保护技术

为保证用电的安全、可靠、优质，配电网中的继电保护起到了很关键的作用，其主要任务是在系统发生故障时快速、有选择性地切除系统中的故障元件，同时保证其他无故障部分迅速恢复正常运行，对遏制系统运行状况的进一步恶化，保护设备安全的意义非常重大。

相对于传统配电网的保护技术，自愈控制保护系统的保护技术方式更加灵活，保护范围更加全面，更能提高用电的可靠性。

5.1 传统配电网继电保护技术概述

为满足配电网供电可靠性要求，我国配电网主要有放射型、环网型以及树干型三种拓扑结构，其中放射型主要应用于中低压配电系统。与输电网相比，配电网因距离负荷中心较近，网络结构由于故障或负荷转移操作中开关的开合变化，其运行方式时常变化，故障具有频率高、瞬时性等特点，发生故障时，需要配电网保护快速、可靠动作并隔离故障点。配电网继电保护主要有两个功能：①当线路发生故障时能够自动选择、快速灵敏的隔离故障点，避免故障进一步扩大，保证无故障部分迅速恢复正常运行；②当线路非正常运行时发出告警信号或跳闸，为了防止短暂的运行波动引起误动，此时动作有一定的延时。

传统的配电网继电保护，随着配电网拓扑结构、电压等级的不同，所配置的功能也有所区别，目前，我国高压配电网大部分为110kV电压等级，110kV电压等级的保护配置根据各地区电网的运行管理习惯而并不统一，而且通常都是配置单套保护。例如线路保护，部分地区电网倾向于距离保护为主保护，一般配有相间距离、接地距离、零序过流、重合闸等保护。也有部分地区电网倾向于采用纵联保护，配置双高频保护、单高频保护或光纤纵联保护作为 110kV 线路主保护，随着光纤通道条件的改善，采用专用光纤通道的光纤电流差动保护成为首选主保护类型。110kV 变电站母线配置母线保护的较少。

中低压配电网一般是单侧电源，网架结构是一般是辐射状的，其特征是由单电源供给下游一条或若干条馈线，变压器中性点不接地或经小电阻、消弧线圈接地，为适应我国单电源、辐射式配电系统，传统的配电网线路继电保护一般采用三段式电流保护，配置三相一次重合闸。由于处于电网末端，不存在电网稳定性问题，一般认为馈线故障的切除并不严格要求是快速的，配电网馈线保护的主要作用是提高供电可靠性和提高电能质量，具体包括馈线故障切除，故障隔离和恢复供电。具体实现方式有以下几种：

（1）传统的电流保护方式。中低压配电网线路保护一般采用过电流保护与测控一体化装置的就地控制模式，没有配置独立故障录波设备。过电流保护是最基本的继电保护之一。配电线路一般很短，由于配电网不存在稳定问题，为了确保电流保护动作的选择性，采用时间配合的方式实现全线路的保护。常用的方式有反时限电流保护和三段电流保护，其中反时限电流保护的时间配合特性又分为标准反时限、非常反时限、极端反时限和超反时限。这类保护整定方便，配合灵活，同时可以包含低电闭锁或方向闭锁，以提高可靠性；增加重合闸功能、低周减载功能和小电流接地选线功能。

传统的电流保护实现配电网故障定位和切除的基础是将整条馈线视为一个单元。当馈线故障时，将整条线路切掉，并不考虑对非故障区域的恢复供电，这些不利于提高供电可靠性。另一方面，由于依赖时间延时实现保护的选择性，导致某些故障的切除时间偏长，影响设备寿命。

（2）重合器方式。重合器方式一般采取重合器与分断器之间的配合，利用重合器在线路故障时能够重合的功能，分断器能够记忆重合器分闸次数，并在达到预先整定动作次数后自动分闸并闭锁在分闸状态，实现了对线路故障区段的隔离。这种简单而有效的方式能够提高供电可靠性，相对于传统的电流保护有较大的优势。该方案的缺点是故障隔离的时间较长，多次重合对相关的负荷有一定影响。

因此，这种方式一般用在对供电可靠性不高，对投资成本相对敏感的配电区域，它只能适用于简单网络接线，对于复杂的网络接线难以适应，因此难以提高供电可靠性。

同时，由于配电系统的保护装置一般为非三相式保护，对于单相接地故障不能快速识别切除。我国配电网一般是小电流接地系统，即中性点不接地或者经消弧线圈、电阻接地。发生单相接地故障时，接地电流很小，根据有关规程，系统可以继续运行一段时间。但是配电网络系统的绝缘水平一般都比较低，当系统发生单相接地故障时，非故障相的电压升高，如果继续保持运行，势必对用电设备造成损害。而现有配电网的继电保护方式不能准确快速的切除此类故障。

（3）馈线自动化方式。馈线自动化以通信为基础可以实现配电网全局性的数据采集与控制，同时实现馈线故障的定位、隔离和恢复。这种基于通信的馈线自动化方案的具体实现有集中控制和智能分布式等多种方式，在几秒到几十秒的时间内可实现故障隔离和恢复供电，可有效地提高供电可靠性。该方案是目前配电网自动化的主流方案。

馈线自动化方式由于采取通信，利用了多点的电气量信息，同时也考虑了配电网网络的网络拓扑信息，是相对有效的一种配电网故障处理方式。但是，由于大量分布式电源的接入，使配电网成为一个有源网络，使得传统馈线自动化的故障检测和定位的判据也失效。这需要借鉴和引入输电网中一些做法，来对馈线自动化方案进行完善。例如，借鉴输电网中电流差动、纵联、电流方向等保护的故障检测定位原理。

5.2 智能配电网保护技术与实现

传统的配电网继电保护的配置随着智能配电网的发展、分布式能源的接入等等，已不能适应更安全、更可靠的用电要求，主要存在问题如下：

（1）传统的三段式电流保护，依靠时间级差来实现保护的选择性，会导致故障切除时间过长而影响到设备的寿命，以及恢复供电时间；

（2）保护级数过多，会导致整定难以配合，失去选择性；

（3）线路长度，电源容量大小，都可能会导致线路保护的灵敏度难以保证；

（4）随着分布式电源的多点、多类型、多层次的接入特点，配电网不仅将从传统的无源网变成有源网，而且对配电网的短路水平以及保护的故障定位都会产生很大的影响和不确定性。

同时，随着电力市场的发展，电力系统的发输配电各环节由统一管理、统一调度逐步转向双边合同交易和发电厂商的竞价上网，系统运行方式也可能出现很多不确定的因素，用电侧的可靠供电需求也将越来越重要，这对于继电保护的适应性、可靠性也提出了更高的要求。

基于现状，智能配电网自愈控制体系下的保护：一方面需要基于传统配电网保护技术原理进行改进，以满足更安全可靠的用电要求；另一方面，也需要研究基于通信技术的发展，利用多维度数据的自愈控制保护系统，实现更高配电网自愈要求。

智能配电网自愈控制系统的保护技术根据有无通信通道条件，分为无通道保护和有通道保护。

无通道保护就是在没有通信通道的情况下，利用单端电气量所反映的线路故障信息，进行故障识别，从而实现被保护线路的全线速动或相继速动，完成故障隔离。这是一种基于“点”的就地保护方式，这种保护技术的最大优势在于它不需要沿馈线分布的各 FTU 之间的通信，降低了系统对通信系统的依赖，节约了成本，将它作为高级模式在通信中断时的后备保护模式，极大地提高了整个系统的工作可靠性。

随着通信技术在电网中的广泛应用，各种电网信息的交互、共享以及通信手段的高速率、快响应使得电网保护朝着广域化、网络化方向发展。配电网网络化保护就是通过通信网络实现协同保护，这是一种基于“面”的保护技术。其显著特点有数据采集分散化、安装方式分散化、功能分布化、信息模型标准化、信息共享网络化、控制处理就地化，不依赖于主站控制。网络化保护实施的关键是网络通信的实时性、可靠性和安全性。通常我们说的基于对等通信的保护和区域/广域保护都是采用的这种技术。

5.2.1 传统配网继电保护技术及性能提升

如上所述，基于原有的配电网架构，随着分布式能源的接入，通信技术的广泛应用，供电可靠性要求的提升，原来采用的继电保护的功能配置和性能已不能适应现有智能配电网的需求，在传统的功能配置方面，为了适应新技术、新需求的发展，也有很多可值得研究和推广的实践经验。

以下以北京四方继保自动化股份有限公司研制的配电网馈线保护（含电流差动原理，可选功能）为例，对各类主要功能进行简要的说明，为提高智能配电网的供电可靠性，在功能设计时已考虑了诸多因素并加以性能上的提升。

CSD-200 系列保护测控装置集保护、测控、合并单元、智能终端、计量、录波于一体，支持 IEC 61850 标准通信，实现与变电站自动化系统和保护信息管理系统接口，提供符合 IEC 61850 要求的设备描述文件（ICD 文件），支持

IEC 61850 定义的有关网络服务。全面支持 GOOSE、SV 功能。主要功能如下：

（1）分相光纤纵联差动保护功能见图 5-1。

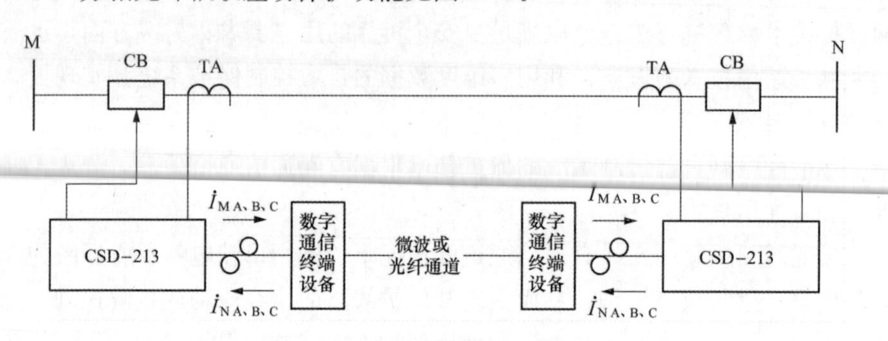

图 5-1　分相光纤纵联差动

对于分布式电源多端接入，负荷重要程度高的应用场合，还可采用多端差动配置如图 5-2 所示：

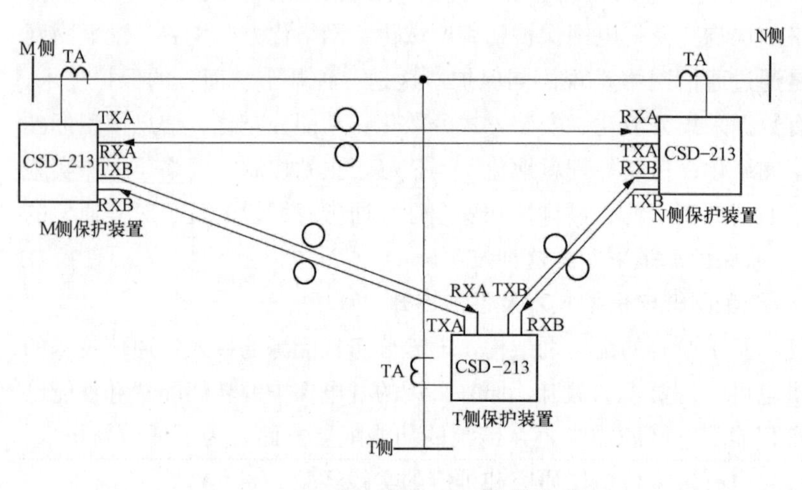

图 5-2　多端差动

对于两端系统电流差动保护：

分相电流差动的动作曲线见图 5-3，动作方程如下，其中 I_{cd} 为差动定值：

当 $I_r \leqslant I_{cd} * (5/3)$ 时，$I_d > I_{cd}$（分相差动定值）时动作；

当 $(5/3) * I_{cd} < I_r < 5 * I_c$d 时，$(I_d - I_{cd}) > 0.6 * (I_r - I_{cd} * 5/3)$ 时动作；

当 $I_r \geqslant 5 * I_{cd}$ 时，$I_d - [0.6 * (5 * I_{cd} - I_{cd} * 5/3) + I_{cd}] > 0.8 * (I_r -$

$5*I_{cd}$）时动作。

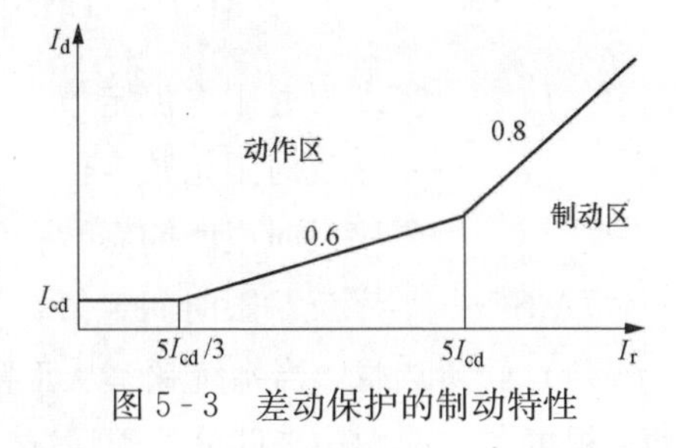

图 5-3 差动保护的制动特性

上式中：差动电流 $I_d=|\dot{I}_M+\dot{I}_N|$，制动电流 $I_r=|\dot{I}_M-\dot{I}_N|$。

对于三端系统电流差动保护，三端系统电流差动保护的配置与两端系统完全相同，只是差动电流和制动电流的计算方法不同：

差动电流 $I_d=|\dot{I}_M+\dot{I}_N+\dot{I}_T|$，制动电流 $I_r=|\dot{I}_M-(\dot{I}_N+\dot{I}_T)|$。

上式中假设 M 侧的电流模值为最大。

（2）三段式过电流保护，每段可选择投入电压闭锁元件和方向元件。其中第Ⅰ、Ⅲ段固定为定时限特性，第Ⅱ段可整定为定时限特性或者反时限特性，定时限过流保护各段定值相互独立，每相电流分别和各段电流定值相比较，装置检测到电流大于定值，过流保护启动，定时限动作特性如下：

$\max(I_a,I_b,I_c)>I_{dz1}$ 其中，I_{dz1} 为过电流Ⅰ段电流定值。

反时限过流元件根据线路电流的大小，通过反时限动作特性曲线自动计算出相应的动作时限。故障电流越大，动作时限越短，反之，故障电流越小，动作时限越长。反时限动作特性如下：

$$t(I)=TMS\left[\frac{k}{(I/I_P)^{\alpha}-1}\right]$$

式中 I_p——过流反时限电流定值；

α——过流反时限指数定值；

k——过流反时限时间系数；

TMS——过流反时限时间定值。

（3）三段式零序过流保护，每段可选择投入方向元件。在经小电阻接地系统中，接地零序电流相对较大，一般采用零序过流直接跳闸的方法，或者可采用告警方式。定时限零序过流动作特性如下：

$3I_0>I_{0dzn}$ 其中，I_{0dzn} 为零序过流 n 段定值。

同样，反时限零序过流元件根据线路零序电流的大小，通过反时限动作特性曲线自动计算出相应的动作时限，零序电流越大，动作时限越短，反之，零序电流越小，动作时限越长。零序反时限特性如下所示：

$$t(3I_0) = TMS\left[\frac{k}{(3I_0/3I_{0P})^{\alpha}-1}\right]$$

式中 I_{0P}——零序反时限电流定值；

α——零序反时限指数定值；

k——零序反时限时间系数；

TMS——零序反时限时间定值。

(4) 低频减载。当系统频率从正常状态变为低于整定频率时，低周元件启动，根据滑差的大小来区分故障情况、电机反充电和真正的有功缺额，从而判定是否切除负荷，作为分布式低频减载控制模式支撑系统的稳定运行。

(5) 低压保护，可整定为低压减载特性或失压特性。当系统电压从正常运行状态变为低于整定电压时，此元件就能自动判定是否切除负荷，从而支撑系统稳定运行，保护设备。

(6) 三相重合闸。架空线路故障大多数为瞬时性故障，在继电保护装置跳开断路器后电弧即可熄灭，装置可以依靠重合闸功能把断开的开关重新合上，从而恢复正常的供电，提高供电的可靠性。同时，装置还可根据实际情况需要实现二次重合闸功能，即允许自动重合不成功一次后，在规定时间内，再次重合一次，以提高供电可靠性。

(7) 合闸加速保护。可实现手合加速及保护加速两种功能，包括重合前加速和重合后加速两种方式，以配合重合闸快速切除故障，提高供电可靠性。

(8) 过负荷保护。监视三相负荷电流，每相电流与过负荷电流定值相比较，可动作于告警或跳闸。

(9) 闭锁简易母线保护。此功能配合安装在变压器低压侧或分段（母联）开关处的简易母线保护功能，完成母线的保护。故障发生在出线上时，保护启动并发出闭锁简易母线保护信号，闭锁变压器低压侧或分段（母联）开关处的简易母线保护，由线路保护动作跳开故障；若故障发生在母线上时，安装在变压器低压侧或分段（母联）开关处的简易母线不受闭锁，能以较短的时间快速切除故障。当任一段过流保护启动时，装置发出闭锁信号（GOOSE 和常规开出），故障切除后，闭锁信号返回；如果保护动作后一定时间内故障仍未切除，闭锁信号自动返回开放简易母线保护。

(10) 小电流接地选线。装置可与开口三角电压监视测点及主站共同构成集中式小电流接地选线系统，当小电流系统发生接地后，$3U_0$ 抬高，母线开口三角电压监视测点向主站报送接地信号，主站则在接收到接地信号后向各装置

召唤 $3U_0$，$3I_0$ 向量及零序功率方向，经计算判断接地线路。

此外，装置还具备试跳选线的功能，由值班人员在监控主站进行试跳操作，装置判断开关跳开前后的零序电压以确定本线路是否接地，试跳后，装置自动重合。

5.2.2 基于对等通信的网络化保护

基于对等通信的网络化保护是指当故障发生时，测控保护一体化终端采用对等式网络保护对故障进行处理[1]。线路上的开关控制器之间互相通信，收集相邻开关的故障信息，自行判断是否动作。

这种对等式网络保护采用了一种全新的分布式保护配合思路，能尽可能地缩小故障影响的用户范围，并避免配电网线路中用传统的电流和时间级差配合实现困难的问题。具体实现过程可参考第 4 章的基于终端对等通信的自愈控制内容。

5.2.3 基于网络化的配电网区域/广域保护

区域/广域保护控制是近几年国内外新兴的一个研究课题，它的提出是建立在计算机和通信技术发展的基础上，与电网的安全性和稳定性要求有密切关系。区域/广域保护系统的定义为：获取电力系统的多点信息，利用这些信息对故障进行快速、可靠、精确的切除，同时分析切除故障对系统安全稳定运行的影响并采取相应的控制措施，这种同时实现继电保护和自动控制功能的系统称为区域/广域保护控制系统。在该系统中，继电保护和自动控制装置不再是两套独立的系统，而应相互配合，协调动作。由于受通信条件的限制，20 世纪 90 年代以前保护的研究主要停留在基于点或线信息的保护装置本身上。随着计算机网络通信技术和分布式智能体技术的发展，研究面向全网信息的保护已成为人们关注的热点。随着微机技术、通信技术的不断发展及其在电力系统中的推广应用为广域保护的实现提供了技术保证。

通信技术是近年来发展最迅速的技术之一，以太网（Ethemet）正逐步取代工业控制的现场总线。许多地区在高压变电站间铺设了 SDH（Synchronous Digital Hierarchy）光纤环网，并承载 ATM（Asynchronous Transfer Mode）业务，可将信号传输延时控制在 4ms 以内。GPS 同步技术应用于实时采样时，采用高精度的晶振（1s 的积累误差不超过 1μs），并每秒被卫星同步时钟的 IPPS 脉冲同步一次，输入信号采样脉冲可按要求由晶振时钟信号分频获得，这样可以做到整个系统采样脉冲时间误差在几个微秒以内。采用 GPS 技术就可以保证保护的采样同步要求。广域保护控制与传统保护控制相比，最大的优势在于掌握了电网中大范围的全局信息，从而可以更加准确可靠地完成保护控制功能。此外，对于传统保护控制中某些难以有效解决的问题，也可以设计出新的保护原理；通过特殊算法对电网的实时运行数据进行分析，还可以得到优化的保护控制方案。

随着新能源接入配电网需求的不断增长和城市配电网网架的不断变化，导致环网甚至多环网供电的情况越来越多。特别是多电源情况下，电流方向的不确定性，使得传统的配电自动化手段已经不能满足配电网保护的选择性的要求，保护的速动性与选择性之间的矛盾在这种情况下显得更为突出。针对配电网中部分故障处理方式中存在的配合问题，广域保护作为一个保护和控制体系，能够较方便地实现统一配合管理，主保护与后备保护协调配合，而且在实时方面较主站集中式馈线自动化有很大的优势。并且解决了线路发生故障时断路器之间配合困难越级跳闸的问题，极大提高了保护的选择性和速动性要求。

目前应用于实际工程的区域/广域控制保护系统由广域控制保护装置，智能配电终端组成。该系统把一个大的配电网区域按照相关性形成几个较小的配电网区域，每个区域配置一个配电网区域控制保护装置。广域/区域保护控制系统基于本区域的同步采样数据，利用配电线路两端点对点差动保护原理，准确迅速的定位故障位置，并切除故障线路两端的负荷开关，切除故障线路，然后根据情况恢复无故障区域的供电。

5.2.3.1 系统架构

广域控制保护系统是将紧密关联的若干变电站和配电房作为一个区域，区域内的各保护装置通过光纤网络互联，完成特定的保护与控制功能。其基本特点是，基于数据同步、信息共享的数据平台，根据网络动态的拓扑结构、实时运行状态，实现故障点的快速定位，快速、可靠、智能的隔离故障，以及实施必要的有利于电网安全稳定、经济运行的控制措施。

该系统在相关变电站和配电所配置智能控制装置，完成测控功能，后备保护功能，数据采集转换为SV＋GOOSE报文上送至区域保护装置，接收和执行广域保护装置的跳合闸命令；在10kV片网区域内安装区域保护装置，完成线路双端差动，完成全区域备自投，过负荷优化和连切功能，频率电压告警功能。

5.2.3.2 功能构成

配电网自愈控制保护系统应可自动识别运行工况，自动配置区域保护，做到保护的无缝覆盖。其主要保护功能包括：母线差动和线路差动保护、电流后

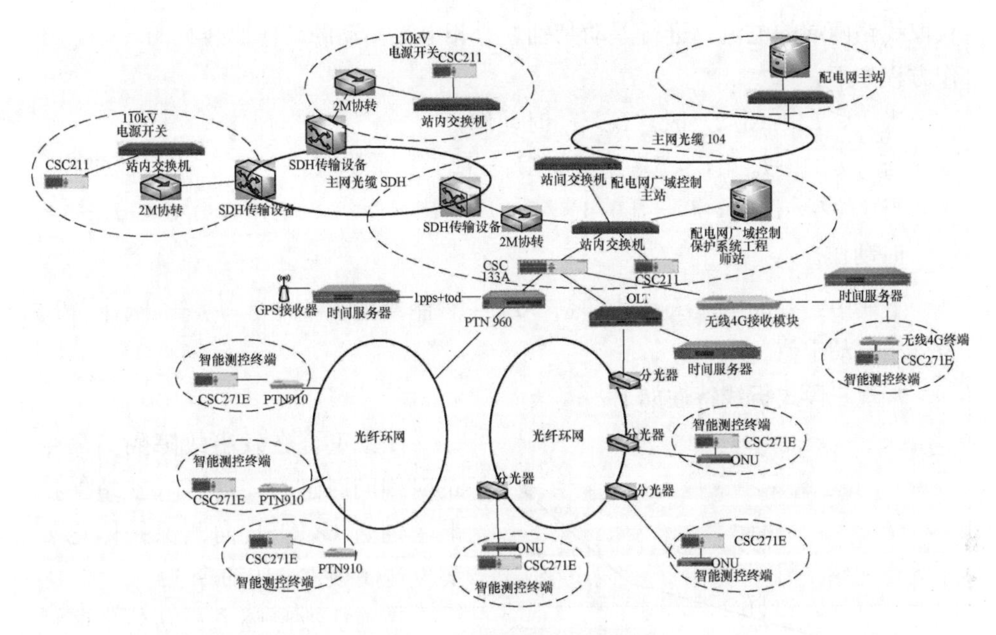

图 5-4　广域控制保护系统

备保护、失灵保护、接地告警等。

在这里，重点说明一下基于电流差动原理的广域差动功能构成，以及快速自愈恢复供电功能。其他功能不再赘述。

（1）广域差动功能。当发生故障时，故障隔离分差动区域和非差动区域，区域主站保护装置在故障前根据开关位置分合状态，自动识别各个站的供电电源，发生故障后根据动作条件快速隔离故障——通过 GOOSE 向 DTU 装置发送跳闸命令跳开故障线路开关。

配置差动保护的线路区域，区域主站保护装置利用电流差动保护原理，迅速识别被保护区域内的故障点，首先由低压线路保护装置跳开上级断路器，之后区域主站保护装置跳开故障线路双侧负荷开关，实现故障隔离，然后根据电网运行方式，区域主站保护自动合上相关断路器，迅速恢复失电区域供电，实现电网自愈。

对于未配置差动保护的线路区域，区域主站保护装置根据测保一体化装置发出的动作信号迅速识别被保护区域内的故障点，待测保一体化装置跳开上级断路器后，跳开故障线路负荷开关，实现故障隔离，然后根据电网运行方式，区域主站保护自动合上相关断路器，迅速恢复失电区域供电，实现电网自愈。

1）差动动作特性。区域主站保护装置根据各个 DTU 上送的电气信息，获取线路两端的电流，进行差动判别。分相电流差动的动作曲线见图 5-5，动作方程如下：

当 $I_r \leqslant I_{cd}*(5/3)$ 时，$I_d > I_{cd}$ 时动作；

当 $(5/3)*I_{cd} < I_r < 5*I_{cd}$ 时，$(I_d - I_{cd}) > 0.6*(I_r - I_{cd}*5/3)$ 时动作；

当 $I_r \geqslant 5*I_{cd}$ 时，$I_d - [0.6*(5*I_{cd} - I_{cd}*5/3) + I_{cd}] > 0.8*(I_r - 5*I_{cd})$ 时动作。

上式中：差动电流 $I_d = |\dot{I}_M + \dot{I}_N|$，制动电流 $I_r = |\dot{I}_M - \dot{I}_N|$，$I_{cd}$ 为分相差动定值。

常规三段式折线特性如下：

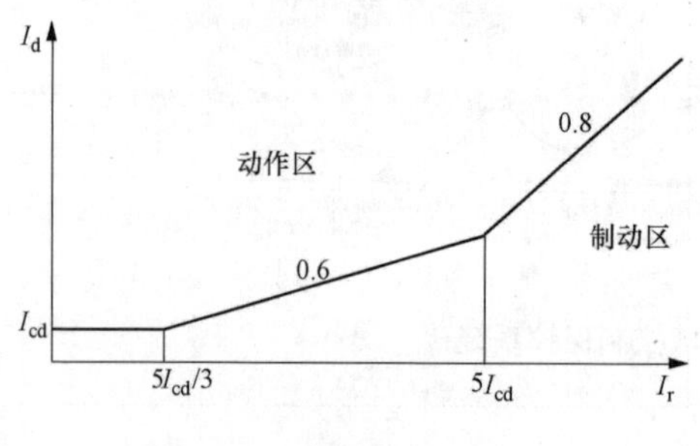

图 5-5　差动保护动作特性

闭锁重合在发出故障隔离命令的时刻同时进行，即区域主站保护装置通过 GOOSE 向测保一体化装置发送闭锁重合闸命令。

当确认故障隔离成功后，区域主站保护装置通过 GOOSE 向测保一体化装置发送启动重合闸命令，其条件为：

a. 曾发生闭锁重合；

b. 故障线路两端开关跳位。

注：电源端的线路故障，不会启重合。

2）动作逻辑示例。以下图为例说明发生故障时的整个动作逻辑过程，D1～D9 是 9 个开闭所，QF1、QF2 和 QF3 是电源端的断路器。

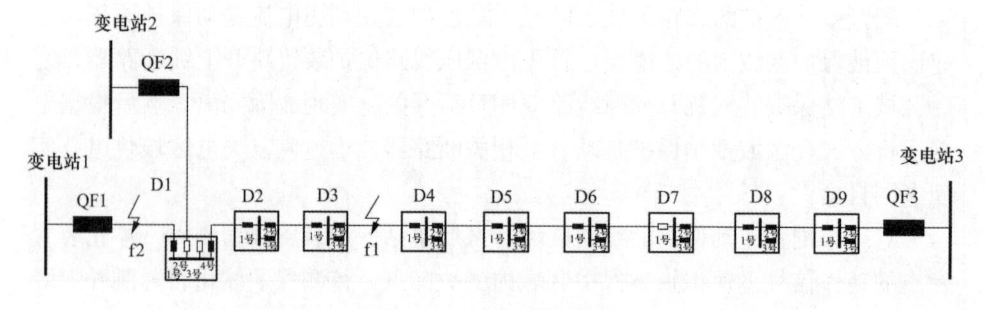

图 5-6　配电网拓扑图

故障前，D1 开闭所的 2 号、3 号开关断开，D7 开闭所的 1 号开关断开，即 D1～D6 开闭所由 S1 供电，D7～D9 开闭所由 S3 供电。

以 f1 故障为例（f1 位于 D3 与 D4 之间），此段线路发生短路故障，其处理过程如下：

a. 区域控制保护主站装置根据区域内 DTU 上报的电气信息，启动 D3 开闭所 2 号开关与 D4 开闭所 1 号开关的差动保护（不出口）并等待无流（辅以断路器位置，下同），此时变电站 1 QF1 速断保护动作跳闸切断故障电流；

b. 区域控制保护主站装置检测到变电站 1 QF1 跳开，且 D3 开闭所 2 号开关无流和 D4 开闭所 1 号开关无流，此时通过 GOOSE 向区域内 DTU 发送命令，控制 D3 开闭所 2 号开关与 D4 开闭所 1 号开关跳闸隔离故障。同时，区域控制保护装置通过 GOOSE 向 QF1 测保一体化装置发送闭锁重合闸信号。

c. 区域控制保护装置确认 D3 开闭所 2 号开关与 D4 开闭所 1 号开关隔离故障成功后，通过 GOOSE 控制变电站 1 QF1 重合，完成故障点上游恢复供电；同时自愈功能启动进行电源恢复，控制 D7 开闭所 1 号开关合闸，由变电站 3 供电，完成故障点下游恢复供电。

以 f2 故障为例（f2 位于 S1 与 D1 之间），此段线路发生短路故障，其故障处理过程如下：

a. QF1 保护动作，而 D1 开闭所 1 号开关没有故障电流，此时 QF1 速断保护动作跳闸切断故障电流。

b. 区域控制保护装置检测到 QF1 跳开，此时通过 GOOSE 向区域内 DTU 发送命令，控制 D1 开闭所 1 号开关跳闸隔离故障，同时，区域控制保护装置通过 GOOSE 向 QF1 测保一体化装置发送闭锁重合闸信号。

c. D1 开闭所 1 号开关隔离故障成功后，自愈功能启动进行电源恢复，故障点下游恢复供电电源有多种选择，区域控制保护装置可根据预先设定的恢复策略进行故障点下游恢复供电操作，恢复策略分别为：①控制 D1 开闭所 2 号开关合闸，由变电站 3 供电；②控制 D7 开闭所 1 号开关合闸，由变电站 3 供电。

（2）智能自愈备自投控制技术。广域控制保护系统在配电网中提供差动功能和自愈备自投控制功能，由差动功能迅速识别故障点，在 10kV 线路保护跳开断路器后，区域保护控制系统控制 DTU 跳开故障线路双侧的负荷开关，然后根据自愈备投功能控制 DTU 分合负荷开关，以快速恢复供电。

基于广域保护平台的自愈备投功能，通过集中决策方式，实现在快速隔离故障之后快速恢复供电、避免线路出现过载现象、同时兼顾并网新能源的供电作用。基于广域信息，可适应运行方式的变化，解决多种复杂控制问题，比如，远方备用电源自动投入，单电源串行供电、双端供电情况下恢复供电等，同时可与故障解列小电源、广域备自投过载切负荷等功能协同工作，有效防止备自投后过载影响电网稳定。

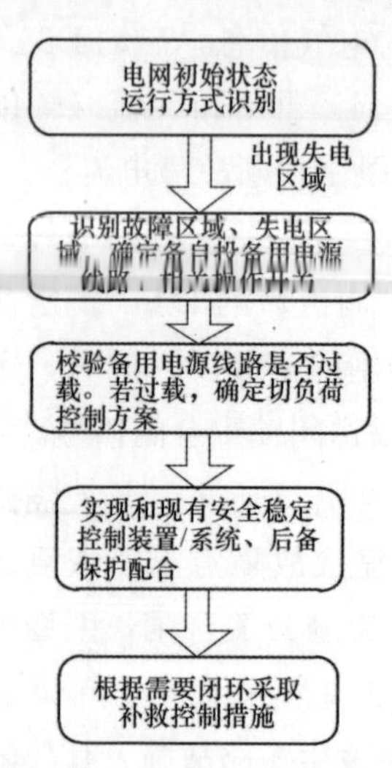

图 5-7 备自投投退控制策略框图

在执行备自投动作之前，利用本系统的广域信息分析计算备自投之后的电压、潮流分布等各种情况，实现预估备自投效果的智能化目标。区域电网备自投投退控制策略如图 5-7 所示。

基于区域电网的广域信息，实现如下控制功能：

1）运行方式识别（网络拓扑分析）。基于区域电网的广域信息，自动区域电网的运行方式，增强对运行方式的适应性。

2）区域故障识别。当发生故障后，依据故障前、后电网拓扑比对，和电气量的辅助判断，识别故障区域（跳闸开关）和对应的失电区域（失压母线），进而确定备自投模式（备用电源线路、相关操作开关）。

3）对“故障电源线路”，搜索相应的“备用电源线路”，校验备用电源线路是否过载。若过载，确定过载量，延过载方向，确定切负荷控制方案。

4）实现和现有安全稳定控制装置/系统、后备保护配合。

5）跟踪备自投和切负荷控制后控制效果，必要时实施补救控制。

在投入备用电源恢复供电的过程中，需要在保证支路不过载、电压不越限的情况下以最少的开关操作尽可能多地恢复失电负荷，并且保持网损最小、电网呈辐射状。为了维持电网的辐射状，在形成可行解时总是在合上一个联络开关的同时，打开另一个分段开关。所以该问题就转化为联络开关/分段开关的开关对组合优化问题。恢复供电决策主要由判断失电区域、搜索供电路径、形成恢复供电策略等三部分组成，如图 5-8 所示。

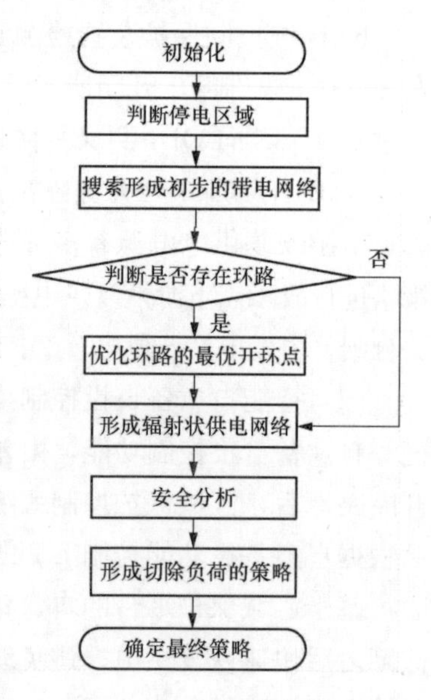

图 5-8 恢复供电决策流程

5.2.3.3 数据处理和共享关键技术

针对广域/区域保护控制系统，除了依赖通道条件外，其中最关键的环节就是全景数据信息的及时获取及共享，这里介绍两种已经研究并得以在现场成功应用的数据处理和共享技术思路：

（1）基于数据传输随机延时测量及补偿的数据处理技术。使用广域控制系统数据传输通道随机延时实时测量技术，在采集站实时测量采样点电压、电流的幅值和相角，利用全球统一时标进行标记，并在执行站计算数据传输过程中的通道延时；采用广域控制系统数据传输通道随机延时实时补偿技术，对数据传输过程中的通道延时进行实时补偿。

为有效管理各采集站上传的实时数据而建立广域控制系统主站的实时数据库，应用广域控制系统实时数据库容错技术，当采集站到主站通道故障时，标记异常的采集站，并采取延时策略避免采集站在正常与异常间的频繁切换；以及采集站时标异常时，在采集站标记该时标不可靠，不可靠时标不计算在内，避免采集站的错误时标偏差太大引起实时数据库无法正常工作。

使用广域控制系统数据质量标记技术，当采集站上传的数据包中标记了数据不可靠时，将标记存储到实时数据库的对应位置。当采集站数据包丢失造成数据缺失时，有效地标记该位置数据是未更新的旧数据。

通过以上处理过程，可以有效解决广域控制保护系统中的数据传输通道随机延时与故障带来的一系列问题，可以使广域控制保护系统在数据传输通道延时变化时仍能可靠运行，使广域控制保护系统具备较强的容错能力，提高系统的运行可靠性。

（2）基于包交换网络的全信息数据共享技术。通过包交换网络把兼作广域保护子站功能的各站域保护装置连接起来形成广域网络，各站域装置根据广域模型配置把本站的部分状态信息以及站域保护的部分动作信息以 GOOSE 方式发布到广域网上，同时根据配置信息把本站的部分 SV 数据稀疏化以后映射到网络时钟平面通过网络共享。各站域保护装置依据模型从网上订阅所需要的 GOOSE 状态以及 SV 数据，然后结合一次系统网络拓扑结构，实现配置在本站域保护装置上的相关广域保护功能，并把自己的动作行为通过 GOOSE 发布到站内网络以及广域网络，供其他相关设备判断执行。该系统通过分布在各站域保护装置里面的广域保护功能的组合，形成一个分布式的广域保护控制系统。基于包交换网络的全信息数据共享技术如图 5-9 所示。

该广域保护方法包括以下关键技术：

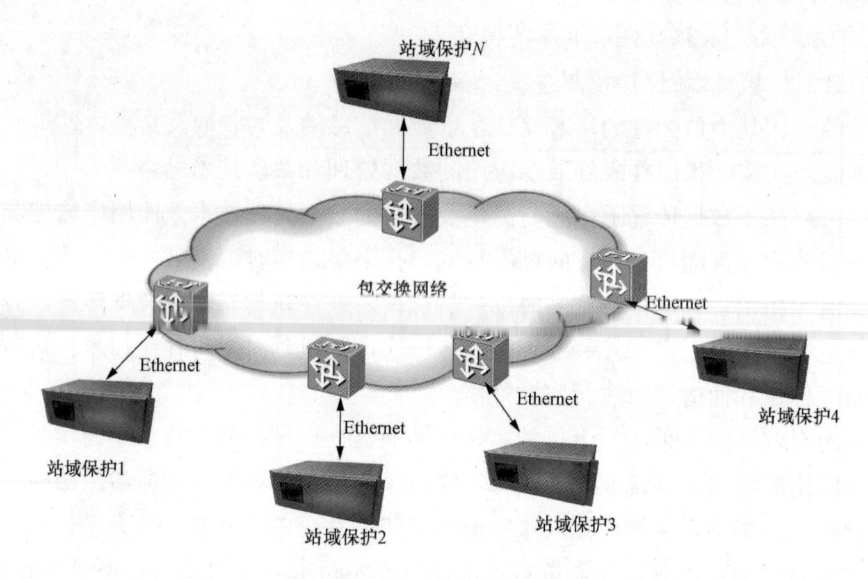

图 5-9　基于包交换网络的全信息数据共享技术

（1）由包交换网络连接各站域保护装置形成广域保护网络系统，广域保护网络系统内的各站域保护装置地位平等。

（2）各站域保护装置把本站域保护装置所属的各间隔开关状态、检修状态信息，以及本站域保护装置就地保护功能的动作信息和本站域保护装置根据就地信息判断的系统运行状态按照 IEC 61850 规范的 GOOSE 方式发布到广域网上，其中系统运行状态包括系统振荡状态、方向元件状态。

（3）各站域保护装置把本站域保护装置所属的与广域保护、控制功能实现的相关的采样值 SV 数据稀疏化为 1200Hz 的采样频率数据，并把该采样值 SV 数据的时间信息折算为广域网络相应的时间，实现从保护装置时钟平面到广域网络时钟平面的映射，然后把映射到广域网络时钟平面的模拟量 SV 数据通过网络共享。

（4）广域网络内的各站域保护装置依据广域保护、控制功能配置要求从广域网上订阅所需要的 GOOSE 状态以及 SV 数据，并把步骤（3）所映射到广域网络时钟平面的模拟量 SV 数据映射到站域保护装置自身的时间平面，供站域保护装置内部的保护模块使用。

（5）广域网络内的各站域保护装置依据既定的保护配置方案，结合一次系统网络拓扑结构，实现配置在本站域保护装置上的广域保护功能，并把自己的动作行为通过 GOOSE 发布到站内网络以及广域网络，供其他相关设备判断执行。

本研究通过包交换网络，实现状态量和模拟量的网络共享，使得处于广域网络内作为广域保护子站功能的站域保护装置能够平等的获取广域系统内各点的信息，广域功能可以按照一次系统网络拓扑关系，均衡的配置于相应的站域保护装置，从而实现系统整体性能优化，各站域保护装置自主、快速、精准的实现故障定位，从而实现一个分布式的网络化保护系统。同时网络内部的数据均按照 IEC 61850 规范建模，信息按照发布、订阅的模式实现，因此系统具有开放、互操作的特点，同时整个广域保护系统内的子站数量的增减只需通过修改相应的模型配置，无需对整个系统作大的调整。

目前国内外研究配电网网络化/区域化/广域化的保护控制技术的研究课题还非常多，很多规范还未能形成，工程上也多为试点示范项目，随着智能配电网相关技术和应用的快速发展，配电网自愈保护控制方面的技术研究也会达到更高的水平。

5.2.4 直流配电网保护

5.2.4.1 建设直流配电网的意义

随着新能源、新材料、信息技术和电力电子技术的长足发展和广泛应用，用户对用电需求、电能质量及供电可靠性等要求不断提高，现有交流配电网将面临分布式新能源（电源）接入、负荷和用电需求多样化、潮流均衡协调控制复杂化，以及电能供应稳定性、高效性、经济性等方面的巨大挑战[2]。风电、光伏发电、燃料电池，以及电动汽车动力电池、超级电容器等各种储能装置基本上都是直流电（或采用直流电技术），必须通过 DC/AC 换流器才能并入交流配电网，众多办公与家用电器设备采用直流供电实际上更为方便、节能，越来越多的工业负荷采用变频技术以提高电能利用效率。这些都推动了直流配电网的发展。

近年来，部分学者对交直流混合配电系统进行了相关研究，证实了交直流混合配电系统是由交流配电方式向直流配电方式逐渐过渡的一种可行的途径。如果采用直流配（供）电方式，则可将各类电源产生的电能转换为直流电直接供给各类设备及家用电器使用。相关文献表明，基于直流的配电网在输送容量、可控性及提高供电质量等方面具有比交流更好的性能，可以有效提高电能质量、减少电力电子换流器的使用、降低电能损耗和运行成本、协调大电网与分布式电源之间的矛盾，充分发挥分布式能源的价值和效益。

直流配电网是指由风电、太阳能、储能等不同类型分布式电源、交直流负荷、微电网与柔性直流换流站等组成的供电网络，具有功率双向可控、高可靠性、高供电质量、灵活友好接入、快速响应等优良性能。与常规交流配电网相比，交流配电网由变压器、线路组成，基本不可控，只配置基本的继电保护。而直流配电网将多个可控电源端、可控负荷端、不可控负荷端通过电缆或架空线路组成可控型复杂网络，其关键设备是以全控型半导体器件（比如 IGBT）作为基础，各端均需要控制，还要由整个配电网的控制保护系统，实现多端、多源的完美配合，克服交流配电网的缺点，实现优异的供电性能指标。

5.2.4.2　直流配电网的拓扑结构

直流配电网的基本拓扑结构主要有环网状、放射网状与“手拉手”网状 3 种，如图 5-10～图 5-12 所示。

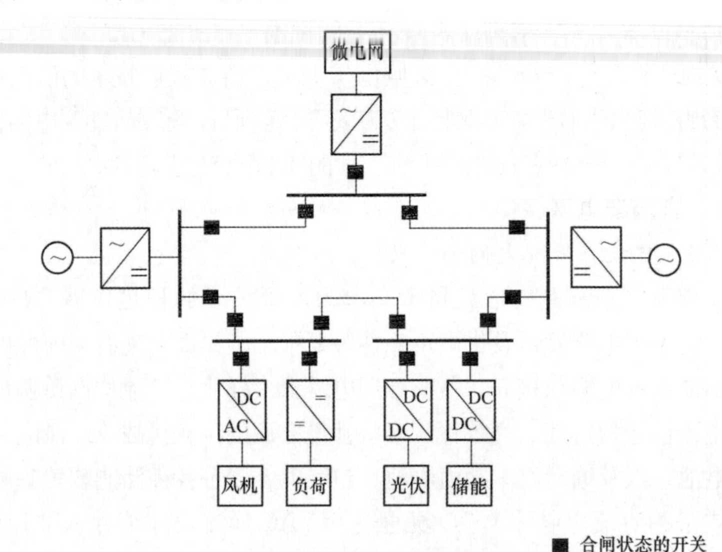

图 5-10　环网状

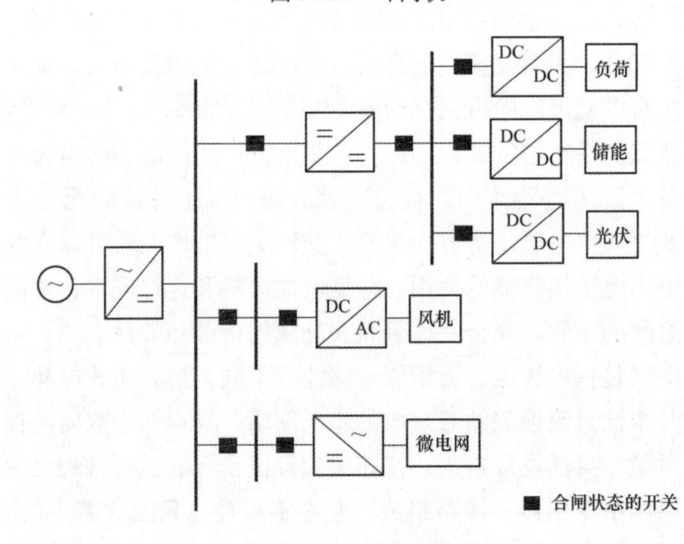

图 5-11　放射网状

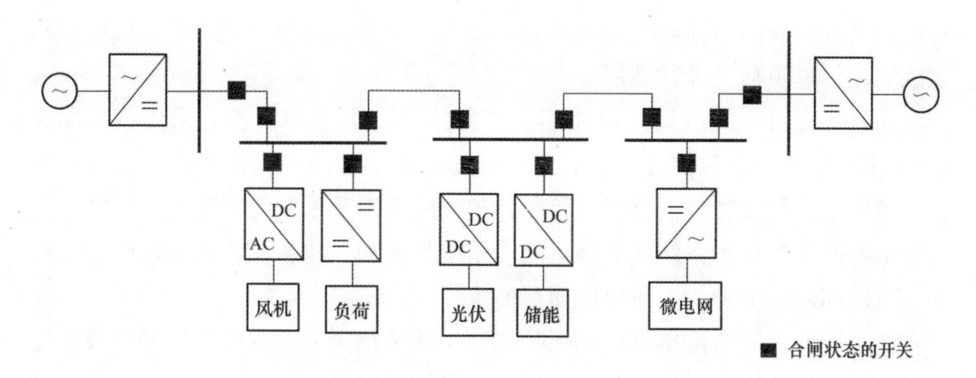

图 5-12　“手拉手”网状

通常来说，放射状网络供电可靠性相对较低，但故障识别及保护控制配合等相对容易；环状网络及两端配电网络的供电可靠性相对较高，但故障识别及保护控制配合等也相对困难。直流配电网可以根据供电可靠性、供电范围（距离）及投资等实际工程需要，采用不同的电压等级和拓扑结构进行设计与建设。

5.2.4.3　直流配电网保护控制技术

利用直流配电网提升供电可靠性是研究的一个热点，由于直流配电网没有交流电磁环网问题，可合环运行，可将单电源供电的放射状配电网络变为多电源供电，提高供电可靠性[3]。但多变的网络拓扑结构，多种类型可控设备的采用，对故障特征识别造成困难，快速的故障定位、故障隔离都需要控制和保护的互相配合。

例如，由于直流配电网内接入了风、光、储等新能源，存在着各种电压等级的配电母线，各类分布式电源及负载也需要经过不同的功率变换器接入直流母线，直流配电网在不同运行方式下各个电源及变换器的运行状态也不同，结构也更加复杂，直流配电网保护控制系统必须考虑各种分布式能源的灵活接入和退出，而且其中电源、网络、负荷之间的协同控制的需求比输电系统复杂得多，同时还要适应运行中多种接线结构的动态变化和故障情况下的网架重构，实现快速故障定位、快速隔离和转供，保证用户的可靠供电。因此，为了保证直流配电网正常运行，直流配电网中的保护与控制势必要紧密配合，相互协调，成为一套完整的系统，才能满足上述要求。

对于交流配电网，可以直接接入负荷，但直流配电网中设备分为可控、不可控两种，换流阀、分布式电源、储能、部分直流负载等都有独立的控制保护系统，当接入新的负荷时，配电网的控制保护系统需要自动识别、自动适应，才能实现供电负荷“即插即用”。

而且，在直流配电网内将使用直流断路器（输电网中没有采用直流断路器）、不同结构的换流阀等，控制保护成套装置要适应不同的一次设备参数要求，考虑系统暂态特性的变化、控制保护的配合以及系统与断路器的协调；直流配电网的控制保护系统还要满足交流系统的无功、改善交流配电网的谐波污染、电压间断、波形闪变等电能质量要求。

综上所述，直流配电网中的保护控制系统承担了复杂的控制协调以及故障快速隔离、快速恢复供电的重要作用。就目前研究成果看，直流配电网中的控制功能一般包括：电力电子变换器的基本控制、多源协调控制、多端多电压等级配电网络的运行控制。直流配电网的保护可以归纳为 3 个研究方向：直流配电网的保护设备、直流配电网的接地方式、直流配电网的故障诊断与处理方法等。总的来说，目前对于直流配电网控制保护的研究主要是集中在理论研究层面，各方向的研究均处于起步阶段，缺乏相应的标准、执行准则和实际操作的经验，有待深入研究。

目前四方公司基于国家 863 项目和示范工程，正在研制的思路是基于广域和站域相结合的分层分布式控制保护系统架构，包括直流系统级控制、换流站级控制、换流器级控制、直流保护集成的一体化广域/站域控制保护系统，站域控制保护功能层包括直流配电网的直流换流站、直流微电源站、大型直流负荷站等站域控制保护，广域控制保护功能层需实现微电源、储能系统、新能源系统与大电网的协同控制，故障定位、广域保护、供电自恢复等功能。

参　考　文　献

[1] 吴尚洁，基于对等式通信的网络式配电网保护系统的研究，四方技术方案．
[2] 江道灼，郑欢．直流配电网研究现状与展望．电力系统自动化，2012，8.
[3] 宋强，赵彪，刘文华，等．智能直流配电网研究综述．中国电机工程学报，2013，25.

分布式电源和微电网的控制技术

支持各种分布式发电（Distributed Generation，简称 DG）和储能（Distributed Storage ，简称 DS）的方便接入是未来配电网面临的主要挑战之一，也是智能配电网的主要特征之一。分布式能源（包括分布式电源和分布式储能）的大量接入，给智能配电网自愈控制提供了新的途径，同时也带来了一系列的挑战：一方面，分布式电源与大电网配合能提高供电可靠性和能源利用率，还能作为黑启动的备用电源，协助供电恢复。另一方面，随着分布式发电数量和容量的增长，其对配电网的规划和运行的影响将越来越大，分布式电源的并网问题、对供电质量的影响、对配电网原有继电保护的影响、对配电网的日常运行和控制的影响等诸多方面都有待进一步研究。

本书在介绍分布式电源和微电网对配电网影响的基础上，重点介绍在工程项目中如何考虑自愈控制体系下分布式电源和微电网的并离网控制问题和孤岛保护问题，给工程工作者和研究者提供一定的参考。

6.1 分布式能源与微电网

随着化石能源资源短缺、地球气候变换等一系列问题越来越严峻，全球绿色产业革命已掀起。分布式发电以其独有的环保性和经济性引起人们越来越多的重视。各种分布式电源灵活、友好的接入电网也是智能电网的重要目标之一。

分布式电源的接入改变了配电网原有的单一配送电能的功能，使配电网成为一个有源网络。电能可在用户和配电网络之间进行双向流动，是智能电网“友好互动”的集中体现。目前，比较成熟的分布式发电技术主要有风力发电、光伏发电、燃料电池和微型燃气轮机等几种形式[1]。但风力发电、光伏发电等输出具有间歇性和波动性，为解决这一问题利用储能技术是一个有效、可行的途径。而将分布式电源、储能装置、能量转换装置、相关负荷和监控、保护装置汇集成小型发配电系统，即形成一个微电网，如图 6 - 1 所示。微电网作为分布式能源接入电网的一种主要形式，它的引入能发挥分布式电源效能，很好的协调配电网与分布式电源之间的矛盾，使得分布式电源不再以独立发电设备的形式并网，而是与当地负荷、储能系统、控制系统等组成微电网后再与配电系统并网，配电系统故障时，也不再直接将分布式电源退出，而是允许分布式电源带微电网内的重要负荷继续运行。

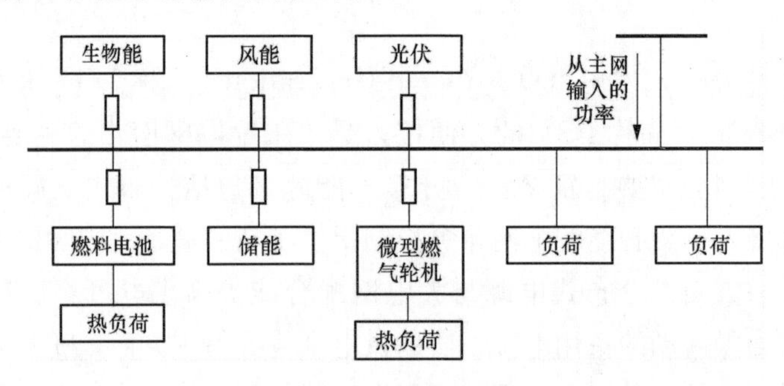

图 6 - 1　微电网示意图

分布式发电与微电网对智能配电网自愈控制有着积极地影响，能提高供电可靠性和能源利用率，还能在系统大面积停电时，作为黑启动的备用电源，具体如下[2]：

(1) 提高供电可靠性。通过与大电网相配合，分布式发电技术可以大大提高供电的可靠性，在电网崩溃或意外灾害（如地震、暴风雪、战争）发生情况下，维持重要用户的供电；而且各种分布电源多属于清洁可再生能源，适应了地球环境保护以及可持续发展政策的要求。目前，用作分布式电源的，主要有风电、微型燃气轮机发电、太阳能发电、燃料电池、生物质能、垃圾发电、氢能和小水电等。发电设施主要包括以液体或气体为燃料的内燃机、微型燃气轮机、光伏电池、燃料电池、风力发电机、生物质能发电机等。

(2) 提高能源利用率。基于系统稳定性和经济性的考虑，分布式发电系统要存储一定数量的电能，用以应付突发事件。随着电力电子学、材料学等学科的发展，储能技术得到了迅速的发展，为分布式发电（DG）提供了很大的空间。分布式发电与储能技术的结合改善电能质量、削峰填谷、储存备用，这些大大提高了系统的能源利用率，改善了系统的热经济性。

（3）黑启动中的备用电源。所谓黑启动，是指整个系统因故障停运后，系统全部停电（不排除孤立小电网仍维持运行），处于全“黑”状态，不依赖别的网络帮助，通过系统中具有自启动能力的发电机组启动，带动无自启动能力的发电机组，逐渐扩大系统恢复范围，最终实现整个系统的恢复。黑启动的关键是电源点的启动，水轮发电机组与火电、核电机组相比，具有辅助设备简单、厂用电少、启动速度快等优点，理所当然成为黑启动电源的首选。根据故障发生后DG能否作为系统的备用电源可分为BDG（black - start DG）与NB-DG（non black - start DG）。BDG包括联合发电机组、无源逆变器及他励型发电机组等，此外，带有储能装置的风能发电及太阳能发电也可归入BDG。这类DG可以作为系统的备用电源。NBDG包括自励型发电机组以及未配备储能装置的风能发电及太阳能发电等。该类DG不能作为系统的备用电源。考虑到黑启动设备在电网正常运行时通常是不经济的，电网公司通常与相关电厂签订与黑启动相应的商业协议。MT（微型燃气轮机）能够很好地改善这种状况，它既能作为分布式发电在正常情况下并网或孤立运行，也能在黑启动这类紧急状况下提供备用，并且单台MT的效率通常在25%～35%之间，冷热电联合循环的MT通常能获得80%以上的效率，且氮氧化合物排放量能够控制在较低的水平。

但另一方面，分布式电源的大量接入也给配电网带来了一系列的挑战，表现在技术、标准、法规和商业模式等诸多方面。在技术方面，分布式发电对传统配电网提出了如下挑战：分布式发电的并网问题、对供电质量的影响、对配电网原有继电保护的影响、对配电网的日常运行和控制的影响。

（1）并网。按照IEEE 1547系列标准的定义，分布式发电并网（Interconnection）就是将分布式发电设备加入到区域公用电网中使之并网运行这一过程的结果。并网系统（Interconnection system）就是使分布式发电设备并网的所有设备和功能的总和。从电网运行的角度，配电网自愈控制系统如果要调节和控制分布式发电设备，主要与其并网系统进行接口和交互。开发分布式发电设备并网系统的标准体系将有利于分布式发电设备的快速接入配电网系统，同时分布式发电设备的并网系统也应该能有效集成到配电自动化系统中。目前，世界各国都在制定DG的并网标准。国际标准中获得最广泛认可的是IEEE 1547标准，于2003年由电气与电子工程师协会（IEEE）正式出版。

（2）对电能质量的影响。在电压水平方面，电压由于DG接入必然会引起相关线路和区域中的潮流发生变化，从而影响到稳态电压的分布，导致电网中的某些节点电网水平越上限或下限。负荷节点电压变化与DG接入点和母线间的距离、接入容量、有功无功配比以及接入方式（集中接入或多点分散接入）密切相关，需要合理地规划DG接入位置、接入容量，以及有效的协调多个DG的有功、无功输出水平，才能使得DG输出对配电网电压，尤其是末端电压起到良好的支撑作用。

在电压波动与闪变方面，由于分布式发电设备的容量小、惯性小、容易受负荷变化冲击。仿真试验的结果表明，当DG机组强制跟随负荷变化调整机组出力时，如果机组的控制系统调整不当，调整量与实际负荷的变化不匹配，此时会造成发电机出口处电压的幅值在很长的时间内保持周期性波动，频率在6～7Hz之间。

对系统产生谐波污染。基于电力电子技术逆变器接入配电网的DG电压调节和控制方式与常规方式有很大不同，其开关器件频繁的开通和关断易产生开关频率附近的谐波分量，对电网造成谐波污染。众所周知，电力系统中存在大量的非线性成分从而引入了大量的谐波。谐波的引入对电力系统造成的危害有：谐波的出现增加了电站和用户设备的功率损耗；有时谐波会使敏感负荷或者控制设备发生故障；电网波形中谐波成分比例过大，会使一些电力设备寿命减少，如变压器、发电机、电容器等。由于电力电子器件大量应用于分布式发电，所以不可避免的给系统带来大量谐波。至于带来谐波的幅度和阶次受到发电方式以及变换器的工作模式的影响。

电压不平衡。若分布式电源为电力电子型的电源，则不适当的逆变器控制策略会产生不平衡电压。电力系统处于三相不平衡运行时，其电压、电流中含大量负序分量。由于负序分量的存在，电压三相不平衡将对感应电动机、变压器、继电保护装置等电气设备产生不良影响。

（3）对继电保护的影响。分布式发电设备接入配电网之前，中低压配电网为单侧电源、辐射型配电网络。馈线保护装设在变电站内靠近母线的馈线断路器处，一般配置传统的三段式电流保护，第Ⅰ段为瞬时电流速断保护、第Ⅱ段为定时限电流速断保护、第Ⅲ段为过电流保护。对非全电缆的线路，配置三相一次重合闸，保证在馈线发生瞬时性故障时，快速恢复供电。

配电系统引入DG之后，配电网络不再是纯粹的单电源、辐射型供电网络。此时，若线路发生故障，配电网络中短路电流的大小、流向、分布以及重合闸的动作行为都会受到DG的影响，与DG引入之前有较大不同，可能会导致本线路保护的灵敏度降低，甚至拒动或误动、重合闸不成功、备自投无法正常工作等。

（4）对配电网运行控制的影响。功率平衡是电网运行控制的基本目标。大多数分布式发电设备的功率输出是不可控制，也就是具有“不可调度性”。例如，冷热电联供机组的电力输出受其一次能源供给、冷热负荷等的限制，而光伏、风电新能源发电设备天然具有间歇性和波动性。不仅如此，分布式发电设备的退出和投运也受到用户自身情况、经济性、运维水平等的影响，也就有较大的不确定因素。大量分布式设备的间歇性和不确定性给对系统功率平衡控制带来了挑战。在电网故障情况下，短路故障时电压跌落导致大量DG从电网断开，使系统稳定性受到了威胁，这就要求分布式发电设备有一定的低电压穿越能力。

由上可见，分布式电源和微电网的接入对配电网来说既是机遇也是挑战，为最大限度地发掘分布式发电技术在经济、能源和环境中的优势，同时更好地解决其所带来的各种问题，降低或者消除它的一些不利影响，专家学者们进行了大量的研究。本书作者将从实际工程应用的角度，介绍分布式电源和微电网的一些支撑技术和作者近年的一些工程研究成果。

6.2 储能与分布式电源协调控制技术

目前的储能技术有三大类，即物理储能（如抽水蓄能、压缩空气储能、飞轮储能等）、电磁储能（如超导储能）、电化学储能（如钠硫电池、液流电池、铅酸电池、镍镉电池、超级电容器等）。储能装置在分布式电源和微电网中的作用可以概括为以下几个方面[3]：

（1）削峰填谷，平衡发电量和用电量，这个是电池储能系统的基本控制功能。

（2）充当备用或应急电源，基于系统安全性考虑，微电网系统可以保存一定数量的电能，用以应付突发事件。

（3）改善微电网的可控性。储能系统可调节微电网与大电网的能量交换，将难以准确预测和控制的分布式电源，整合为能够按计划输出电能的系统，使其成为可调度的发电单元，从而减轻对大电网的影响，提高大电网对分布式电源的接受程度。

（4）提供辅助服务。通过功率波动的抑制和快速的能量吞吐，可以明显改善分布式发电系统的电能质量，在发生局部故障时提供紧急功率支持等等。

储能与分布式电源需要协调配合控制，才能最有效地发挥它们各自的作用。目前储能电池与分布式电源配合时，主要在交流侧实现并网控制，各系统完全独立，硬件成本高，协调控制复杂。特别是当考虑到分布式电源和负荷所具有的分散性以及不同类型的分布式电源与储能装置的不同组合方式时，其不同控制策略的协调和切换尤为复杂，不易实现。

事实上，多数分布式电源都为直流性质电源，如光伏电源、蓄电池、超级电容器和直驱式风电等，完全具备将直流电源通过相应的换流器汇集到同一直流母线，然后再经统一的大容量 DC/AC 换流器变换为交流电的事实基础。多分布式电源的交流并网控制要比直流并网控制复杂，特别是在面对离网运行模式下的功率均衡问题时，所以，多直流源能量汇总一统一交直流变换的集中式方案不但能降低整个系统装置硬件成本，亦能使系统协调控制相对简单，提高系统的可靠性。

为解决现有技术中多分布式电源接入成本高、协调控制复杂的问题，本书提出一种基于共直流母线的电池储能与光伏在并网和独立运行方式下的协调控制和优化方法，该方法支持不同类型储能电池与光伏电池板的灵活接入，各支路完全独立控制优化管理，支持并网和独立运行方式，各储能电池、各光伏电池板经各自的 DC/DC 支路将直流能量汇集到直流母线，然后通过后级的 DC/AC换流器与交流电网并网或独立带载运行。

具体实现方案如下：

（1）通过相应控制字，实现对各储能电池 DC/DC 支路以及各光伏电池板 DC/DC 支路灵活接入，即储能电池、光伏电池板能够任意混合接入或部分接入。

（2）所述储能电池充电采用最大化配置的预充、快充、均充和浮充四段式充电策略，预充、快充和浮充为恒流限压控制，均充为恒压限流控制。对于不同特性的储能电池，通过定值设定来选择不同的充电曲线，如四段式充电方式主要针对铅酸蓄电池，而锂电池主要为恒流限压充电。放电方式包括恒电流放电或恒功率放电两种，可根据使用需求选定。

（3）对所述光伏电池板采用最大功率跟踪（MPPT）控制方法，所述控制方法包括定步长和变步长两种跟踪方式，或在与其他分布式电源配合的场合下可依据系统需求限输出功率控制。通过对储能电池的充放电控制，能平抑光伏发电的不稳定性和不可预见性，减小光伏发电对电网的干扰。

（4）当装置与交流电网并网运行时，后级 DC/AC 逆变器采用电网电压定向矢量控制，双闭环结构，外环为电压环，内环为电流环，基于 dq 坐标下实

现 P、Q 解耦控制和直流母线电压控制。采用电压空间矢量脉宽调制（SVPWM）方法控制后级 DC/AC 逆变器开关器件的通断。

（5）当前级 DC/DC 变换器有储能电池接入时，装置可以脱离交流电网，独立带负载运行。独立逆变时，后级 DC/AC 逆变器为交流母线提供恒定的电压和频率参考，采用 VF 控制，采用电压的有效值闭环控制来实现后级 DC/AC 逆变器出口经滤波器后的端电压幅值和频率保持恒定。

该技术方案支持储能电池、光伏等不同类型分布式电源的混合通用接入，并进行协调控制和有效管理，软硬件均模块化，具有很大的通用性、实用性和灵活性，能满足用户不同应用场合的需求，尤其适合于含多种分布式电源的微电网系统。

6.3 微电网并离网切换技术

从微电网与配电网关系上考虑，有并网和孤岛两种运行模式，所以微电网通常运行在三种状态：并网运行状态、孤岛运行状态和在两种运行状态之间切换的暂态[4,5]。本书将以蓄电池储能、光伏和负荷组成的微电网系统（也称为光储一体化系统）为例来阐述这三种技术的实现。图 6－2 为研究的光储一体化系统接入自愈控制系统的通信架构示意图。

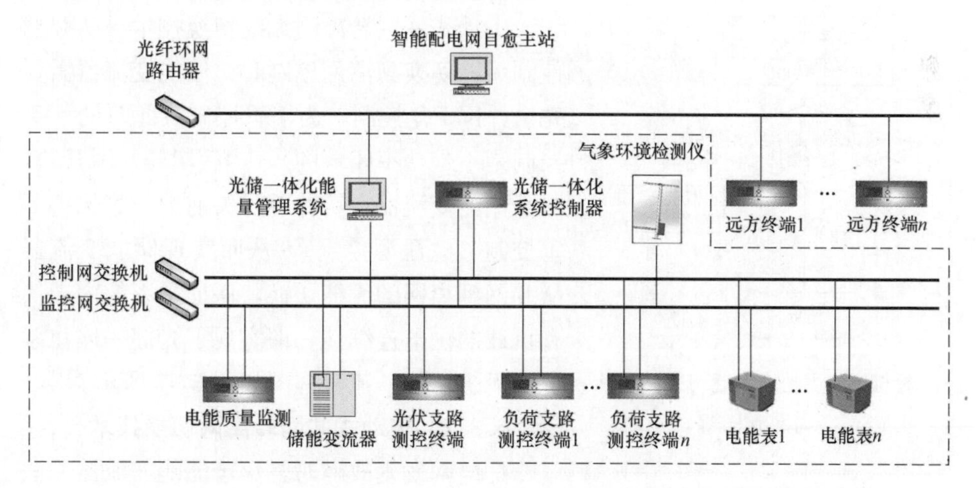

图 6－2　光储一体化系统接入自愈控制系统的通信架构示意图

当微电网运行在两种模式之间切换的暂态时，维持微电网稳定是其最主要的问题。如果微电网在并网运行时吸收或输出功率到电网，当微电网突然从并网模式切换到孤岛模式时，微电网产生的电能和负荷需求之间的不平衡将会导致系统不稳定，此时设计合理微电网结构和采用恰当的控制方法是非常重要的。当微电网从孤岛模式重连到配电网，如何与电网同步是其主要问题。目前，储能装置对缺少惯性的微电网是维持其暂态能量平衡的必要元件。

根据并离网切换过程中微电网内的负荷是否存在失电现象，可分为有缝切换和无缝切换。根据切换前是否有足够的时间进行相关准备工作，又可以分为主动式并离网切换和被动式并离网切换。在公共线路进行计划检修等原因需要停电时，通常采用主动式并网转离网；而在线路发生故障导致失电时，需要启动被动式并网转离网。相比较而言，被动式并网转离网无缝切换的技术难度最高，国内外专家学者对此作了大量的研究，但在工程实践中成功的概率并不高。

6.3.1 主动式并网转离网切换技术

储能变流器可以接收自愈主站、光储一体化系统控制器等上层设备的遥控指令，主动进行并离网无缝切换。这种情况下，储能变流器可以预知光储一体化系统由并网模式转为离网模式的时刻，是实现无缝切换技术的前提。在无缝切换之前，需要能量管理系统根据电池 SOC 状态、光伏出力大小等因素决定投入和切除的负荷大小。

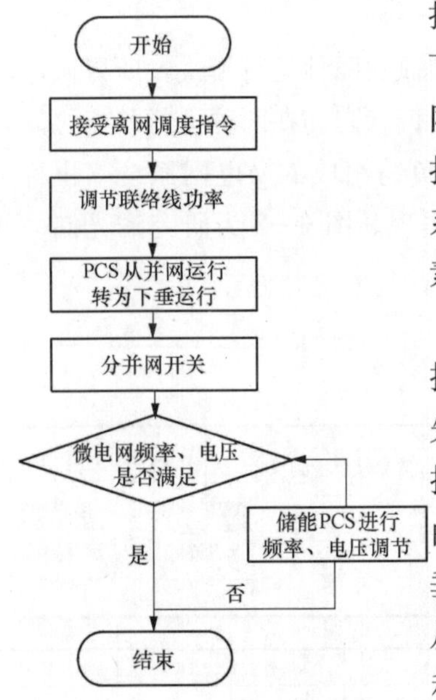

图 6-3　主动式无缝切换并网转离网流程图

主动式并网转离网无缝切换技术。从并网控制无缝切换到离网控制时，储能变流器需要先由并网 PQ 控制转为下垂控制（此时的下垂控制是不带功率闭环的），然后切开并网开关。由于储能变流器在切并网开关前后一直保持下垂控制（电压源控制），从而实现储能变流器从并网到离网的无缝切换，保证了系统内光伏和负载的供电连续性，即实现了光储一体化系统的无缝切换。流程框图如图 6-3 所示。

6.3.2 被动式并网转离网切换技术

配电网发生故障时，由于储能变流器无法预知并离网的状态切换时刻，因此不能实现微电网系统并网转离网的绝对无缝切换，只能实现带有短时停电的有缝切换。在电网恢复供电后，光储一体化系统控制器可以给储能变流器下发离网转并网的遥控指令，储能变流器预知状态切换时刻，因而可以实现无缝切换。

（1）被动式并网转离网有缝切换技术。基于储能 PCS 有缝切换控制，首先微电网控制器检测到外网故障，给储能 PCS 下发待机指令。能量管理系统根据电池 SOC 状态、分布式电源出力大小等综合因素决定投入和切除的负荷大小，然后进入黑启动控制模式，微电网控制器给储能 PCS 下发黑启动命令，储能 PCS 作为主电源给系统内分布式电源、负荷提供电压参考。随后分布式电源、负荷逐次投入，实现离网运行。流程框图如图 6-4 所示。

（2）被动式并网转离网无缝切换技术。由于 PCS 无法预知并离网的状态切换时刻，且在微电网并网运行时 PCS 运行于并网 PQ 控制模式，不具备电压频率自动调节能力，因此对于非计划并网转离网的无缝切换较难实现。微电网控制器通过孤岛检测电网是否发生故障，当检测到电网故障时，分别同时给控 PCS 转黑启动和并网点开关快速断开指令。若 PCS 在并网点开关断开后成功转为 PCS 黑启动控制模式，则可实现非计划并网转离网“无缝切换”，不成功则会进入黑启动控制。若进入黑启动控制则非计划并网转离网的切换为有缝切换。流程框图如图 6-5 所示。

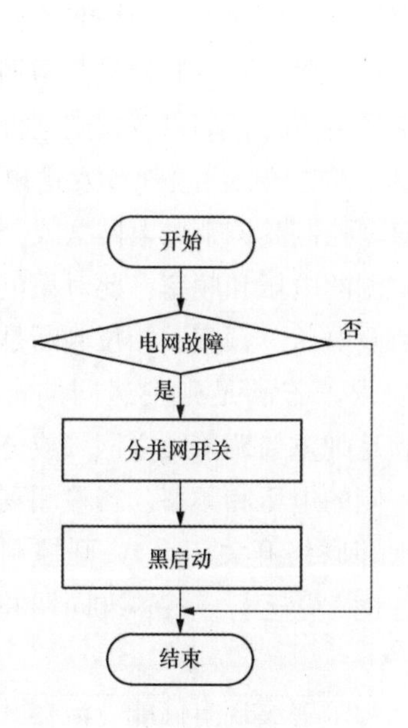

图 6-4　被动式并网转离网有缝切换流程图

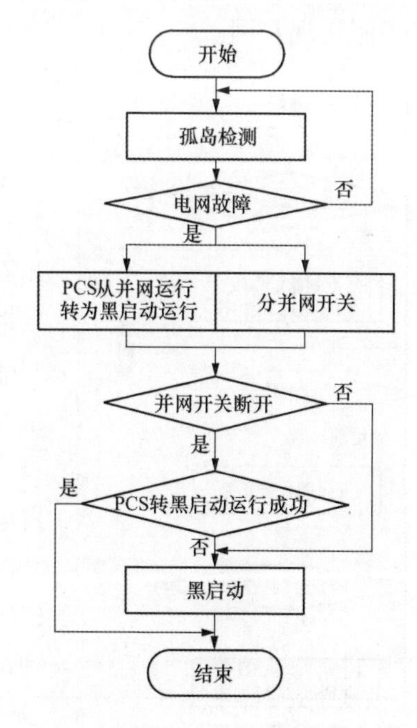

图 6-5　基于储能 PCS 的非计划并网转离网“无缝切换”控制流程图

6.3.3 同期并网功能

根据 Q/GDW 480—2010《分布式电源接入电网技术规定》，系统发生扰动脱网后，在电网电压和频率恢复到正常运行范围之前分布式电源不允许并网。在电网电压和频率恢复正常后，通过 380V 电压等级并网的分布式电源需要经过一定延时时间后才能重新并网，延时值应大于 20s，并网延时由电网调度机构给定，通过 10（6）～35kV 电压等级并网的分布式电源恢复并网必须经过电网调度机构的允许。由此可以看出，10kV 以下电压等级的分布式发电系统或微电网系统需具备自动恢复并网功能。

微电网控制器准同期并网功能主要实现微电网或分布式发电系统与大电网的准同期并网功能，以减小并网瞬间对两侧电网的冲击，尤其是对微电网（或分布式发电系统）的影响。同期并网的条件是两侧电网之间的相序、频率、电压都要相同，相位差为 0，由于实际中满足这些条件几乎不可能，因此若实现同期并网，满足准同期条件即可。准同期即指两侧电网之间的相序相同，电压差在允许范围之内，频率基本接近（存在一定的频差），相位差在设定范围内时，可控制实现并网。

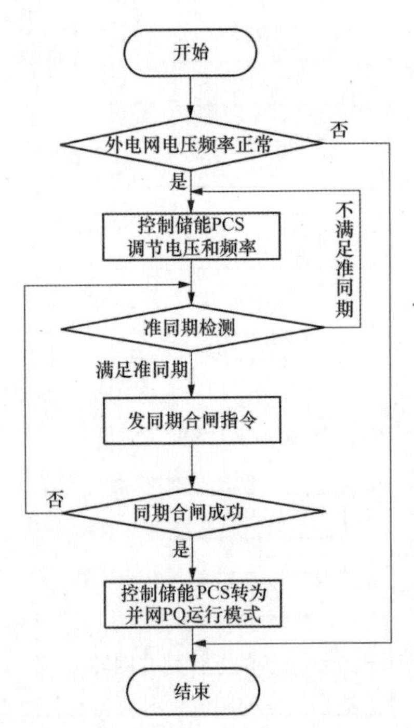

图 6-6　准同期并网控制流程

微电网控制器准同期并网控制流程如图 6-6 所示，首先微电网控制器检测两侧电网电压、频率是否正常，如果正常则进行准同期功能。然后向控制储能 PCS 发送电压和频率参考值，控制其调节微电网（或分布式发电系统）侧的电压和频率。此时微电网控制器根据两侧电压、频率、相位判断是否满足准同期要求，若满足则发送同期合闸指令，若不满足则重新调节微电网（或分布式发电系统）侧的电压和频率。当检测到同期合闸成功（即联络开关闭合），则控制储能 PCS 转为并网 PQ 运行模式，准同期并网控制结束。

另外，为了解决现有储能变流器并网运行转离网运行、离网运行转并网运行时需短时封脉冲的问题，本书介绍一种基于储能变流器的微电网运行方式主动无缝切换方法，实现微电网的无缝切换，保证微电网状态切换时，对微电网内负荷的不间断供电。

利用储能变流器主动检测到微电网的状态切换，进行相应的并网转离网或者离网转并网运行。在并网转离网运行时，通过控制离网 VF 控制的初始电压和相角保证负载电压波形连贯，实现了防止储能变流器将微电网电压波动、闪变导致的数字锁相环控制器输出异常误判为微电网孤岛运行的容错方法；在离网转并网运行时，通过准同期并网控制，实现储能变流器供电到主电网供电的平滑过渡，不依赖于对微电网并网开关合分位的检测，仅通过对储能变流器出口电压、电流等电气量来判断微电网的运行状态，控制方法具有普适性。

以微电网从并网到离网，再并网运行为例介绍其具体实施步骤。

（1）微电网运行状态检测。通过交流电压采样器采集储能变流器并网点处，即微电网并网开关储能变流器一侧的电网电压，计算该处电网电压的幅值并存储当前点至一周期前的电网电压的幅值，由此来实现连续监测微电网中储能变流器并网点的电压相角和幅值，对微电网的并网/孤岛运行状态进行判断，并锁存微电网运行状态转换前一个周期的并网点的电压幅值和相角，将此锁存值作为采用离网 *VF* 控制（即电压和频率控制）模式时的电压幅值和相角的初值。

（2）并网转离网控制。通过电压幅值、频率偏差比较器将交流电压采样器和数字锁相环控制器所得的电网电压幅值、相角和设定的定值相比较，当偏差小于设定值时，电网保持并网运行；当偏差大于设定值时，储能变流器由并网 *PQ* 控制模式切换到离网 *VF* 控制模式。

（3）准同期并网控制。在微电网离网运行时，当检测到电网恢复供电后，根据电网电压的幅值和相角，对储能变流器实施准同期并网控制。

具体过程是交流电压采样器采集储能变流器并网点处的电压并计算电压幅值，数字锁相控制器根据交流电压采样器采集的储能变流器侧的电压计算储能变流器侧的电压相角。交流电压采样器采集并网开关处电网侧的电压并计算并网开关电网侧的电压幅值，数字锁相控制器根据交流电压采样器采集的电网侧的电压计算并网开关电网侧的相角。计算两处的电压幅值、频率和相角差，当3个差值都小于设定值时，实施准同期合闸功能，而当两处的电压幅值、频率偏差大于设定值时，调整 *VF* 控制的电压幅值、频率设定值，直至电压幅值偏差、频率偏差小于设定值。

（4）离网转并网控制。在微电网离网运行时，比较数字锁相控制器计算所得电网相角和储能变流器离网 VF 控制模式下的期望相角，当两者的差大于设定值时，储能变流器从离网 VF 控制模式转为并网 PQ 控制模式。

6.4 微电网并网控制技术

微电网运行在并网模式下时，能实现削峰填谷、协助系统调频调压等作用，同时并网情况下，风电、光伏等的波动性会引起微电网与配电网联络线功率的波动，对系统产生不利的影响，平滑它们的出力，并将发电预测引入到控制策略，按计划曲线发电，这些都是微电网并网模式下的关键控制技术。

6.4.1 削峰填谷

削峰填谷的目的是使负荷的分布尽量均匀，考虑优化的目标函数为最小化负荷曲线的方差。原始的负荷分布经过电池充放电的调节后，形成新的负荷分布曲线。在新的曲线中，一天中各时刻负荷的方差（各负荷值偏移其平均值的大小）最小，即实现了负荷的均匀分布。微电网能量管理系统根据接收的光伏发电信息、本地电池状态等实时信息，结合发电/负荷预测数据，并考虑电池容量、充放电限制特性以及其他一些限制条件，进行优化计算，得出当前的储能功率并下发给储能变流器执行，控制方案如图 6-7 所示。

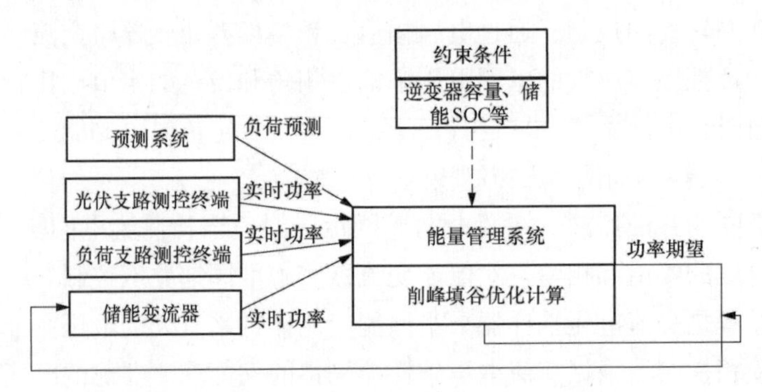

图 6-7 削峰填谷控制方案

6.4.2 调频调压

微电网能量管理系统可以收到智能配电网自愈主站下发的有功调节指令，并根据系统内各电源容量，结合光伏发电预测和储能 SOC 信息，计算储能应当发出的有功功率。当系统出现频率异常时，能量管理系统可以根据检测到的频率异常情况，调节储能有功出力大小，即进入紧急调频模式。

储能系统的频率控制主要体现在以下两方面：日常运行时，储能系统接受自愈主站的有功指令，参与全网频率控制；紧急情况时，由于功率缺额或过剩，系统频率发生明显波动，储能系统应迅速切换至紧急调频模式。控制策略具体包括以下环节：

（1）频率检测判断。实时检测电池储能系统接入点母线电压的频率，当与50Hz的频率偏差小于门槛值时，储能系统运行于日常模式，当频率波动超出上述范围时，判断发生了频率异常。为了避免瞬时频率变化或测量误差引起储能装置出力异常波动，在频率判断环节设置了一定的延时，即当频率波动超过门槛值并持续一段时间，才触发紧急调频模式。

（2）日常模式。日常运行时，频率位于稳定运行许可范围内，储能系统接收自愈主站的有功指令，参与全网有功频率优化调节。若调度系统指示储能系统无需参与日常的有功功率调节，则储能系统运行于削峰填谷模式。

（3）紧急调频控制。当电网发生频率异常时，为了避免持续性的有功缺额或过剩，减小对供电负荷的影响，储能系统进入紧急调频控制模式。考虑到储能系统容量一般较小，对频率调节能力有限，检测到频率异常条件下可满发或满吸有功。

电池储能系统的调频控制框图如图 6-8 所示。

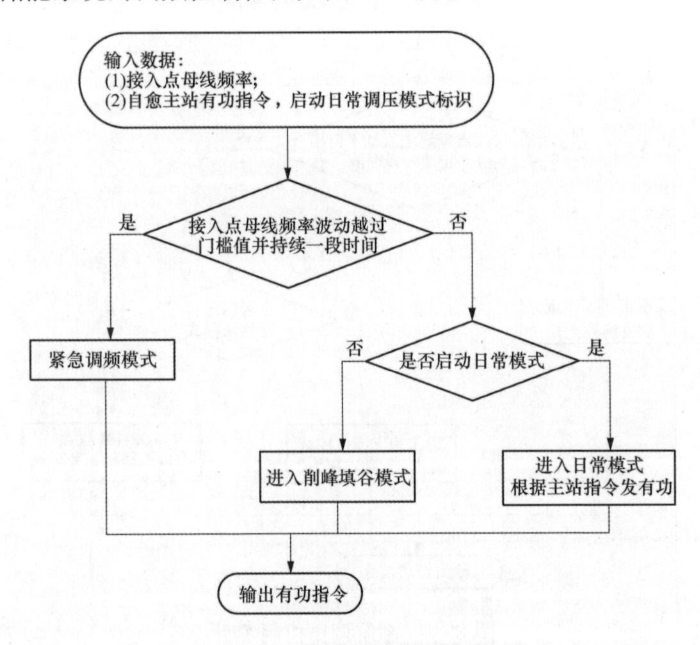

图 6-8　系统调频控制逻辑

光储一体化系统的调压策略与调频类似，也分为日常调压模式和紧急调压控制两种模式，包括以下环节：

（1）电压检测判断。实时检测电池储能系统接入点母线电压的幅值，当电压正常时，储能系统运行于日常调压模式，当电压超出门槛值时，判断发生了电压异常。为了避免瞬时电压跌落引起储能装置出力异常波动，在电压判断环节设置了一定的延时，即当电压跌落至门槛值以下并持续一段时间，才触发紧急无功支撑模式。

（2）日常调压模式。日常运行时，电压位于稳定运行许可范围内，储能系统接收自愈主站的无功或电压指令，参与全网无功电压优化调节。若主站系统指示储能系统无需参与日常调压，则储能系统运行于功率因数控制模式，输出无功为零，确保功率因数为 1。

（3）紧急无功支撑。当电网发生电压异常时，负荷侧电压严重跌落，为了避免电压崩溃，储能系统进入紧急无功支撑模式，满发容性无功。

电池储能系统的调压控制框图如图 6 - 9 所示。

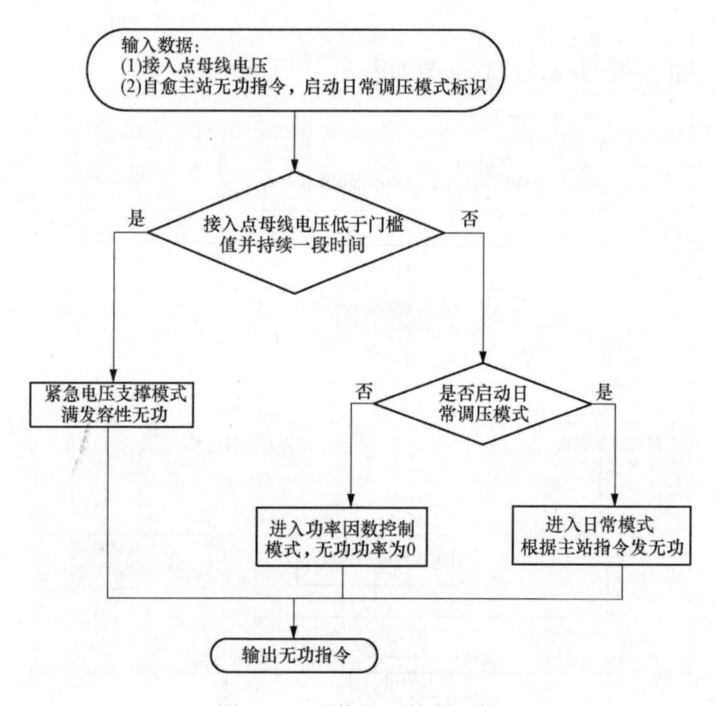

图 6 - 9　系统调压控制逻辑

6.4.3 联络线控制

光伏发电具有随机性、间歇性，可能会带来供电质量问题和电网稳定问题，储能系统具有动态吸收能量并适时释放的特点，能有效弥补光伏发电的间歇性、波动性缺点，改善联络线功率和电能质量的可控性，提升稳定水平。

6.4.4 平滑光伏出力

光伏输出功率中的低频分量波动比较缓慢，功率变化率较小。注入电网时电力系统有充足的时间进行响应，然而当高频分量与其叠加后，导致输出功率变化率较大，短时间内对电网造成严重的冲击，给电力系统安全运行带来了隐患。平滑控制方法的目标是要消除光伏输出功率波动中的高频分量，保证电力系统的安全稳定运行。

平滑输出控制主要针对新能源输出功率分钟级的短期波动。从控制效果上看，可认为是通过具有时间窗口为 Δt 的低通滤波器对光伏发电的输出功率进行滤波，其某一时刻滤波输出值应等于 Δt 时间段内的输出功率平均值，并以该平均值作为总输出功率目标值。储能系统“滤波”作用所具备的时间窗 Δt 越长，滤波后的曲线越平滑，所需的储能容量越大。

滤除功率波动中的高频分量可以使用一阶巴特沃兹低通滤波器如式（6 - 1）所示：

$$H(s)=\frac{1}{sT+1} \tag{6 - 1}$$

式中 T 为滤波时间常数。控制方案如图 6 - 10 所示。

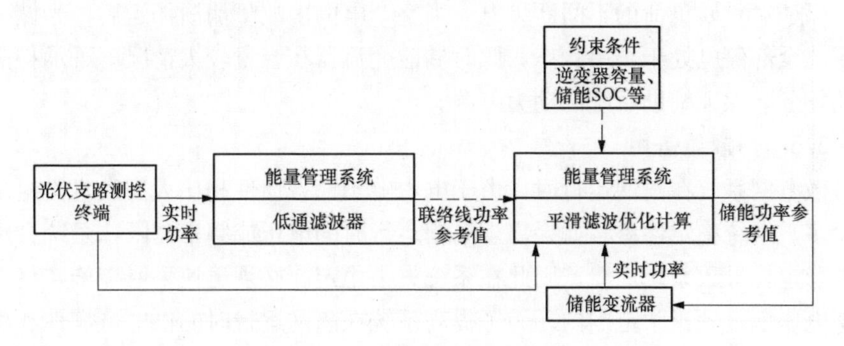

图 6 - 10　平滑光伏出力控制方案

6.4.5 计划曲线发电

通过能量管理系统和预测主机的联系，可以将发电预测引入到控制策略中，以收到自愈主站下发的发电计划作为下一时段发电目标值，对可再生能源的输出功率波动、计划目标值的变化率以及可再生能源并网、解列时的功率波动的要求，同时结合储能SOC、充放电功率、运行寿命限制以及储能变流器容量限制，给出储能系统最佳的充放电功率指令。

该策略需要接收自愈主站的调度指令，控制方案如图6-11所示。

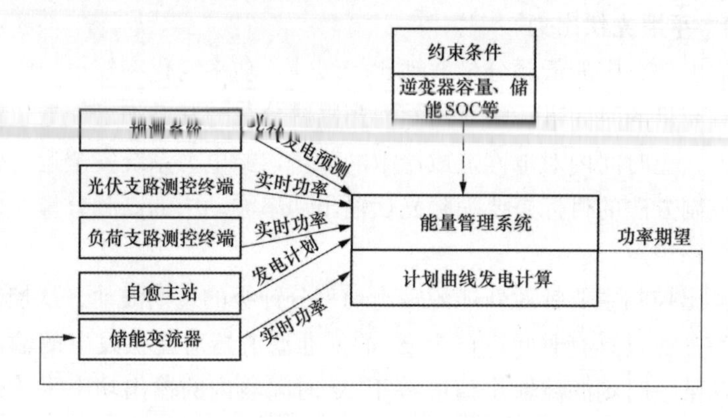

图6-11 计划曲线发电控制方案

6.5 微电网离网控制技术

微电网在离网运行时，由储能变流器作为主电源维持网内电压和频率的稳定，储能装置充当备用或应急电源，保存一定数量的电能，用以应付突发事件，保证对重要负荷的不间断供电。当整个电网因故障崩溃停运后，光储一体化系统全部停电处于全黑状态，此时储能变流器在容量较大情况下可承担黑启动的任务，保证辅助系统的动力电源。

6.5.1 紧急备用

微电网系统在离网运行时，由于电力电子设备惯性相比大型发电机组来说小得多，系统稳定性差。如果出现离网运行时的电压或频率越限，系统会迅速失去稳定，导致系统崩溃，因此在系统失去稳定前必须迅速采取措施，使系统频率电压恢复到正常范围内。为了提高系统在离网运行时的供电可靠性和稳定性，尤其是突发情况时保证对重要负荷的不间断供电，利用储能作为紧急备用的高级应用策略需要采取以下措施：

(1) 为了保证遇到异常情况时储能可以有效的调节电压或频率，正常运行时需要留有足够的功率裕量；

(2) 当系统遇到紧急情况时，系统控制器检测到电压或频率越过动作门槛值，并且变化率超过动作门槛值，会通过基于 IEC 61850 的高速通信网络，迅速调节储能的有功/无功出力；

(3) 当储能吸收的有功功率达到最大时，如果系统的频率仍然高于设定上限，控制器会按照优先级顺序切除负荷，以保证对重要负荷的不间断供电。

离网运行时储能作为紧急备用的总体控制方案如图 6-12 所示。

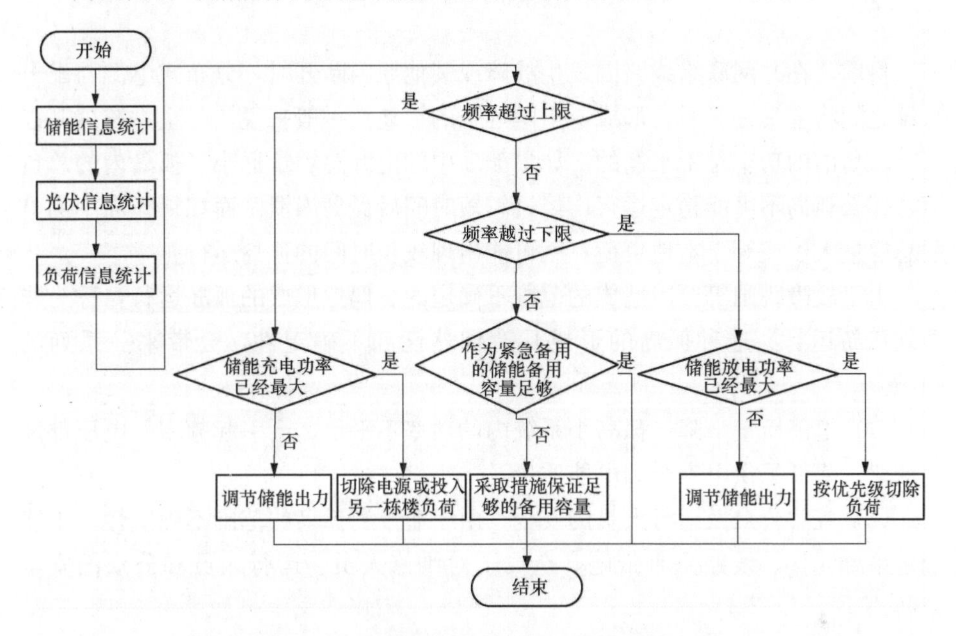

图 6-12　储能作为紧急备用的总体控制方案

6.5.2　微电网黑启动技术

黑启动是指整个电网因故障崩溃停运后光储一体化系统全部停电处于全黑状态，此时微电网在无任何外部供电的情况下自动启动并逐步带动系统内二次设备及重要负荷、光伏等，实现整个系统的恢复和供电。储能变流器具有响应快、容量大、调节速度快、能提供较大的初始启动功率等优点，因此储能变流器在容量较大情况下可承担黑启动的任务，保证辅助系统的动力电源。具体逻辑如下：

(1) 确保微电网系统与公共电网断开连接，确保光伏支路、所有负荷支路断开；

(2) 启动微电网系统中储能变流器，建立交流母线电压并使二次系统带电；

(3) 合上光伏等分布式电源支路开关，光伏逆变器检测到交流母线电压正常后自动投入发电；

(4) 根据最大发电功率和当前负荷的缺额情况，按优先级顺序逐级投入系统内负荷。

6.6 孤岛保护技术

目前，在并网联络线路因发生故障或其他原因断开时，分布式电源与配电系统之间将会失去联系，形成一个电气上的孤岛。一般来说，与主系统分开以后，孤岛内的功率是不平衡的。如果孤岛中的电源总容量远小于孤岛内的总负荷，那么孤岛不可能稳定运行，经过较短时间后孤岛崩溃。而如果孤岛中的电源总容量大于或等于本地负荷，就可能出现较长时间的孤岛运行。

由于故障跳闸等原因造成的范围不确定的、偶然形成的孤岛运行，称为非计划孤岛运行。这种孤岛的形成具有偶然性和不确定性，会带来一系列的问题：

(1) 电能质量下降。孤岛小系统内的功率不平衡，会引起频率、电压都发生变化，降低了供电安全和电能质量。

(2) 威胁公众及运行人员的安全。由于非计划孤岛的范围不确定性，不能确定系统元件、线路是否带电，造成了对维修人员、运行人员和公众的安全威胁。

(3) 改变流经保护的电流大小，影响了继电保护的正确动作。

(4) 可能会失去接地点，威胁绝缘安全。

(5) 影响自动重合闸。形成孤岛后，DG可能仍对跳闸线路的另一端供电，造成检无压重合闸失败，或因孤岛与主系统失步，检同期合闸失败，从而引起不必要的停电及对DG、系统设备的损害。

为避免非计划孤岛运行带来的不利影响，对于无法形成计划孤岛的分布式发电设备，一般都要求系统配置防孤岛保护，在因系统故障等原因导致与主配电系统失去联系后，尽快地将分布式电源断开。

现有的孤岛检测原理主要为被动检测、主动检测及基于通信的联锁跳闸方法。被动检测就是通过检测孤岛形成前后的频率、电压、功率输出等电气量变化，来判断是否与主电网断开，主要包括低频低压、高频高压、频率变化率法。优点是原理简单、实现方便，但由于仅反映频率及电压的大小，容易受重负荷切换或大电源跳闸等原因引起的频率、电压变化的影响，误动率较高。

主动检测通过控制DG并网逆变器对系统施加一个外部干扰，然后监视系统的响应来判断是否形成孤岛，一般是通过调制DG并网逆变器的有功或无功输出，检测电压和频率的响应变化。有的主动检测还可以构成正反馈，加快孤岛的瓦解。优点是即使是功率完全平衡的孤岛，也可以通过主动干扰来破坏功率平衡，从而被可靠地检测出来。缺点是外部干扰会影响供电质量，检测的时间也会比被动检测长，且当系统中包含多个DG时，各电源主动检测装置发出的干扰信号可能互相影响，降低检测效果。

基于通信的联锁跳闸方法的基本思想是监控电路中所有可能导致孤岛形成的断路器或开关的状态。当某个开关动作导致并网线断开时，该开关处的监测装置将发送跳闸信号，中止并网线下级所有DG的运行。优点是原理简单；缺点是实现复杂，当系统拓扑结构复杂或馈线拓扑结构不固定时，联锁跳闸的逻辑关系将变得相当复杂。首先需要监测每个分布式电源与变电站之间的所有开关状态，另外拓扑变化的时候，还需要重新配置所有的跳闸逻辑。联锁跳闸可以可靠地避免所有的非计划孤岛，对具有固定拓扑结构的系统简单有效，但其成本高、操作复杂。

为了解决现有技术中存在分布式电源孤岛状态检测的技术问题，本文介绍了一种基于等效负序阻抗的分布式电源孤岛保护方法。该方法利用了DG并网状态与孤网状态下，系统等效负序阻抗将出现极大变化的特点。

DG与系统并网运行时，由于DG和本地负荷的匹配程度不同，并网线的潮流方向不是单一的。这部分配电网可能会从系统中吸收有功（无功），也可能向系统送入有功（无功）。所以与系统分开以后，孤岛内部就出现了功率不平衡。以图6-13中区域Zone1为例，当系统发生故障时，断路器QF2跳开，Zone1与主系统断开，形成孤岛。Zone1内出现了功率不平衡，引起了一个暂态响应过程。如果DG1的调节裕量和调节速度足够，就可以在较短时间内达到一个新的稳态。内部功率达到平衡，频率、电压也在允许范围内，孤岛可以持续较长时间的稳定运行。而如果DG1的调节能力不足，孤岛只能持续较短的时间，并逐渐崩溃。如果预先规划好解列点，构造一个功率基本平衡的区域，则孤岛可以持续运行。

对于接入380V的配电系统的DG，一般有两个特点存在：

（1）DG的容量和电网的容量相比较小，常规的DG容量在几百千瓦到兆瓦级，与10kV系统相比，非常小。

（2）380V配电负荷的三相不对称程度比较高，配电380V出线的负荷往

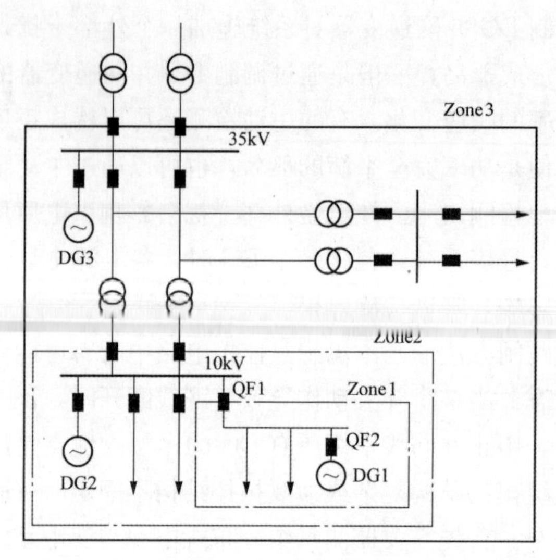

图 6-13　孤岛区域示意图

往是单相负荷，总体来说各相阻抗并不对称。

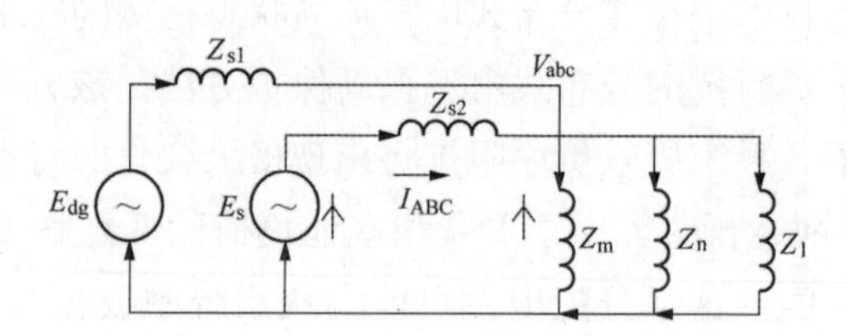

图 6-14　含 DG 的配电网等效阻抗示意图

基于以上假设，假设如图 6-14 所示的系统，存在多条电源支路和负荷支路，在其中某一处负荷点（例如回路 Z_l），观测到的等效负序阻抗表达式为

$$Z_2 = Z_{s1}//Z_{s2}//Z_{m2}//Z_{n2}$$

式中　Z_{m2}、Z_{n2}——负荷支路的负序阻抗；

Z_{s1}、Z_{s2}——电源回路 1、2 的负序阻抗；

E_{dg}——分布式电源的电动势；

E_s——电力系统的等效电动势。

考虑到“分布式电源的容量一般远小于系统容量”，则 DG 支路的负序阻抗（其实就是正序阻抗）一般远大于系统回路的负序阻抗。微电网系统与电网连接或者断开时，从某个负荷支路感受到的等效负序阻抗会有显著区别，如：

（1）当微电网与电力系统并网运行时，则 $Z_{2G} = Z_{s1}//Z_{s2}//Z_{m2}//Z_{n2}$ ；其中，Z_{2G} 为装置在并网状态下计算出的等效负序阻抗。

（2）当微电网孤岛运行时，则 $Z_{2S} = Z_{s1}//Z_{m2}//Z_{n2}$ ；其中，Z_{2S} 为装置在孤岛状态下计算出的等效负序阻抗。

（3）如果 $E_{dg} << E_{s}$ ，则 $Z_{s1} >> Z_{s2}$ ，孤岛运行时，有 $Z_{2S} >> Z_{2G}$ ，由此构成继电保护装置的判据。

仿真表明，孤岛和并网状态间的阻抗至少差十几倍，因此不需要整定并网状态时的具体阻抗，仅依靠装置自动测量并“记忆”为定值即可。

本方法不受分布式电源并网逆变器的影响，仅根据电网的电压和电流，就可以实现孤岛判断。无论系统中分布式电源的数量有多少，只要多个分布式电源组成的微电网与电力系统存在明显的联络线或者断开点，则本方法就可以准确判断出孤岛的存在。无论电力系统的拓扑结构如何变化，对应的等效负序阻抗均会相应变化，因此，无需知道上一级供电回路的开关状态，也不用知道电网的拓扑。

参 考 文 献

[1] 王成山，李鹏．分布式发电、微网与智能配电网的发展与挑战．电力系统自动化，2010，34（2）：10-14.

[2] 战杰，肖静，赵义术．分布式电源和微网在智能配电网自愈功能中的作用分析．山东电力高等专科学校学报，2010，13（2）：33-36.

[3] 新能源与分布式发电技术，http：//www. docin. com/p-346368259. html.

[4] 王鹤，李国庆．含多种分布式电源的微电网控制策略．2012，32（5）：19-23.

[5] 王成山，肖朝霞，王守相. 微网综合控制与分析．电力系统自动化，2008，32（7）：98-103.

智能配电网通信技术

配电网通信是配电管理和信息传输的大动脉，也是配电网数据业务的物理载体。正是有了配电网通信技术的不断发展，才实现了配电网自动化和高效管理的不断飞跃。

本章将系统地介绍智能配电网通信的特点、结构、方式、标准等，并分析智能配电网对通信的要求，最后介绍了自愈控制的IEC 61850通信映射和站间通信设计方案。

7.1 智能配电网的通信网络需求

作为智能电网的重要组成部分，智能配电网的通信网络涉及智能电网中ADO（Advanced Distribution Operation，高级配电运行）中高级配电自动化、网络保护和分布式能源接入业务，包括了高级量测体系（Advanced Metering Infrastructure，AMI）中智能电表盒符合控制管理业务，以及高级资产管理（Advanced Asset Management，AAM）中设备运行状态监控业务，智能配电网通信网络覆盖业务广泛，所需通信技术繁多。

（1）高级配电运行的需求。ADO（高级配电运行）是智能电网实现自愈的基础，是智能电网对配电网系统的要求。为了达到这一目标，智能配电网的通信网络必须满足拓扑灵活重构，并能进行实时信息监控和大数据分析。由于在配电网系统中需要装配大量的监控传感器并组成相应的通信网络，因此需要保证这些传感器能对配电网的运行进行快速预测并做出应有的响应。

智能电网保护方式与传统配电网不同，其采用通信网络通道进行纵联保护替代电流保护。为满足配电网 FTU、DTU 和 TTU 设备的监控测量信息、自愈控制信息以及故障定位信息的输送，需要考虑通信网络的可靠性、实时性、双向性、灵活性各方面的要求，还需要考虑不同业务的需求和成本等因素。

此外，对于分布式电源、储能站状态监测、控制、管理信息与配电网调度端交互通信时延应不大于 1s，而对于分布式能源站预测负荷曲线大约是 15min 一次，24h 中 96 点预测点曲线上传调度端，通信时延应不大于 1min，通信带宽不低于 5k。

因此，为了满足 ADO 通信的需求，智能配电网的通信网络必须满足：

1）组网方式灵活，可重构；

2）满足毫秒级时延要求；

3）通信带宽应不少于 64k。

（2）高级量测体系的需求。智能电网 AMI 部分主要涉及用户授权，使系统同负荷建立联系，该部分业务包含较多的技术和应用的解决方案，其中：

1）智能电表通信需求。智能电表的应用业务中要求网络允许定时或即时获取用户用电信息，并能传递相关信息，如：实时电费、分时电价以及智能家电控制等信息。智能电表通过适宜的传输方式将信息汇聚到台区集中点，再通过主干网络传送，智能电表到台区集中点的带宽应不小于0.01k/s。

2）用户侧管理的通信需求。智能配电网的通信网络需要满足计量数据管理系统、用户内网、用户服务以及远程通断的通信需求，还包括对大负荷用户的负荷预测、负荷控制、负荷需求管理以及电能质量监测等的网络需求。

为了满足 AMI 通信的需求，智能配电网的通信网络网络带宽应不小于 10k，时延应不超过 1min，必须满足双通道，并且能把表计信息（如：故障报警和装置干扰报警）准确实时地从用户侧传送到数据中心。

（3）高级资产管理的需求。为了保障智能配电网中关于 AAM 的业务功能，配电网中需装配大量可以提供数据反馈的高级传感器。传感器将收集到的实时数据，如：资产运行状态、检修率、模拟与仿真、顾客服务等，通过通信网络及时的传回中心。智能配电网的通信网络应能满足上述的数据传输需求，并保证监测业务的时延为秒级，支持单点流量不小于 8k[1]。

搭建一张以光纤为主导、其他通信技术为辅的网络是建设高品质智能配电网的前提和基础。智能配电网业务对通信网络的大体需求如表 7-1 所示。

表 7-1　　智能配电网业务对通信网络的大体需求

序号	类别	业务名称	通道接口	时延	单节点流量 bit/s	110kV变电站覆盖节点数量	总流量 bit/s	适用的通信平台
1	ADO	纵联网络保护	以太网、G.7032M、专用光纤	<100ms	64k～1M	60	60M	光纤通信
2	ADO	高级配电自动化	按照以太网、音频拨号	<500ms	30k	300	9M	光纤通信
3	ADO	储能占监测管理	按照以太网	<1s	1M	4	4M	光纤通信
4	ADO	分布式能源站SCADA、AGC、AVC控制	按照以太网	<1s	30k	12	360k	光纤通信
5	ADO	分布式能源站符合预测	按照以太网	<60s	5k	12	60k	光纤通信、无线通信
6	AMI	智能电表（台区集中点）	按照以太网、载波、RS485	<60s	按 300bpm <0.01k	20万（400个台区集中点）	2M（每台区5k）	无线、载波、租用公网无线
7	AMI	符合需求控制管理	按照以太网	<60s	<5k	200	1M	无线、载波
8	AAM	设备运行状态监测信息	按照以太网	<3s	<4k	2000	8M	无线宽带、公网无线

7.2　智能配电网通信特点

满足智能配电网需求的通信网络具备如下几大特点：

(1) 通信节点多、网络拓扑复杂。配电网中包含较多的智能设备、终端节点和信息中心等通信节点，这些通信节点间通信规约不尽相同，且制造厂商不同对通信的要求也不同，因此通常不同厂商不同类型的节点间通信需要耗费较大的资源进行通信调试和适配。此外，由于通信规约不同，通信的介质不同，组网方式不同在一定程度上进一步增加了网络间的通信复杂度和成本。

（2）通信距离差别大。与传统电网相比智能配电网的传输距离相对较近，但由于接入的介质不同以及网络的分布差别，各个节点间的通信距离差别较大。智能配电网在组网上常采用主干通信结合小区域分支通信的通信方案，区域内通信距离短，主干通信距离大。因此智能配电网在主干通信多采用光纤等，而在小区域分支通信方面会采用多种通信技术相结合，如光纤、电缆、ZigBee/WiFi/LTE 等。

（3）通信频繁，数据种类多，数据量大。智能配电网对通信数据的要求较传统配电网更高。智能配电网中各通信节点需要频繁进行信息交互，不同设备不同节点间通信数据种类多，单个的数据量有限，因此在总量上各个节点间的数据交互量较大，对网络的带宽和传输速率有较高要求。另外，传统配电网采用的 RS-485、PLC 等通信技术在通信传输的质量上已经无法满足智能配电网对通信传输的质量要求（如：误码率、信息安全和抗干扰等）[2]。

因此，需要建立一个可靠、通用、高效、自愈能力强的广域通信网络来支撑智能配电网的业务、拓扑和数据的需求。

7.3 配电通信网结构

配电网的通信根据传输信息的实时性和数据量的不同需求，一般把它划分为骨干层网络和接入层网络。配电通信网络结构如图 7-1 所示：

配电主站与配电子站之间的通信通道为骨干层通信网络。骨干层通信网络原则上应采用光纤传输网，在条件不具备的特殊情况下，也可采用其他专网通信方式作为补充。由于骨干层网络是整个配电网的控制和管理核心。配电网骨干层网络应健壮且具备自愈能力，已满足配电网系统的高可靠性的要求。

而接入层通信网络应因地制宜，可综合采用光纤专网、配电线载波、无线等多种通信方式。采用多种通信方式时应实现多种方式的统一接入、统一接口规范和统一管理，配电网对接入层的主要需求是数据接入容量和接入数据的稳定性。

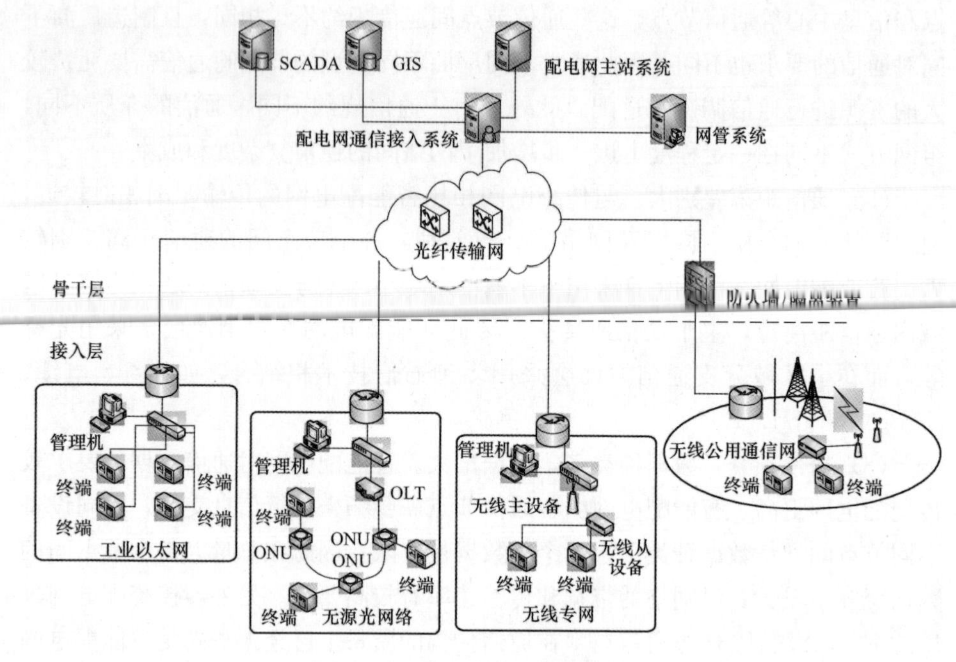

图 7-1　配电网通信网络结构图

7.4　智能配电网通信技术

智能配电网发展离不开通信技术的进步。传统配电网采用的通信技术已经无法满足智能配电网的发展需求，如：大量的分布式电源接入配电网，需要对其进行实时稳定的管理与控制；随着配电网规模的不断增大，会产生越来越多的数据。为了能确保智能电网的安全可靠运行，智能配电网的通信系统必须在满足配电网发展需求的同时提供更高的可靠性、安全性、实时性、正确性以及灵活性等。下面将介绍当前主流的适用于智能配电网的通信技术，包括：EPON（以太网无源光网络）、工业以太网、BPL（宽带电力线）、无线公网和无线专网等。

（1）EPON（Ethernet Passive Optical Network，以太无源光网络）是一种光纤接入技术，它采用点到多点结构、无源光纤传输，在以太网上提供多种业务。EPON 综合了 PON 技术和以太网技术，具有主要如下优点：成本低，带宽高；扩展性强，组网灵活；高兼容，易维护；高安全性和可靠性。

虽然 EPON 在组建配电网方面有诸多的上述优势，但也具有相应的缺点，如前期建设的工程量大，投资成本高。

（2）工业以太网是应用于工业控制领域的以太网技术。重点在于利用交换式以太网技术，为控制器和工作站以及工作站之间的相互协调合作提供一种交互机制并和上层信息网络无缝集成。工业以太网是基于以太网技术而进一步强化以适应面向生产过程，对实时性、可靠性、安全性和数据完整性有高要求的工业控制领域。工业以太网相较于传统配电网中有线通信的技术有如下优势：数字化全开放网络，便于实现互联；无缝对接企业网与控制网，便于实现管控一体化；实施成本低；通信速率高，稳定性好。

（3）BPL（宽带电力线）通常使用1MHz和50MHz之间的频谱，有大量的可用频段（比PRIME更多），这使得当某些频率受到干扰时，数据包有更多的选择，因而其可靠性高于PLC。但是，高频率也使其通信距离及线路长度变短。BPL速率约为1～5Mbit/s，甚至在中压线上可达15Mbit/s。BPL节点可以设置在网状网络中。可以容纳较多的设备以及增加除抄表以外的功能，也可以作为局域网和广域网之间的桥接技术，适合设备密度高的城市环境。[3]

（4）无线公网通信是指使用由电信部门建设、维护和管理。面向社会开放的通信系统和设备所提供的公共通信服务。公共通信网具有地域覆盖面广、技术成熟可靠、通信质量高、建设和维护质量高等优点。利用公共通信方式。既可以传输电力系统的语音业务，也可以传输自动化等数据信息业务。目前无线公网通信主要包括GPRS、CDMA、3G和LTE等。无线公网具有实时传输、网络覆盖范围广等优点，但也存在缺点，如：安全性差；易受干扰，不稳定等。

（5）无线专网由于与公网分开，安全性、可靠性比较有保障。微波无线专网包括WiMAX、McWILL以及WiFi等等。无线专网的优点在于：接入简单、组网方便，扩展性强，融合性好，传输距离较远；缺点在于对无线芯片依赖大，受限于芯片厂商。

7.5 智能配电网通信标准

7.5.1 通信协议

目前，智能配电网通信面临的主要挑战之一是缺乏统一的通信模型和通信规范，这种情况影响了智能电力设备、智能电表和可再生能源的融合以及它们间的相互操作。智能配电网还包含了微电网和可再生能源的接入，储能、电动汽车等充放电、配电网一次设备的状态监测与资产管理等。此外，智能配电网需要与变电站自动化系统、控制中心等智能电网其他组成部分相互协作，互相配合。在数据模型的统一描述、信息交换、通信技术等支持方面需要有统一标准的规范，解决各个异构设备、系统和网络等之间的通信问题。智能配电网具有自组织、自适应、易于实现等特征，配电网中的智能设备则具备自发现和自描述的能力。以上这些需求和特征都需要有标准的开放式通信体系来满足和支撑。因此，建立符合智能配电网通信需求的统一的开放式的通信体系是当务之急。表 7 - 2 总结了主要的智能配电网通信的标准，并列举其主要的应用范围。

表 7 - 2　　智能配电网的主要通信标准[4]

通信标准	描述	应用领域
IEEE 1379	IEEE 关于变电站中 IED 与 RTU 之间的数据通信推荐实施规程	变电站内通信
IEEE 1547	IEEE 关于分布式电源并网的标准，该标准规定了容量 10MVA 以下 DR 并网的通用技术基本要求	分布式电源并网
IEEE 1646	IEEE 关于变电站通信传输时间性能要求	变电站通信
IEC 60870 - 5 - 104	IEC 关于远动设备及系统的传输规约	变电站间以及与控制中心间的通信
IEC 61850	IEC 关于变电站通信网络和系统的通信标准，是基于通用网络通信平台的变电站自动化系统的唯一国际标准	变电站通信
IEC61968	定义了配电领域的信息交换模型	EMS
IEC61970	定义了能量管理系统（EMS）的应用程序接口（API），目的在于便于集成来自不同厂家的 EMS 内部的各种应用，便于将 EMS 与调度中心内部其他系统互联，以及便于实现不同调度中心 EMS 之间的模型交换	EMS 和故障信息系统等等
IEC62351	用于处理 TC 57 系列协议的信息安全问题，包括：IEC 60870 - 5、IEC 60870 - 6、IEC 61850、IEC 61970 和 IEC 61968	信息安全
ANSI C12. 19	通用数据结构的测量模型，电表数据通信的工业标准	高级量测体系需求
ANSI C12. 18	智能电表与用户之间的双向通信	高级量测体系需求

7. 5. 2　IEC 61850 中配网相关的进展

表 7 - 2 所列标准中，IEC 61850、IEC 61970 以及 IEC 62351 等标准已经成为

智能电网建设的核心标准，其中 IEC 61850 已经逐步成为配电网领域通信的主要使用标准，IEC 61850 ED1.0 中的建模、通信映射等方式已经在电网领域得到验证。而定位于智能电网的 IEC 61850 ED2.0 也已经开始进一步在除了电网以外的领域进行扩展。IEC 的 TC 57 工作组已经启动了 IEC 61850 的配电网领域的扩展计划，并对 IEC 61850 ED1.0 中未涉及的应用领域进行扩展，如图 7-2 所示。

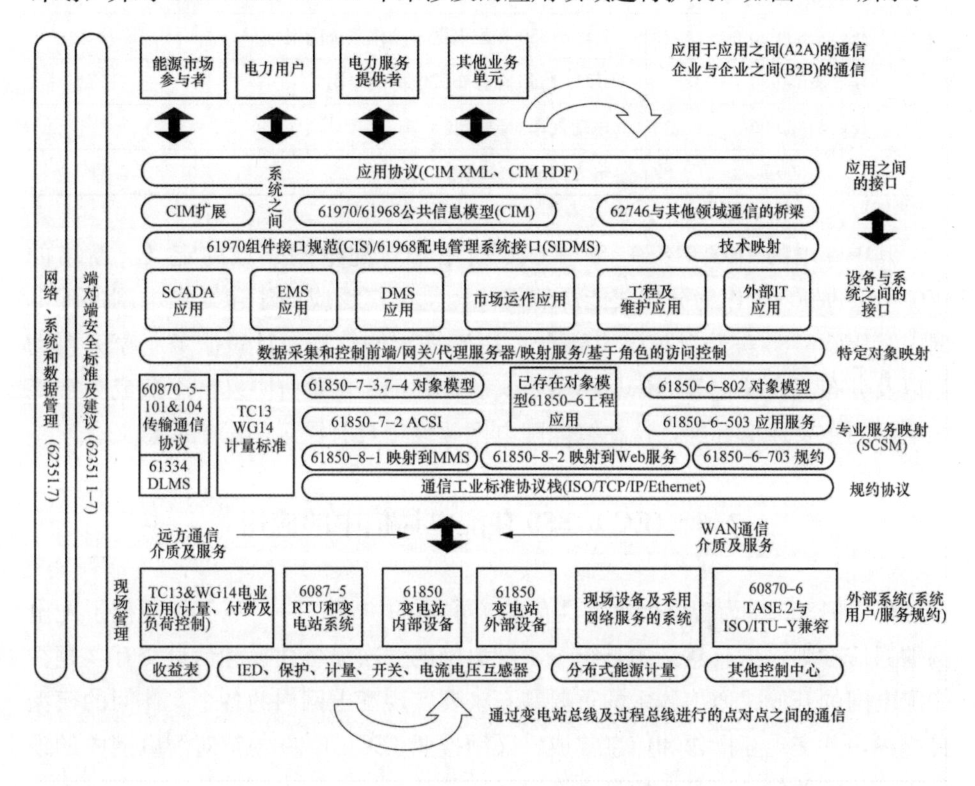

图 7-2　IEC/TC 57 标准参考结构图

按照智能电网的需求，TC 57 工作组在原有的 IEC 61850 ED1.0 的基础上新增了表 7-3 所列标准。

表 7-3　　IEC 61850 主要新增标准系列

编　　号	应 用 领 域
IEC 61850-7-410	水电站自动化系统监视和控制
IEC 61850-7-420	分布式能源通信系统
IEC 61850-90-1	IEC 61850 用于变电站之间通信

续表

编　号	应 用 领 域
IEC 61850-90-2	IEC 61850 用于变电站与控制中心之间通信
IEC 61850-90-3	IEC 61850 用于状态监测诊断与分析
IEC 61850-90-5	使用 IEC 61850 按照 IEEE C37.118 传输同步相量信息
IEC 61850-90-6	IEC 61850 在配电网自动化系统应用
IEC 61850-90-7	IEC 61850 在分布式电源中应用
IEC 61850-90-8	电动汽车对象模型
IEC 61850-90-9	电力储能对象模型

其中新增的 IEC 61850 - 90 - 6 专门用于对配电网领域的定义。新增的 IEC 61850 -90 - 7 作为分布式能源的规范，也可广泛应用于包含微电网的配电网中。IEC 61850 - 7 - 420/430 部分，用于需求侧管理、计量服务、家庭自动化以及分布式自动化等的信息模型定义。IEC 61850 通信协议将逐渐成为智能配电网的主要通信标准，这在智能配电网建设中具有深远的影响和意义。

7.6　IEC 61850 在配电通信中的应用

IEC 61850 作为智能配电网通信的最重要的协议之一，不仅仅规范了配电网的通信准则，更具意义的是统一了配电网的二次设备建模和信息交互，是智能配电网的开放式通信体系的重要基石。要实现配电网内的各个实体间的模型自描述，并实现互操作和信息集成，必须按照 IEC 61850 规范对配电网中的设备进行相应的信息建模、信息交换以及通信映射等。

7.6.1　基于 IEC 61850 的配电网通信建模

目前 IEC 61850 对于配电网中的分布式电源、智能用电、储能、充换电设施等相关二次设备模型的建模规定并不完善，下面就以配电网中的终端设备以及分布式电源为例说明 IEC 61850 在智能配电网中的通信建模过程。

（1）终端设备建模。配电网中终端设备通常指 FTU、DTU 和 TTU 三种。下面按照 IEC 61850 规范，对典型的普通 FTU 进行建模。

智能配电网系统中采用一个终端设备建模成一个 IED 的原则。按照通信监视与控制分开的系统通信框架，同时为满足终端对外描述可见的行为，每个终端的 IED 内包含 MMS 和 GOOSE 相关的两个访问点 AP（AccessPoint），其中MMS相关的AP主要完成控制器相关信息的上送，GOOSE相关的AP主要完成控制相关功能。每个AP下只建模一个Server包含相关的Logical Device信息。

各个不同终端的差异主要体现在Logical Device（LD）和其相关Logical Node（LN）的组织。每个Server至少包含以下3个LD：LD0、MEAS和CNTL，另外对具有保护功能终端还需包含PROT这个LD。由于终端设备都需要相关的电源管理，所以还需要包含相应的电源管理相关的LD，实例名为PWER。

按照IEC 61850建模规范要求，每个LD下至少包含2个LN：LLN0和LPHD，其中LLN0主要包含其他LN节点相关的公共信息，如数据集、报告控制块等。LPHD这个LN包含逻辑物理设备相关的信息，同时也包含了通信扩展代理的标示信息。另外，除了必须包含的LLN0和LPHD，与保护功能相关的LD建模为PROT，与测量相关的LD建模为MEAS。与各个终端IED功能原理密切相关的LD都由不同的功能的LN组成。另外，与控制相关的LD建模CNTL分布在GOOSE的访问点下，该LD主要包含需要通过GOOSE控制的LN信息，如GAPC等。由于现有的LN中所包含的DO并不能完全满足实际装置的建模需要，所以对部分LN进行了扩展。图7-3为典型终端设备FTU的模型，其他终端设备的模型可参照上述方法建立。

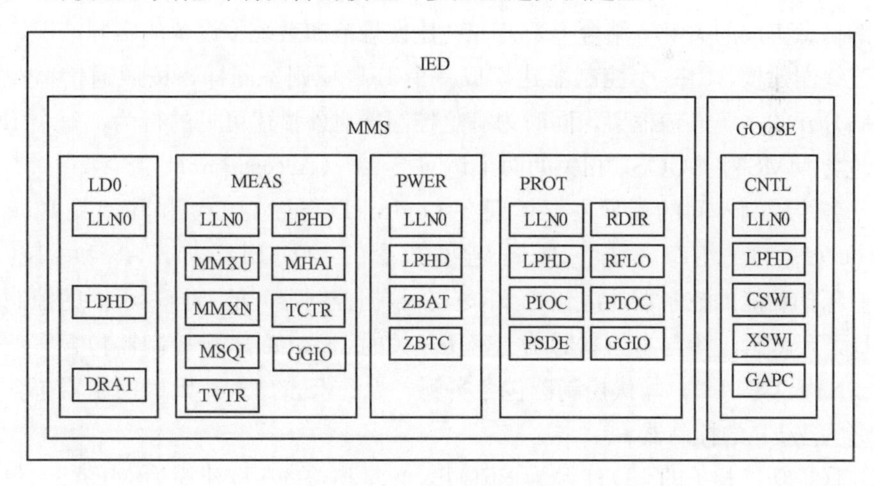

图7-3　FTU模型

FTU作为终端主要承担监视和控制相应的设备的职责，将与FTU电源管理相关的逻辑节点建模在PWER这个专为电源管理设置LD内。PROT该LD

作为FTU具备的保护功能建模成的LD，根据FTU的保护功能，通常会具备如下LN：PIOC、PTOC、PSDE、RDIR和RFLO。其中PIOC是与瞬时过流相关的保护功能，PTOC是关于时限过流保护功能，PSDE是灵敏方向接地故障保护功能，与故障信息相关的功能则由RDIR和RFLO两个LN来承担。由于FTU保护功能较多，IEC 61850规范的LN并不能完全满足需要可以采用GGIO来建模相应的保护功能。FTU测控相关的LD之外，ZRCT和ZINV相关的功能也带有必要的事件信息，所以对这两个LN扩展了两个事件相关的DO，即一个表示保护启动、一个表示保护动作[5]。

作为FTU的量测信息，主要信息建模于MEAS这个LD内，MMXU等LN无法满足FTU所有量测信息的建模，所以MEAS内除了MMXU、MMXN、MHAI和MSQI等LN外，还需要增加TCTR、TVTR。

由于FTU种类较多，不同FTU功能不能完全通过上述提到的LN进行建模实现，所以对附属于FTU的其他功能可以采用通用的输入输出LN进行建模，即采用GGIO来定义相应的输入和输出信息。

(2) PCS建模。根据IEC 61850-7-420对分布式电源的规定，对智能设备进行建模和信息集成。由于不同设备间的实现原理和功能差异较大，没有相应的标准可参照，设备间的通信多采用私有过程控制规约，不利于信息集成，给工程实施带来较大困难。标准的信息模型，规范的通信规约是目前配电网设备的信息集成的关键。结合IEC 61850建模规范和系统中设备的实际情况，同上述终端建模，将一个控制器建模成一个IED原则。同样，按照通信监视与控制分开的系统通信框架，同时为满足控制器对外描述可见的行为，每个IED内包含MMS和GOOSE相关的两个访问点AP（AccessPoint）。

各个控制器间的差异主要体现在Logical Device（LD）和其相关Logical Node（LN）的组织。每个Server至少包含的LD：LD0、MEAS和CNTL，具有保护功能的控制器还应包含PROT。根据控制器间的差异，不同的控制器IED下还包含一个与本控制器功能密切相关的LD，如PCS控制器包含实例名为CNVRT的LD，光伏控制器包含实例名为PVS的LD，风机控制器包含实例名为WPP的控制器。

保护功能相关的LD建模为PROT，测量相关的LD建模为MEAS。与各个控制器IED功能原理密切相关的LD都由不同功能的LN组成，CNTL分布在GOOSE的访问点下，图7-4为储能关键设备PCS的模型，其他设备的模型可参照建立。

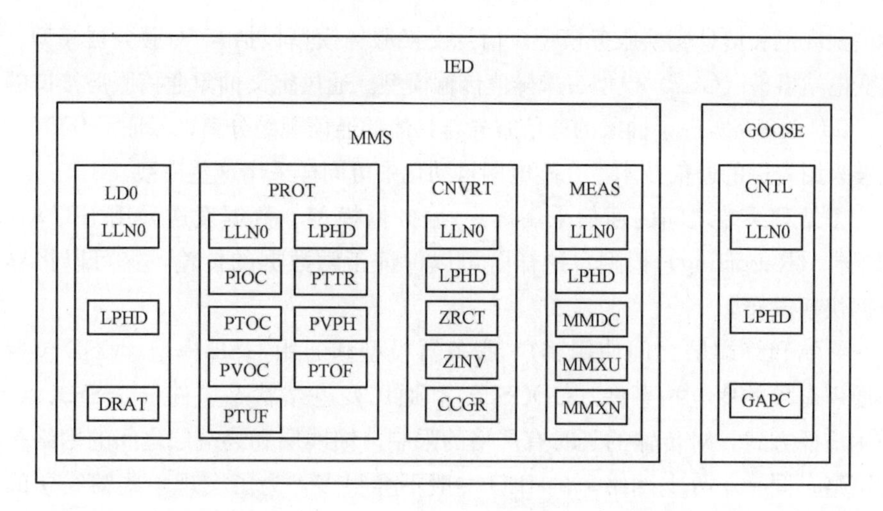

图 7-4 PCS模型

PCS作为能量转换控制器管理着分布式电源中电池的充放电过程，其主要信息功能分布在电池的充电和放电的两个过程中，其中包括交流转直流和直流转交流。通过将与PCS控制器密切相关的这些信息功能的逻辑节点建模在CNVRT这个LD内，该LD作为PCS主要的转换功能描述节点，其中交流转直流和直流转交流两种转换功能，采用ZRCT和ZINV进行建模，ZRCT和ZINV分别用于搭建交流转直流和直流转交流的主要逻辑节点，但根据信息采集和控制的需要，并不能完全满足需要，所以按照IEC 61850扩展原则进行了扩展，增加转换压板、状态量以及事件相关的DO和对运行信息建模的SPS。PCS除了专门的保护功能相关的LD之外，ZRCT和ZINV相关的功能也带有必要的事件信息，所以对这两个LN扩展了两个事件相关的DO，即一个表示保护启动、一个表示保护动作。

作为PCS的自身的量测信息，主要信息建模于MEAS这个LD内，MMXU等LN无法满足PCS所有量测信息的建模，所以MEAS内除了MMXU和MMXN等LN外，还需要增加MMDC来对中间直流信息进行描述。

由于PCS实现方式较多，不同PCS功能不能完全通过ZRCT和ZINV进行建模实现，所以对附属于PCS的其他功能而无法纳入IEC 61850所列举的LN的，也无法通过扩展LN来满足信息集成需要的，可以采用通用的输入输出LN进行建模，即采用GGIO来定义相应的输入和输出信息。[6]

7.6.2 基于IEC 61850的信息交换模型

IEC 61850-7-2部分定义了比较完备的抽象服务通信接口（ASCI），包括基本模型规范和信息交换服务模型。信息交换服务模型包括客户/服务器模型、通用变电站事件（GSE）模型、采样值传输模型。通过定义抽象通信服务接口的方法，IEC 61850 实现了抽象的通信服务与具体的通信规约分离，保证了 IEC 61850 能够采用先进的通信技术。在配电网自动化中可同样采用这些模型。

子站和终端之间的通信采用客户/服务器模型。数据发送采用 IEC 61850 的报告（Reporting）模型，这样既可以保证正常数据的传输，又可以将异常数据快速发布。

终端和终端层之间使用客户/服务器模型和通用 GSE 模型。GSE 包括面向通用对象的变电站事件（GOOSE）和通用变电站状态事件（GSSE）。GSE 采用广播方式，对传输的延时有严格的限制。馈线层和终端层之间的网络是分支网络，同一个分支网络上的 IED 一般不会很多，为了实现一些馈线层的快速功能，可以采用 GSE 模型。GSE 的使用应该限制在馈线层内部，避免造成主干网络的堵塞。

7.6.3 基于 IEC 61850 的服务映射

IEC 61850 作为自动化通信的主要规范，不但定义了通信实体的信息模型、抽象服务通信接口（ASCI）并且对通信的映射也做出了相应的定义说明，如：对于故障处理预案的定义、下发和控制等相关通信通常会映射到 MMS、IEC 60870-5-101/104 和 Web Services 等通信协议上；而对于相应时效性有更高要求的设备间的互操作等相关通信映射到 GOOSE 上。

（1）MMS 映射。作为一种目前全行业范围内最通用的、应用最为广泛的 IEC 61850 通信映射协议，其通用性是其最显著的优点。这就意味着，如果采用 MMS 通信映射不仅保证 IEC 61850 信息模型和服务的通信，而且还统一了设备间的通信标准，使不同厂商的设备能有效的进行互联互通互操作。为了保证设备间高效的互操作性以及通信的可靠性，MMS 采用 ASN.1 编码，虽然 ASN.1 编码能在较大程度上保证互操作的有效性以及传输的可靠性，但这种编码也增加了通信报文的复杂度，并牺牲了部分的可理解性。

（2）IEC60870-5-101/104 映射（简称 104 映射）。104 规约是传统的远动设备和系统的通信规约，目前电网中大部分装置间通信以及装置到远端的信息控制中心的通信普遍依然采用 104 规约。因此，104 规约作为 IEC 61850 通信的映射规约有其天然的技术优势。但就该规约的使用情况来看，不同版本的 104 规约间的差异是造成其通信统一的最大障碍。同时 104 规约在映射面向对象的 IEC 61850 模型方面较 MMS 和 Web Services 有较大的劣势，不仅需要对通信报文上进行对应的转化，在 CDC 基础模型方面的转换和扩展以及如何将 IEC 61850-7-2 所规定的服务映射到 104 对应的服务上才是 104 映射的主要难点和重点。事实上，目前虽然部分 CDC 基础模型的转换和扩展可以通过 IEC 61850 模型扩展原则进行相应的定义，但对于语义上 104 规约不存在的信息模型无法找到相对应的模型，同时 IEC 61850-7-2 的服务映射到 104 服务方面尚存在部分 IEC 61850-7-2 服务无法得到映射，如表 7-4 所示。

表 7-4　　无法映射到 104 的 IEC 61850 服务

	IEC 61850-7-2 服务
Server	GetServerDirectory
Association	Abort
Logical Device	GetLogicalDeviceDirectory
Logical Node	GetLogicalNodeDirectory
Data	GetDataDirectory
	GetDataDefinition
Data Set	GetDataSetValues
	SetDataSetValues
	CreateDataSet
	DeleteDataSet
	GetDataSetDirectory
Setting Group Control Block	SelectEditSG
	SetSGValues
	ConfirmEditSGValues
	GetSGValues
	GetSGCBValues
Report Control Block	GetBRCBValues
	SetBRCBValues
	GetURCBValues
	SetURCBValues
LOG Control Block	GetLCBValues
	SetLCBValues
LOG	GetLogStatusValues
	QueryLogByTime
	QueryLogAfter
Control	Select
	TimeActivatedOperate

这些服务对应的是 IEC 61850 特有的信息模型，在 IEC60870 - 101/104 中并没有对应的信息模型，即 104 规约中并没有这些模型的概念。如果需要完全映射这些 IEC 61850 的服务，需要通过以下两种方式来解决：①扩展 IEC60870 - 101/104 规约，增加相对应的信息模型和服务；②不对 IEC 61850 中这些信息模型和服务进行映射，通信双方对相关的信息传输进行约定。上述两种方法，都需要通信各方就 104 通信的方式进行扩展和约定，这增加了通信过程的复杂度，更不利于通信规约的统一。因此到 104 的规约映射方面，仍存在一定的不足之处，在通信过程中保证装置的自描述和自发现方面也不如其他映射规约完善。所以要完全支持智能配电网的开放式通信体系，从 IEC 61850 到IEC60870 -101/104 映射还有一段路需要走。

(3) Web Services 映射。Web Services 提供了各孤立站点之间信息能够相互通信和共享的一种接口。Web Services 采用 Internet 上统一、开放的标准，如 HTTP、XML、简单对象访问协议（SOAP）、Web Services 描述语言（WSDL）等，可以在任何支持这些标准的操作系统环境（Windows，Linux，Unix）中使用。SOAP 是一个用于分散和分布式环境下基于 XML 的网络信息交换的通信协议。在此协议下，软件组件或应用程序能够通过标准的 HTTP 协议进行通信。WSDL 是一种基于 XML 的语言，用来描述和访问网页服务。

基于 Web Services 的技术特点，IEC 61850 的服务可以很好的映射到对应的 Web Services 上。这种映射方式是目前看来服务最好的服务映射，因为按照 IEC 61850 所规定服务描述完全实现，而不需要存在像 MMS 和 104 规约间的转换问题。此外，用于描述 IEC 61850 模型的语言是 SCL，也是一种 XML 格式的信息描述，在信息描述方式方面 Web Services 也优于 MMS 映射和 104 映射，不存在信息模型的转换问题。完整的呈现了 IEC 61850 面向对象的语义，并提供了开放式通信体系所需要的自描述和自发现能力。Web Services 技术的特点从机制上保证了通信上的即插即用的需求，进一步保证了通信实体间通信的开放性。IEC 61850 已启动了相应的计划，将 Web Services 映射作为 IEC 61850 - 8 - 2 进行发布。

由于 Web Services 起源于 Internet，故其更适合在 PC 和服务器上实现，占用 CPU、内存资源较多。Web Services 采用基于文本的自我描述消息交换，其任何单一的数据交换，都伴随大量的文本描述，通过网络传输需要较大量的带宽。如果要达到电力系统对数据实时性的要求，Web Services 对网络资源的要求很高。在电力系统发生故障时，短时间将产生大量的突发信息，要将这些信息发送出去需要很长时间，无法满足电力系统对数据实时性的要求。因此，Web Services 一般不适用于在变电站内进行实时数据的传输，但在配电网自动化环境下用来进行信息模型数据的传输还是能够满足系统要求的。

（4）GOOSE 映射。IEC 61850 中采样值传输（SAV）和通用面向对象的变电站事件（GOOSE，Generic Object Oriented Substation Event）对信息传递的时效性要求很高。上述描述的映射方式都是基于 TCP/IP 通信体系的协议栈的，在网络传输方面受到 TCP/IP 的 ISO 标准通信协议栈的限制，无法满足采样值和 GOOSE 信息的传递。

GOOSE 规约只使用 ISO 标准通信协议栈中的 4 层（不使用 TCP/IP 封装报文）进行报文封装，大大降低传输时延。在数据链路层，GOOSE 遵循 IEEE802.1Q、IEEE802.1P 协议，保证高优先级报文的优先送达，克服了以太网的冲突问题。GOOSE 采用的是 P2P 通信方式，消除了主/从方式和非网络化的串行连接方案存在的缺陷。此外，GOOSE 应用层协议中包含数据有效性检查和 GOOSE 消息的丢失、检查、重发机制，以保证接收端的智能装置（IED）能够收到消息并执行预期的操作。

GOOSE 映射主要用于实现在多 IED 之间的信息传递，包括传输跳合闸信号，具有高传输成功概率。GOOSE 可以代替传统配电网中的硬接线实现开关位置、闭锁信号和跳闸命令等实时信息的可靠传输，其在过程层应用的可靠性、实时性、安全性完全满足智能配电网中二次设备的要求。

综上，不同的应用要求决定了通信映射方式不同，同时不同的映射方式也决定了其在智能配电网开放式通信体系中的位置。因此，应按照不同的应用需求选择不同的通信映射方式。对于不同的映射方式，在 IEC 61850 ED2.0 中都将有明确的规范。

7.6.4 基于 GOOSE 的自愈控制通信映射应用

下面是一个自愈控制方案的通信映射实现机制，其中终端间的通信为了保持高时效性采用了 GOOSE 映射的方式，终端与主站间的通信则采用对符合语义信息描述，更成熟和应用更广泛的 MMS 映射。

为了实现主站端与各终端的有效控制，可以采用不同的 GOOSE 订阅和分区域控制技术实现不同层次不同区域的快速信息传输和控制，如图 7-5 所示。首先，对于不同等级的配电网终端（FTU 或 DTU），通过带有优先级的 VLAN 域划分，在第一个层次上对信息进行梳理，保证了信息传递的有效性、安全性和实时性。

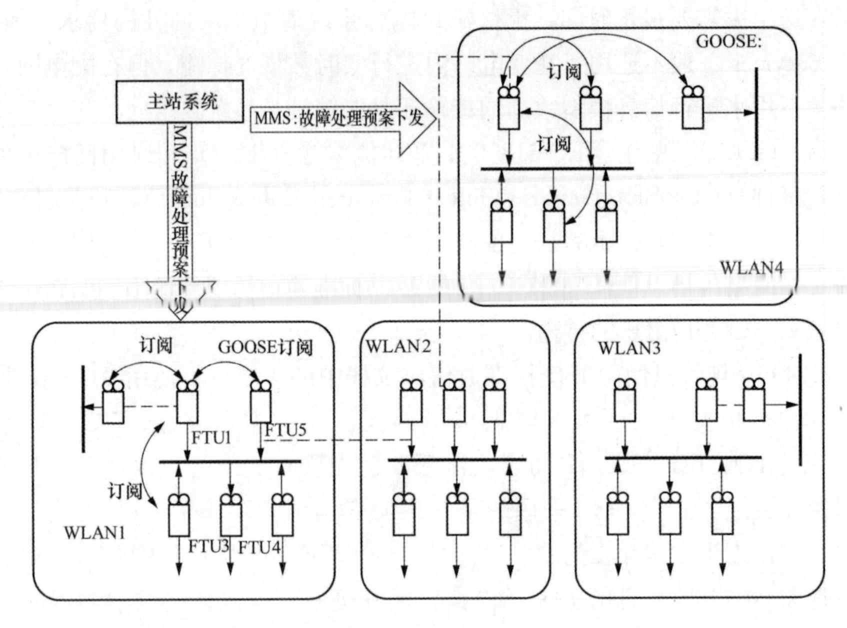

图 7-5　通信框架

其次，在第一层次对终端间的通信进行划分基础上，为了进一步保证信息的传输的有效性，在域内进行了第二层次上的信息梳理，即通过终端间相互订阅的相关互操作服务的方式进行信息交互。通过第二层次的信息划分订阅的梳理，减少了终端间不必要的信息处理，保证了终端间信息传输的可靠性。另一方面，通过订阅的方式进一步对终端进行划分，进而达到信息分类处理的目的，提高了信息处理的效率。[7]

GOOSE 映射传送高实效性高，但信息承载能力较弱，无法满足故障处理预案等信息量丰富的通信传输需求。因此，从终端到主站端的通信改用 MMS 映射的方式。首先，主站端根据网络中拓扑以及负载变化的情况针对不同终端生成故障处理预案，并通知对应终端有预案生成需要下发。其次，各终端收到主站发来的预案完成通知后，启用对应的召唤服务，从主站端获取与其相关的预案并加载，终端根据自身运行情况自动匹配相应的故障处理预案。同样，主站端也可以通过相同的召唤服务来获取和删除各终端中的预案信息。主站端通过编辑从终端获取的预案，并重新下发以实现编辑故障处理预案的目的。

通过不同映射方式的结合使用，不仅完全满足了开放式通信体系对信息模型和信息传递的要求，同时也保证了智能配电网的运行效率。

参 考 文 献

[1] 何坚. 智能配电网通信技术研究. 中国高新技术企业，2012 (07)：3-6.

[2] 张晓平，余南华. 智能配电网的通信系统建设与发展分析. 广东电力，2011，4 (11).

[3] 宽带电力线通信技术：发展智能电网的一只推手北极星智能电网在线 2011. http：//www. chinasmartgrid. com. cn/news/20110714/295045. shtml.

[4] 刘家泰，孙振权，陈颖. 智能配电网通信技术发展综述. 物联网技术，2013 (01).

[5] 韩国政，徐丙垠. 基于 IEC 61850 标准的智能配电终端建模. 电力自动化设备，2011 (02).

[6] GE L，WENG，L LIU Y，et al. Practice of Microgrid Control System. International Conference on Electricity Distribution，2014：252-256.

[7] 葛亮，谭志海，赵风青，等. 一种改进型馈线自愈控制方案的设计. 电力系统保护与控制，2013 (18).

自愈控制系统测试

智能配电网自愈控制系统能使配电网智能化程度、运行的可靠性水平、运行效率等得到很大的提高，并改善电能质量，降低人工劳动强度，充分挖掘和利用设备的能力，缩短停电时间，减少停电面积，改善供电可靠性，减少损失。近年来，国内的智能配电网发展迅速，推进了自愈控制系统的建设。

自愈控制系统在投运前必须对其进行系统的整体测试，以确保系统能在功能上、性能上达到要求。功能上，包括对主站功能、终端功能和通信功能等的测试；性能上，包括对系统安全性、可靠性、实用性、标准性、扩展性、灵活性等的测试。但是，从运行现场情况来看，系统在投运前大部分都没有很好的测试方法来验证系统的各种性能要求，功能上也测试的不全面，这使得系统在投运时受到很大的限制，实用化进程缓慢。原因主要在于一方面因为缺乏测试手段，仅依靠在运行期间发生故障时，才能检验故障处理是否正确，导致系统研制和建设缺陷不能在早期充分暴露和解决，系统功能不达标，可用性出现问题，安全性和可靠性得不到保证。另一方面，如果不利用先进的测试方法，系统的一些前瞻性功能得不到验证，标准性、扩展性、灵活性的受限导致系统升级受阻。这些都严重影响了配电网自愈技术的应用和推广，更严重的还有的现场由于测试条件不具备而使得系统的大量设备变成一种摆设，造成很大的浪费。

针对以上自愈控制系统现场测试困难的问题，作者将在本章节介绍几种实用的测试技术方案，并以实际工程案例为例介绍其实现过程。

8.1　自愈控制系统测试技术概述

智能配电网自愈控制系统主要由自愈控制主站层、分布式终端自愈控制层

[包括馈线终端设备（FTU）、开闭所终端设备（DTU）、分布式电源并网控制终端或微电网控制系统（DGTU/MGMS）等］和配电通信网络构成。所以，自愈控制系统的测试，应涵盖对这三个主要组成部分的测试。目前，现场常用的对整个系统的测试方法是主站终端联合的仿真测试，如图 8-1 所示。

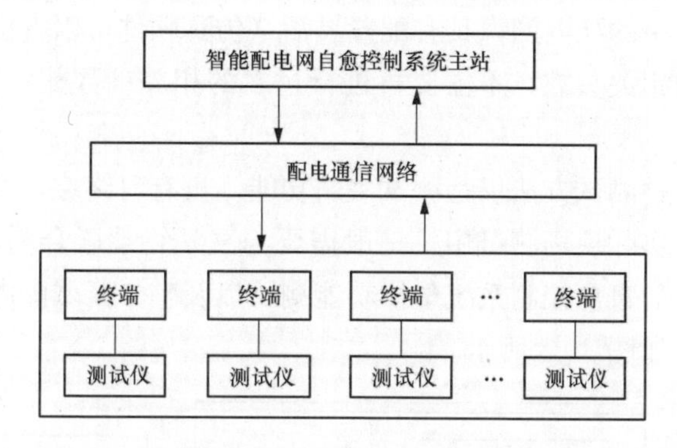

图 8-1　自愈控制系统主站终端联合仿真测试示意图

如图 8-1 中所示，在进行主站和终端联合测试时，在终端配置测试仪（包括动模测试仪、继保测试仪等）以模拟各个线路状态下电压电流的量测值，当量测值满足配电网终端装置中所设定的相关功能的动作条件时，配电网终端装置将会启动相应保护功能分闸或合闸断路器开关，也即配电网终端装置将根据逻辑功能设置实现故障自动定位、隔离和转供功能。同时，终端装置把相关开关状态、保护动作信号、检测到的故障信息上送到主站，主站启动相关的故障自愈控制功能。

这种测试方法下，除了配电网一次设备和 TA、TV，配电网自愈主站、终端、通信系统的所有设备均是在线实际运行，所有对电网信息的采集、处理、传输、决策的行为都是真实能力的可信反映，可以对自愈控制系统的整体功能进行测试。

但是随着配电网规模的扩大，配电网终端设备的增多，这种方法的测试设备的规模和投资也相应的越来越大，这对于现场测试来说是不切实际的。此时，可以利用配电网仿真软件来实现主站功能的测试，如图 8-2 所示。

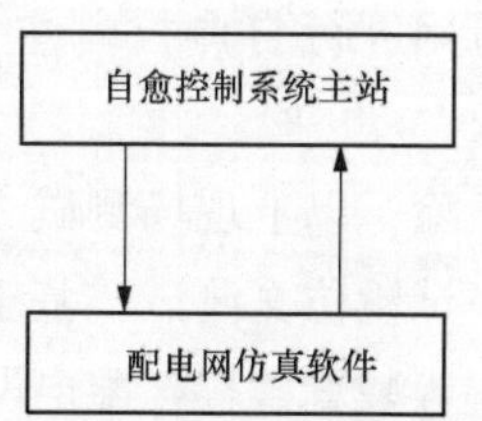

图 8-2　自愈控制系统主站功能测试示意图

如图 8-2 所示，主站功能仿真测试是通过配电网仿真模拟软件，来模拟电网正常运行情况和故障运行情况下上送给主站的相关数据和信号，以及可以接收主站进行的相关遥控、遥调等控制操作，模拟仿真电网对操作控制后的相关响应，测试主站系统的功能。这种测试方法因为采用配电网仿真软件模拟电网运行，为配电网主站提供各种“真实”的电网运行场景，能根据实际需要采用合适的仿真软件来模拟实际规模大小的配电网，具有配置灵活（仿真软件可以直接使用配电网主站建立的模型和相关参数，不需要再进行过多的相关参数配置）、使用方便的特点。

但同时，这种测试方法仅是测试主站功能，没有对终端以及通信功能进行测试，因此，在实际现场测试中，一般需要与主站终端联合测试方法相配合，以实现关键线路的自愈控制系统整体功能测试以及整个区域配电网的自愈控制主站功能测试，如图 8-3 所示。

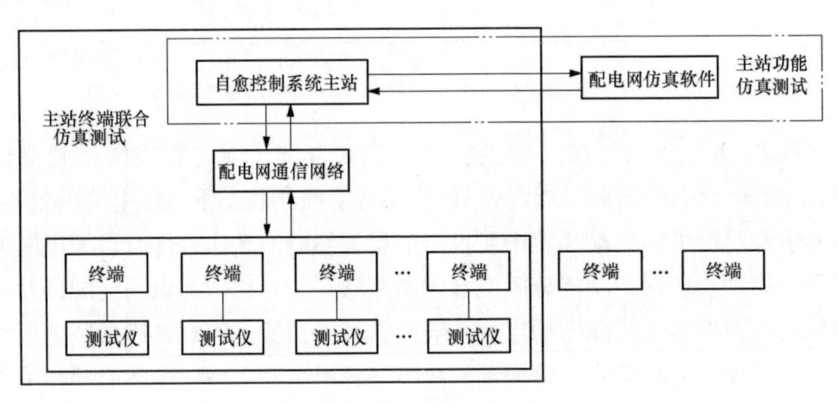

图 8-3　自愈控制系统测试示意图

在图 8-3 的自愈控制系统测试中，充分利用已有的测试仪器设备，对配电网关键线路的自愈控制测试采用主站终端的联合仿真测试，确保关键线路自愈控制系统整体功能的安全性、可靠性、可用性、标准性、灵活性等。对整个配电网进行自愈控制主站的功能测试，确保整个系统主站的性能指标满足要求。

除了以上现场测试之外，智能配电网自愈控制系统还有必要在试验室进行动模试验仿真测试。基于 RTDS 的动模仿真测试通过 RTDS 与实际的配电网终端等装置连接，配电网终端再经过通信装置与自愈控制系统主站连接进行通信，可以实现物理在环的自愈控制系统整体的实时仿真与功能测试，如图 8-4 所示。这种测试试验方法能使设备在系统偶然发生情况下进行试验，而这些试验是用别的方法不能做到的或在实际的系统中不允许进行的。

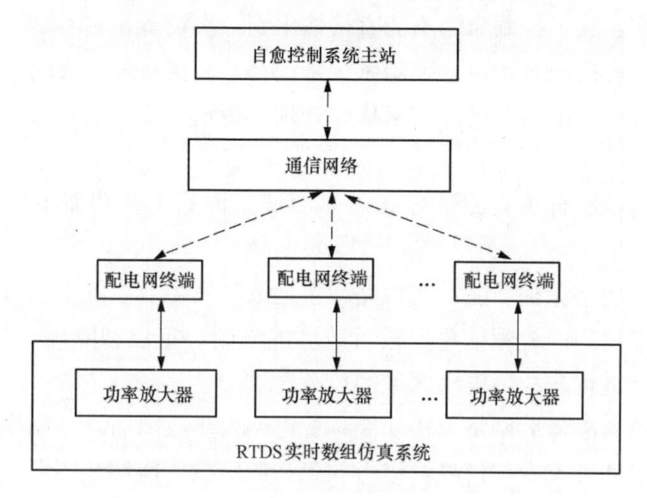

图 8-4　基于 RTDS 仿真测试系统总体结构图

基于 RTDS 的配电网仿真测试环境实现了硬件在环的仿真，可以进行自愈控制系统终端、通信和主站全方位的功能联合测试，但是由于 RTDS 可扩展性受到其价格和仿真建模工作量的限值，难以实现基于实际应用网络规模的仿真测试，一般不用于现场测试。

主站与终端联合仿真测试即是在仿真环境下，联合测试主站和终端的相关功能。一般是通过把开关模拟器、继电保护测试仪、时间同步校验仪、配电网终端、主站连接在一起，组成仿真测试环境，进行主站和终端相关功能联合测试。

主站与终端联合仿真测试方案的主要特征：

（1）在线：除了"被控对象"（配电网的一次设备，即配电网开关和高压侧的电流电压回路需要被隔离出来，被控对象使用开关模拟器和继电保护测试仪替代），配电网自愈主站、终端、通信系统的所有设备均是在线实际运行；配电网一次设备和 TA、TV 除外，该方案真实体现了整个自愈控制系统的组成部分，可以对自愈控制系统的整体功能进行测试。

（2）动态：利用开关模拟器和继电保护测试仪等测试装置替换一次设备，动态模拟一次电网的运行，如可以模拟开关的分、合，电流电压的有、无、大、小，短路故障、接地故障等。

（3）同步：用时间同步校验仪测试设备控制不同电房位置的测试装置按照

统一的时序工作，仿真一次电网的正常运行状态或故障运行的过程。

(4) 真实：除了控制命令不能直接输出到一次设备，它不是“真正”动作外，其余的所有模拟对于自愈控制系统来说都是高度在线仿真的，因此自愈控制系统的所有对“电网”信息的采集、处理、传输、决策的行为都是真实能力的可信反映。

主站与终端联合仿真测试方案可以测试验证的主要功能主要有以下几个方面：

(1) 终端网络保护功能：在短路或接地故障发生后，终端通过相互之间的通信，交换监测到的故障信息，进行故障的诊断、定位和隔离，故障隔离后，联络开关合闸进行非故障失电区域的负荷转供。

(2) 主站的故障后网络重构功能：配电网发生故障后，主站根据接收到的相关故障信息和开关变位信息，进行故障诊断定位，能够在图形上显示故障的位置和网络式终端进行故障定位、故障隔离和负荷转供的信息。

(3) 终端就地故障处理功能与主站故障后自愈控制功能的配合：配电网发生故障后，配电终端进行就地故障定位、隔离和负荷转供处理，主站显示故障定位信息和终端就地故障处理的结果信息；由于通信等原因，配电终端就地故障处理失败后，主站启动集中式自愈控制功能，根据收到的相关故障信号和开关变位信息，进行故障诊断定位，形成故障隔离方案和故障恢复方案，通过自动执行序列控制的方式执行故障隔离方案，故障隔离成功后，自动执行故障恢复方案，实现故障的隔离和非故障失电区域的供电恢复。

以某电缆网作为测试对象为例来介绍主站与终端联合测试过程。

测试模型：主站与终端联合仿真测试使用的模型设计为4个环网柜形成手拉手线路，接线图如图8-5所示。

本次测试中，甲线配置有主控单元的FTU，位于QF1点的FTU除了实现QF1的相关三遥功能、检测QF1的过流故障功能外，还配置有甲、乙线间的整个手拉手线路网络拓扑图信息，实现对整个手拉手线路的故障监视、定位、隔离。

本次测试装置3台，分别模拟接线QF1的FTU1、QF2的DTU2、QF3/QF5的DTU3，配置与现场实际装置配置相同。QL1点的负荷开关不参与故障判别逻辑。

如图8-5，以QF2、QF3之间发生故障为例，测试终端故障自愈能力及与主站的通信能力。当故障发生时，电压电流量测值通过继保测试仪装置进行

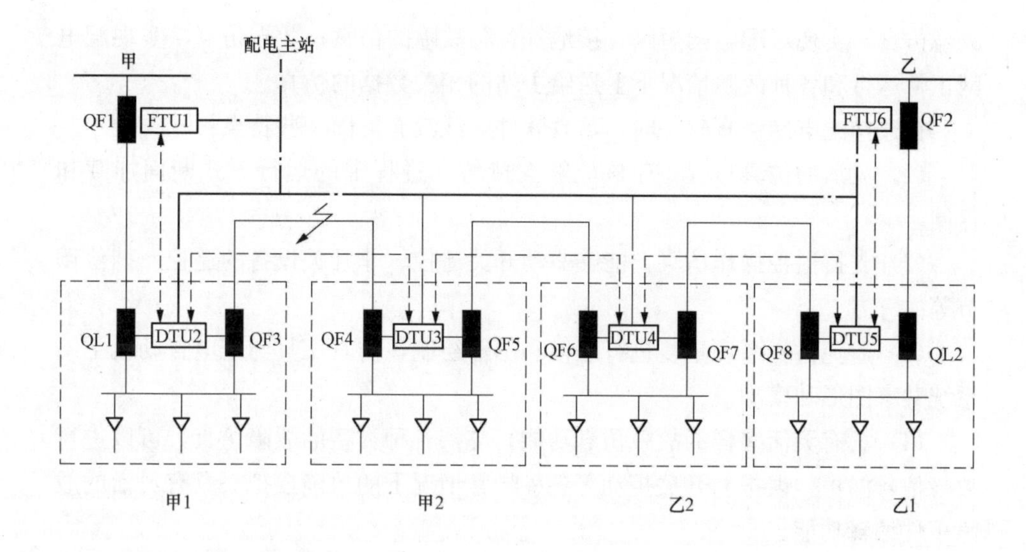

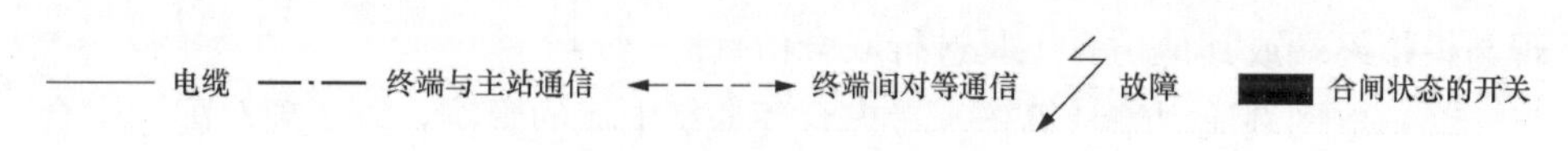

图 8-5　主站与终端联合仿真测试模型

模拟。当量测值满足 DTU 装置中所设定的相关功能的动作条件时，DTU 装置将会启动相应保护功能分闸或合闸断路器开关，也即 DTU 装置将根据逻辑功能设置实现故障自动定位、隔离和转供功能。

测试结果如下：①常规逻辑动作正确，QF2、QF3 隔离成功；②隔离动作时间：QF2：62.9ms、61.7ms；QF3：61.9ms、62.3ms；③ QF2 拒动时，QF1 近后备动作，逻辑正确。QF1：132.3ms K4：62.3ms；④QF3 拒动时，QF2 正常动作，同时向主站发送处理结果（告诉主站故障点在 QF2、QF3 之间，QF2 隔离成功，QF3 隔离失败），QF4 不动。

结果表明，故障发生后，终端能快速准确地进行故障定位与隔离，并且与主站能正常通信。其他功能测试过程也类似这个过程。

8.2　主站功能仿真测试

在进行主站功能仿真测试时，应根据实际需要选择配电网仿真模拟软件。模拟仿真的功能主要包括：操作仿真，实现对各种遥控遥调操作的仿真模拟；

故障仿真，实现对配电网短路、接地等各种故障的仿真；数据仿真，实现配电网正常运行和各种故障情况下上送给主站的相关数据的仿真。

在选择配电网仿真软件时，仿真软件应该具有下面一些特点：

（1）灵活的仿真过程，应该能够支持仿真过程中的运行方式断面加载和存储。

（2）支持遥控操作仿真，能够驱动开关遥控、非开关设备的遥控，挡位调节等。

（3）避免仿真系统重复进行建模和图形绘制，仿真工具与配电自动化主站系统共享图形和模型。

（4）具有灵活多样的故障仿真功能，支持各种类型的故障仿真，可以进行故障信号漏报、误报、开关拒动等各种异常情况下的故障模拟。具有灵活的故障事件编辑功能。

（5）具备通信屏蔽功能，可以实现整体屏蔽与局部屏蔽控制的结合，以实现与模拟终端或其他仿真工具进行联合仿真。

（6）电网潮流引擎计算仿真考虑合环补偿电流的影响，以实现对配电网合环操作进行更逼真的仿真。

（7）可以在数据仿真中通过数据扰动设置，以实现 SCADA 数据的正常扰动和数据异常的仿真。

（8）支持负荷计划曲线的制作和编辑，可以模拟各种类型负荷变化，进行一段时间连续潮流仿真计算，可以用于模拟负荷短期以及中长期变化的电网仿真分析。

北京四方继保自动化股份有限公司配电网仿真模拟软件，就具备以上特点，它可以用来驱动配电自动化主站系统的操作使用，实现在没有现场终端的情况下，仍然能通过 CSGC3000/DMS 配电自动化主站系统进行日常操作仿真，其工作流程图如图 8-6 所示。

由图中可知，该仿真系统主要由四个子系统组成：操作仿真子系统、故障仿真子系统、数据仿真子系统以及电网潮流计算引擎组成。

操作仿真子系统用于接收配电自动化主站的遥控和遥调命令。进行对操作信号解析，得到影响电网模型的状态值：遥控对应的开关位置、绕组挡位和遥调对应的分布式电源出力等，进而改变电网潮流计算的输入数据。

故障仿真子系统依据用户设置的故障设备，通过网络拓扑分析得出产生上送故障开关和保护动作的开关。进而改变电网潮流计算的输入数据。

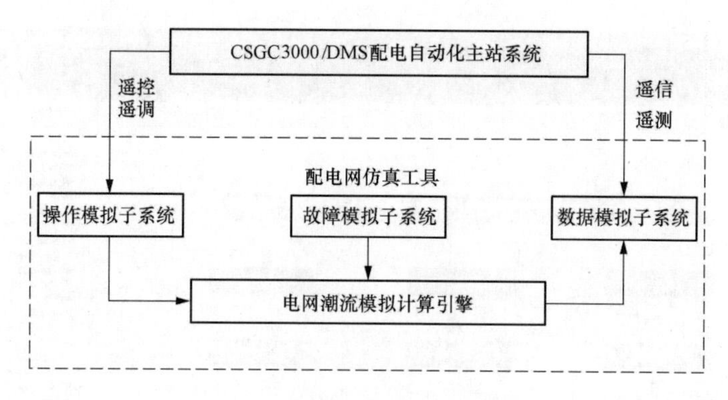

图 8-6　配电网仿真工具结构图

电网潮流计算引擎，根据电网模型开关状态，负荷发电出力等数据，计算母线电压，支路功率，从而得到全面的潮流数据断面。依据维护外网等值模型，进行合环潮流计算仿真。

数据仿真子系统，针对潮流计算输出的断面数据，加入人工设置的干扰值，得到最终的数据输出断面，并发送数据至配电自动化主站系统。

在这个仿真模拟环境下，自愈控制主站系统的相关功能反应和展示与接入实际电网的情况相同，可以测试验证的主站系统相关主要功能如下：

（1）故障情况的自愈控制相关功能。仿真模拟环境可以方便的模拟配电网中的各种故障情况，以验证测试自愈控制主站故障自愈控制相关功能。因与实际运行环境完全隔离，不存在影响实时运行系统的不安全因素。

（2）配电网实时风险评估与安全预警、实时状态划分与评估以及脆弱点评估等功能。在仿真模拟的环境下，可以充分测试验证自愈控制主站的这些功能。

（3）操作控制功能。可以充分对遥控、各种自愈控制方案的正确性、停电计划的安全性、负荷转供的安全性进行测试验证。

配电网仿真工具运行的主界面如图 8-7 所示。

在如上图的主界面上操作，可以按流程进行各种仿真测试，比如操作仿真、故障仿真、潮流仿真、数据仿真、负荷仿真等。

以测试主站故障自愈为例。先在配电网仿真软件中对故障进行仿真，将故障信号上送给主站系统，测试主站能否正确制定并执行故障处理策略，重点考查故障的定位、隔离、非故障区域的恢复等关键步骤是否正确。

图 8-8 为测试对象，即某配电网接线图。

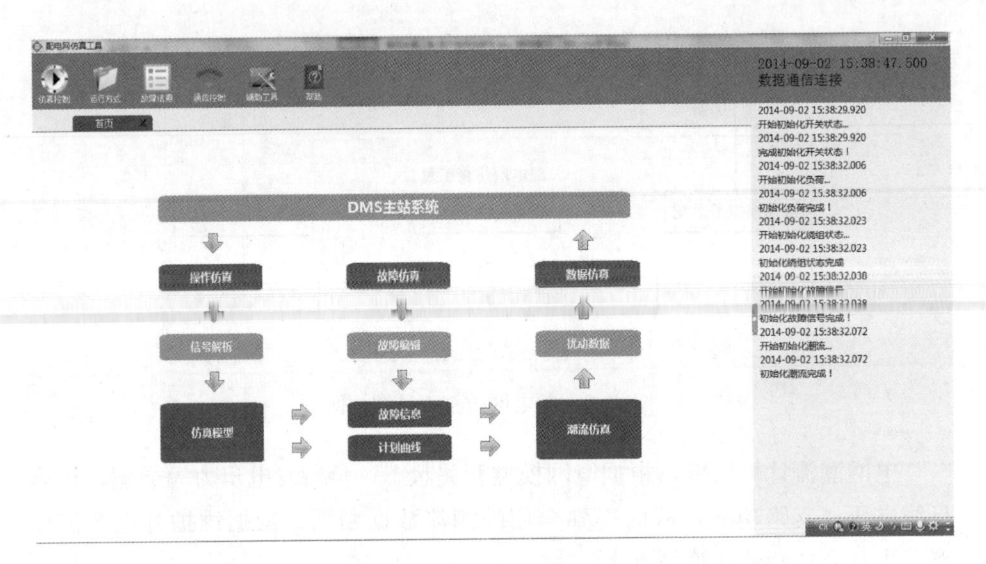

图 8-7　配电网仿真工具主界面

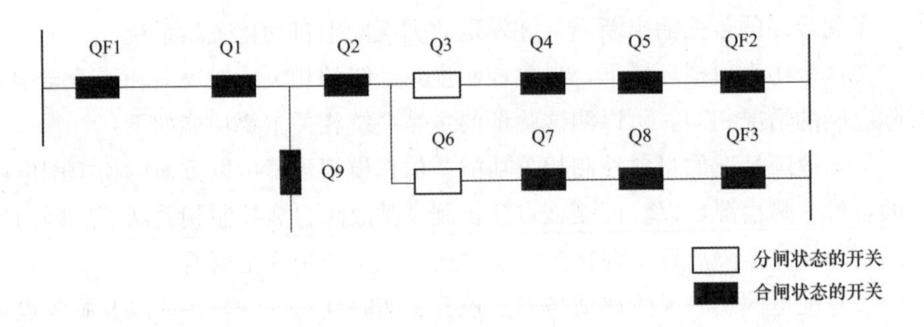

图 8-8　配电网典型接线图

在配网仿真软件中进行故障仿真。设置 S1 和 B 之间发生故障，故障处理后如图 8-9 所示。

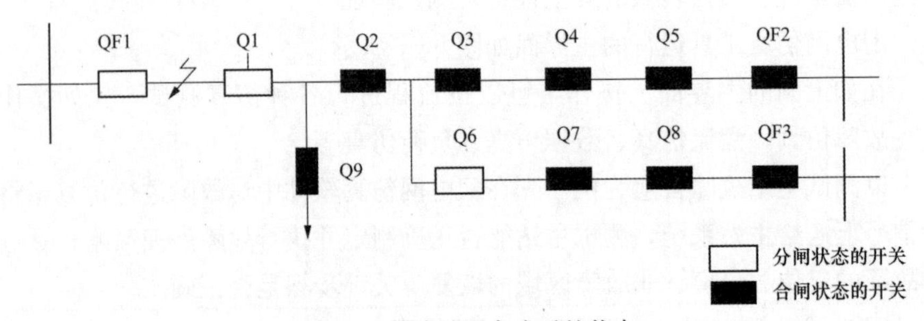

图 8-9　故障处理完成后的状态

从上图可以看出，当S1和B之间发生故障后，主站能根据故障数据对故障进行正确分析，故障区域定位准确，隔离成功，对非故障区域的供电恢复顺利，并能对故障处理信息进行查询。其他的主站功能测试也类似是这个过程。

8.3 基于RTDS的动模仿真测试

RTDS作为商业实时仿真系统，是一个专门为实时研究电磁暂态现象而设计的计算系统，它是由加拿大曼巴托尼直流研究中心推出的电力系统实时数字仿真系统。该系统以电力系统电磁暂态计算理论为基础，采用多处理器的并行计算方法，通过适当的任务分配方式，可以实现智能配电网实时数字仿真。RTDS仿真系统能够模拟不同电压等级、不同接线模式、不同负荷特性、不同接地方式与不同故障类型、不同分布式发电接入位置、不同保护原理及通信方式的配电网，可以根据测试的需求形成各类信号源，通过RTDS与物理装置互联，可以实现物理在环的仿真，能够承担智能终端、分布式智能控制保护设备、自愈控制系统主站等智能配电网二次设备的功能或性能的测试。

典型的基于RTDS动模实验环境为，数字仿真系统通过放大器与被测装置联系，同时接收装置的动作信号和人为的控制信号，数字仿真系统考虑这些变化并立刻改变系统参数，产生在线的系统行为，从而做到交互的动态模拟。由于RTDS仿真系统能逼真地模拟实际电力系统的状态，同时由于被测试设备直接连接到仿真系统，因而试验和在实际系统中运行一样。

8.3.1 基于RTDS的动模仿真测试——保护系统试验

RTDS仿真系统能用做保护系统的闭环试验，既能用来评价保护和控制设备的运行，也能用来评估电力网络对设备正常运行或误动作的反应。该方法大大优于其他试验或校验保护设备参数和设置的方法。下面以某配电网网络区域保护控制系统测试为例来介绍区域保护控制实现故障自愈的功能测试过程。

图8-10为示范区域拓扑结构图，并设置了故障点。

项目中对区域保护控制系统的测试内容包括：

（1）检验区域控制保护主站和DTU子站通信交换系统的完整性、区域控制保护主站和配电网自动化主站的通信系统的完整性，以及检验GOOSE、SV报文对基于IEC 61850标准协议的符合性和正确性。

（2）测试基于广域信息，实现速断及差动保护、线路重合闸与备自投结合的自动控制系统，验证发生故障后实现快速自动恢复供电；检测在差动保护动

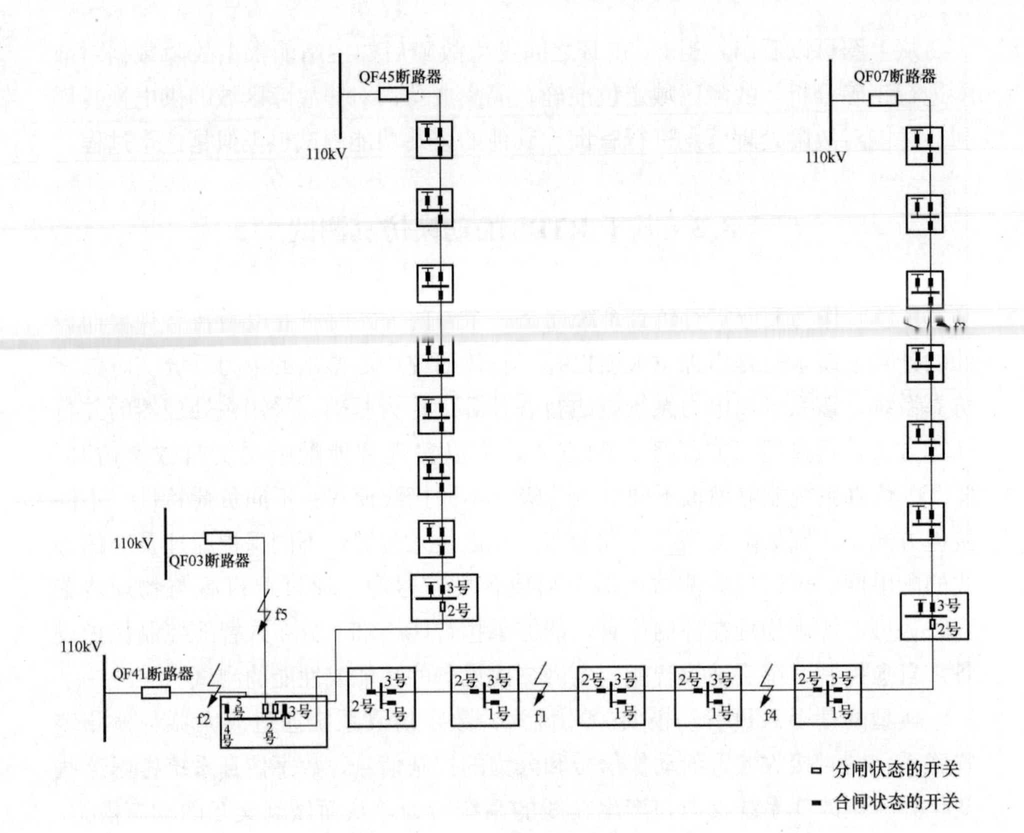

图 8-10　区域配电网拓扑结构图

作后，备自投能够迅速启动，识别故障区域，确定相应的自投逻辑并执行，保证最大限度地恢复供电；同时检验故障录波，以确认当地保护、实时监测、故障录波和实时传输功能，且四者的实现无相互影响和干扰。

(3) 检测区域控制保护技术与二次系统现有技术融合，检验配电网主站与区域控制保护主站之间的兼容性。

(4) 检测区域控制保护系统网络异常情况下的装置告警以及保护和控制功能动作情况。

根据以上测试内容和目的，制定测试方案，采用如图 8-11 的测试结构。

RTDS 与实际的配电网终端等装置连接，配电网终端再经过通信装置与自愈控制系统主站连接进行通信，实现物理在环的实时仿真。同时使用放大器，使继电器能用运行中所使用的电压和电流来试验。该仿真测试环境实现了硬件在环的仿真，可以进行自愈控制系统终端、通信和主站全方位的功能联合测试。

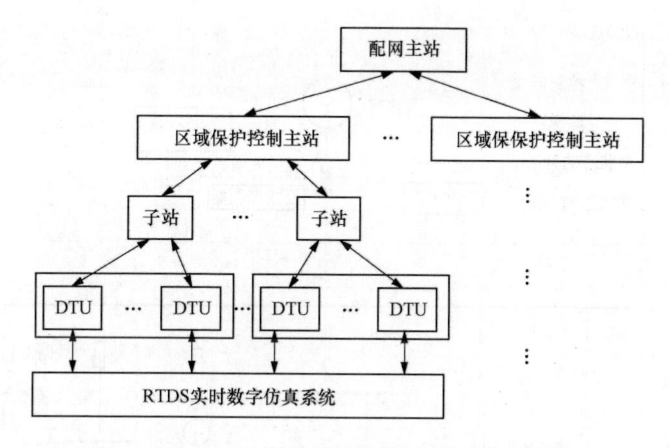

图 8-11　基于 RTDS 的区域保护系统测试结构图

根据测试目的、测试环境制定测试方案步骤如下：

(1) 分别从配电网主站和区域控制保护主站查看 GOOSE 订阅发布情况，SV 订阅及显示正确情况。

(2) 分别模拟如图 8-10 中所示位置的线路故障时的自愈逻辑。

(3) 区域控制保护主站和配电网调度主站之间通过 104 通信，通信信息内容包括：区域控制保护系统工作状态，区域控制保护动作信息，区域控制保护功能压板投退（可通过调度主站遥控）。

(4) 中断光纤通道及改变交换设备运行状态，检查区域控制保护主站和 DTU 子站装置运行状态。

通过以上四个主要仿真测试步骤，实现对区域控制保护系统终端、主站、通信的整体测试。

8.3.2　基于 RTDS 的动模仿真测试——微电网系统试验

使用 RTDS 系统建立配电网实时仿真环境，需要对其电气系统解算方法、控制系统解算方法进行研究掌握。这些加速解算方法是与建模密切相关的，需要用户对这些方法有很大程度的了解，才能驾驭核心加速计算手段并使得建模工作更加精确。大量分布式发电系统接入配电网后，使用 RTDS 进行动态仿真，需要对光伏发电系统、燃料电池发电系统、风力发电系统、蓄电池储能系统建立仿真实时模型，搭建仿真测试环境，进行相关功能的测试验证、对分布式发电系统运行特性和配电网接入各种发电系统后的运行特性进行研究。

下面以微电网的并网转孤网的无缝切换试验来介绍分布式电源接入配电网后的 RTDS 动态仿真，包括分布式电源的建模、环境的搭建等，测试系统架构如图 8-12 所示。

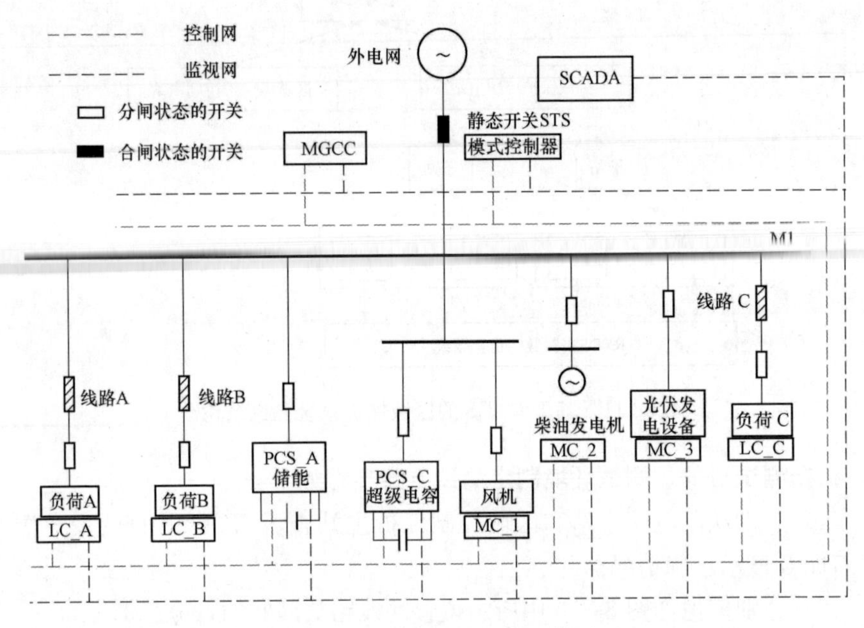

图 8-12　测试系统架构示意图

系统包含能量转换系统（Power Conversion System，PCS）、配电网、负荷等一次系统元件，还包括 SCADA、微电网中央控制器（Microgrid Central Controller，MGCC）、微源控制器（Microsource Controller，MC）、负荷控制器（Load Controller，LC）、模式控制器（Microgrid Mode Controller，MMC）等二次系统设备[1]。

（1）系统建模。针对微电网系统内各分布式能源的特点，在 RTDS 平台中搭建微电网系统的一次系统仿真模型，将实际的微电网控制器和 PCS 装置的控制保护系统连接到 RTDS 装置，实现闭环仿真系统。其中，基于 RTDS 模型的一次系统包括蓄电池组模型、储能装置的主回路模型、分布式电源模型等和外接电网及负荷的等值简化模型，而物理的二次系统采用与现场实际运行完全相同的控制、保护装置。

以锂电池储能装置的建模为例来说明如何建模，其他部分的 RTDS 模型可以仿照建立。锂电池储能装置模型包括电池单体模型和储能 PCS 的一次结构两部分。储能 PCS 采用实际的控制板，控制板输出的控制脉冲接入 RTDS。

1）电池单体模型。电池单体模型一般可以分为数学模型和电气模型两种。

数学模型采用经验方程或者数学方法来预测如运行时间、效率、容量等系统级行为。但不能提供 I-V 信息，而这对于电路仿真和优化是非常重要的[2~4]。电气模型是由电压源、电阻、电容等组合而成的等效模型[5,6]。大多数电气模型可以分为以下三类：基于戴维南的模型、基于阻抗的模型和基于运行时（runtime）的模型，如图 8-13 所示。

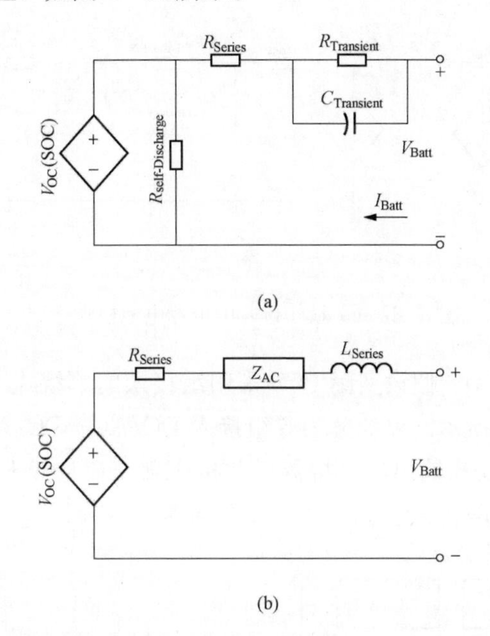

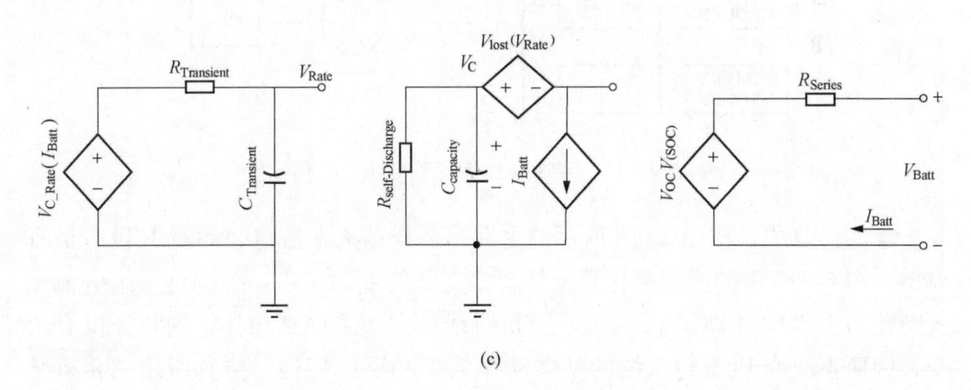

图 8-13　蓄电池电气模型

（a）戴维南模型；（b）阻抗模型；（c）运行时模型

本实验平台采用文献［11］中提出的一种电池模型，如图 8-14 所示。图

中左部的电阻 $R_{Self-Discharge}$ 用来刻画电池的自放电特性；电容 $C_{Capacity}$ 和受控电流源对电池的容量、SOC（State of Charge）和电池运行时间进行建模；受控电压源反映了开路电压和SOC之间的关系；跟基于戴维南的模型相似，采用RC网络来模拟瞬态响应，根据RC参数的不同，分为短期瞬态响应和长期瞬态响应。

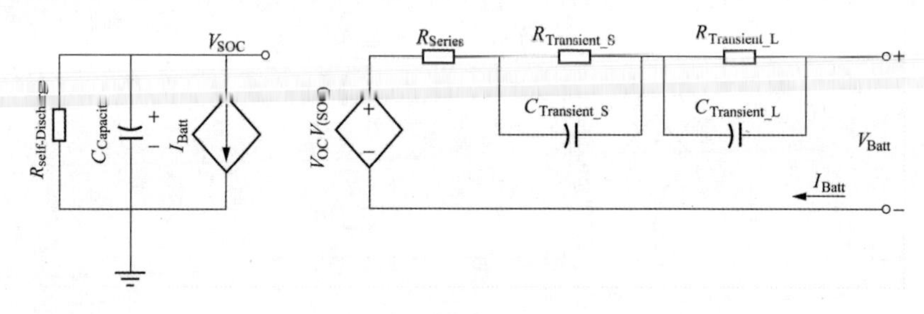

图 8-14　文献［11］中推荐电池模型

2）储能PCS模型。假设实际PCS采用组接入的单级式主回路拓扑结构，具体结构如图 8-15 所示。电池分为6组接入DC/AC。DC/AC采用三相桥式结构，6个DC/AC交流输出经电抗器后并接内部交流母线上，通过内部隔离变压器接入380V电网。

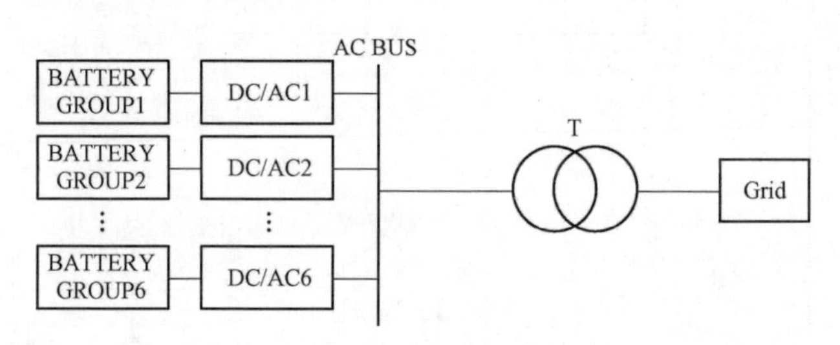

图 8-15　500kW 储能变流器拓扑结构

本次仿真中，按图 8-16 所示的主回路拓扑结构来搭建PCS的RTDS仿真模型。图 8-16 中的模型简化只是针对多支路的电池输入，分别将3组电池输入简化为一组。而DC/AC并联、直流母线独立等主回路拓扑结构特征没有改变，因而不改变PCS对系统的整体动作效果和反应特性。仿真所用三相桥结构与实物完全相同，回路不做任何简化，保证了程序框架的一致性；同时，内部蓄电池充放电管理程序模块化通用化处理，程序本身支持任意电池组输入的运行管理；3组电池输入与1组电池输入，对程序运行而言，区别只是在于单组电池的容量不同。

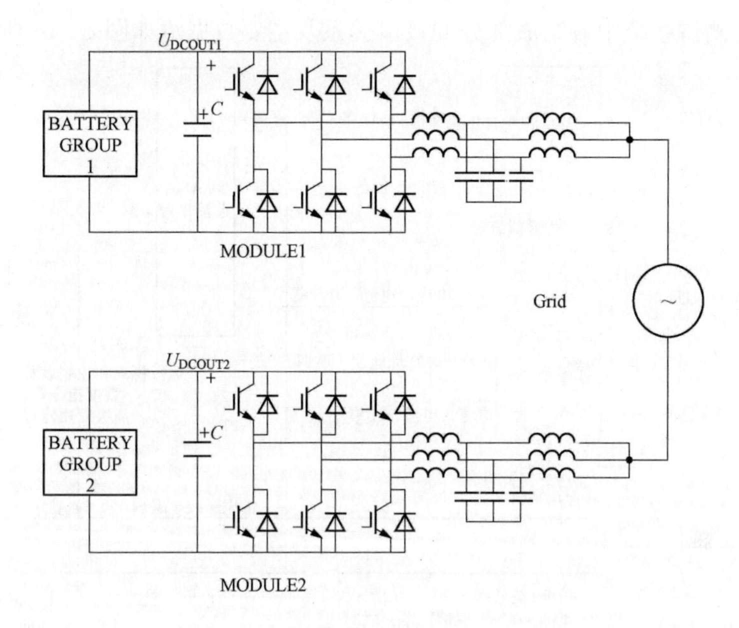

图 8-16　500kW 储能变流器简化模型

（2）系统接口设计。PCS/微电网控制器与 RTDS 之间的接口如图 8-17 所示。图中，GTAO 板卡输出的±10V（峰值）的信号（可设置限幅）直接接到 PCS/微电网控制器调理电路。模拟信号连接方式为：RTDS（GPC）⟶光纤⟶GTAO 板卡⟶电缆⟶PCS/微电网控制器调理电路；GTDI/GTDO 板卡输入/输出＋3.3V 电平信号，数字信号连接方式为：RTDS（GPC）⟶光纤⟶GTDI/GTDO 板卡⟶电缆⟶PCS/微电网控制器开入开出及 PWM 电路。

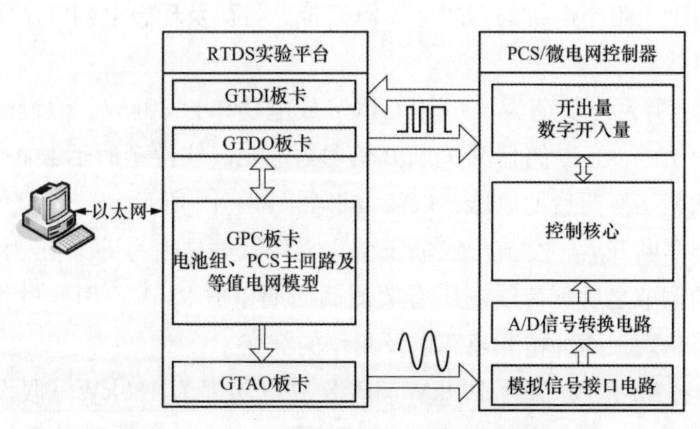

图 8-17　RTDS 与微电网控制器的接口

闭环测试系统中各组成部分的接口关系及主要数据流如图 8-18 所示。

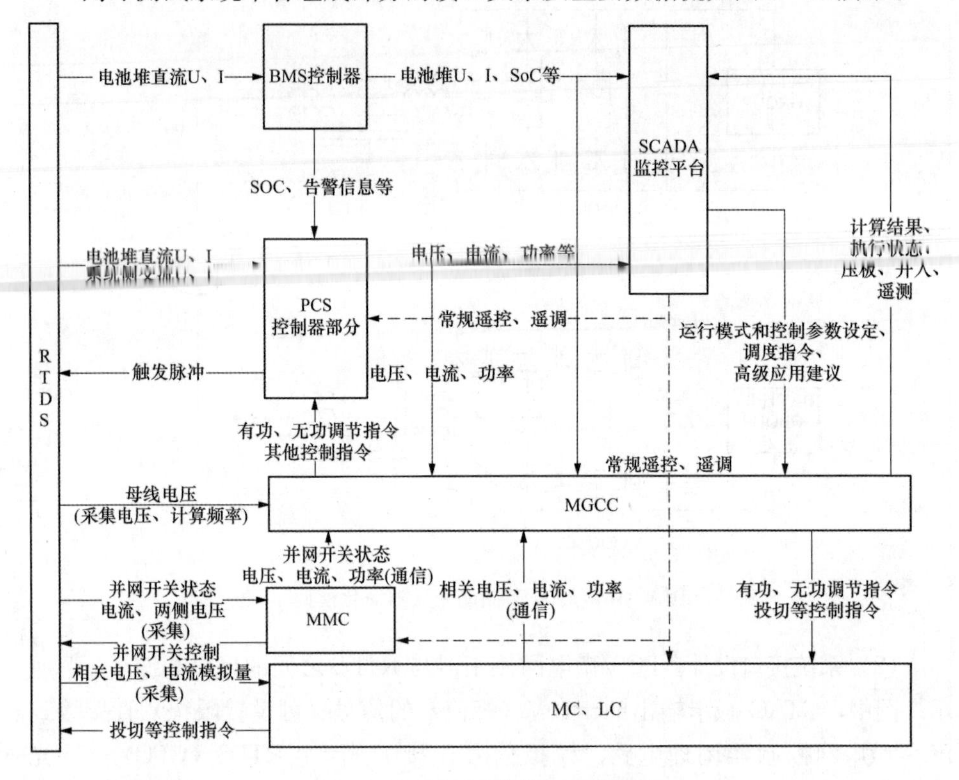

图 8-18　闭环系统接口与数据流

(3) 仿真试验。在 RTDS 仿真中，PCS 简化为单极 DC/AC 结构，直流侧为 800V 的恒压源，DC/AC 经 LCL 滤波器直接接入交流母线；负荷为 100kW，电网由带小电抗的理想电压源模拟，负荷及理想电网电压源直接接入系统交流母线。

试验 1： 并网时负荷为 100kW，PCS 放电功率为 80kW。假设断路器动作时间模拟为 100ms，断路器开关断开信号经 20ms 软件延时后被控制器收到。从并网到孤网切换前后的电压、电流波形如图 8-19 所示。

当断路器断开后，交流母线电压会有突降，这是因为 PCS 出力小于负荷，经过短暂的调节之后负荷线电压有效值调回期望值 380V。切换过程中电压和电流都没有出现大的冲击和超调以及相位的突变。

试验 2： 并网时负荷为 100kW，PCS 放电功率为 135kW。假设断路器动作时间模拟为 200ms，断路器开关断开信号经 20ms 软件延时后被控制器收

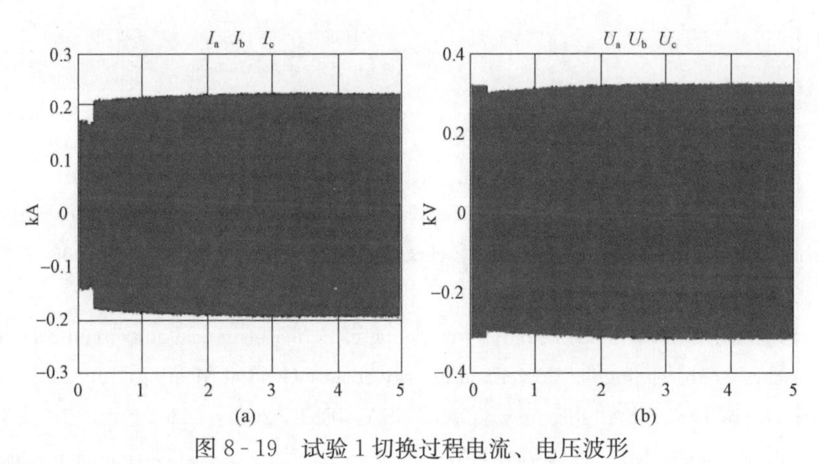

图 8-19　试验 1 切换过程电流、电压波形

(a) 三相电流；(b) 三相电压

到。从并网到孤网切换前后的电压、电流波形如图 8-20 所示。

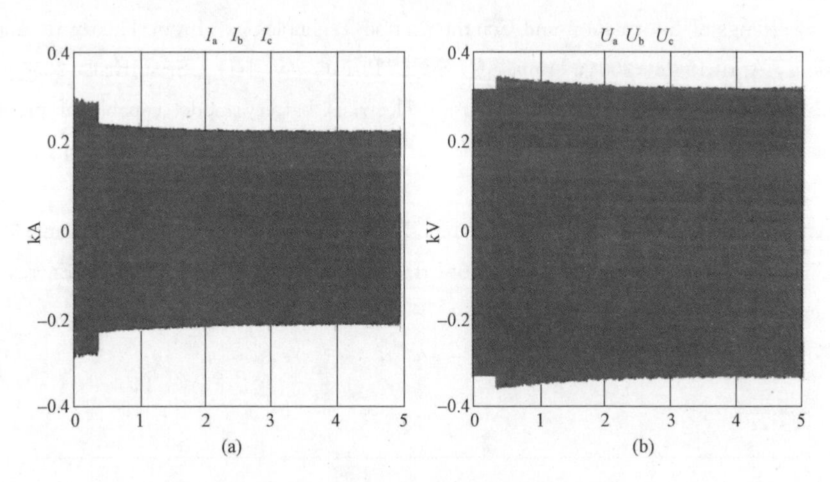

图 8-20　试验 2 切换过程电流、电压波形

(a) 三相电流；(b) 三相电压

当断路器断开后，交流母线电压会有突增，这是因为 PCS 出力一开始大于负荷，经过短暂的调节之后负荷线电压有效值调回期望值 380V；切换过程中电压和电流都没有出现大的冲击和超调以及相位的突变。

参　考　文　献

[1] J. A. P. Lopes, C. L. Moreira, A. G. Madureira. Defining control strategies for microgrids islanded operation [J]. IEEE Transactions on Power Systems, 2006, 21 (2): 916-924.

[2] L. Shuhui, K. Bao. Study of battery modeling using mathematical and circuit oriented approaches //Proceedings of Power and Energy Society General Meeting, July 24-29, 2011, San Diego, CA, USA. Piscataway, NJ, USA: IEEE, 2011: 1-8.

[3] Z. M. Salameh, M. A. Casacca, W. A. Lynch. A mathematical model for lead-acid batteries [J]. IEEE Transactions on Energy Conversion, 1992, 7 (1): 93-98.

[4] H. S. Khafagy, A. Makki. Mathematical modeling and simulation of lead acid battery// Proceedings of Information and Communication Technologies: From Theory to Applications, April 19-23, 2004, Damascus, Syria. Piscataway, NJ, USA: IEEE, 2004: 137.

[5] C. min, G. A. Rincon-Mora. Accurate electrical battery model capable of predicting runtime and I-V performance [J]. IEEE Transactions on Energy Conversion, 2006, 21 (2): 504-511.

[6] K. Taesic, Q. Wei. A Hybrid Battery Model Capable of Capturing Dynamic Circuit Characteristics and Nonlinear Capacity Effects [J]. IEEE Transactions on Energy Conversion, 2011, 26 (4): 1172-1180.